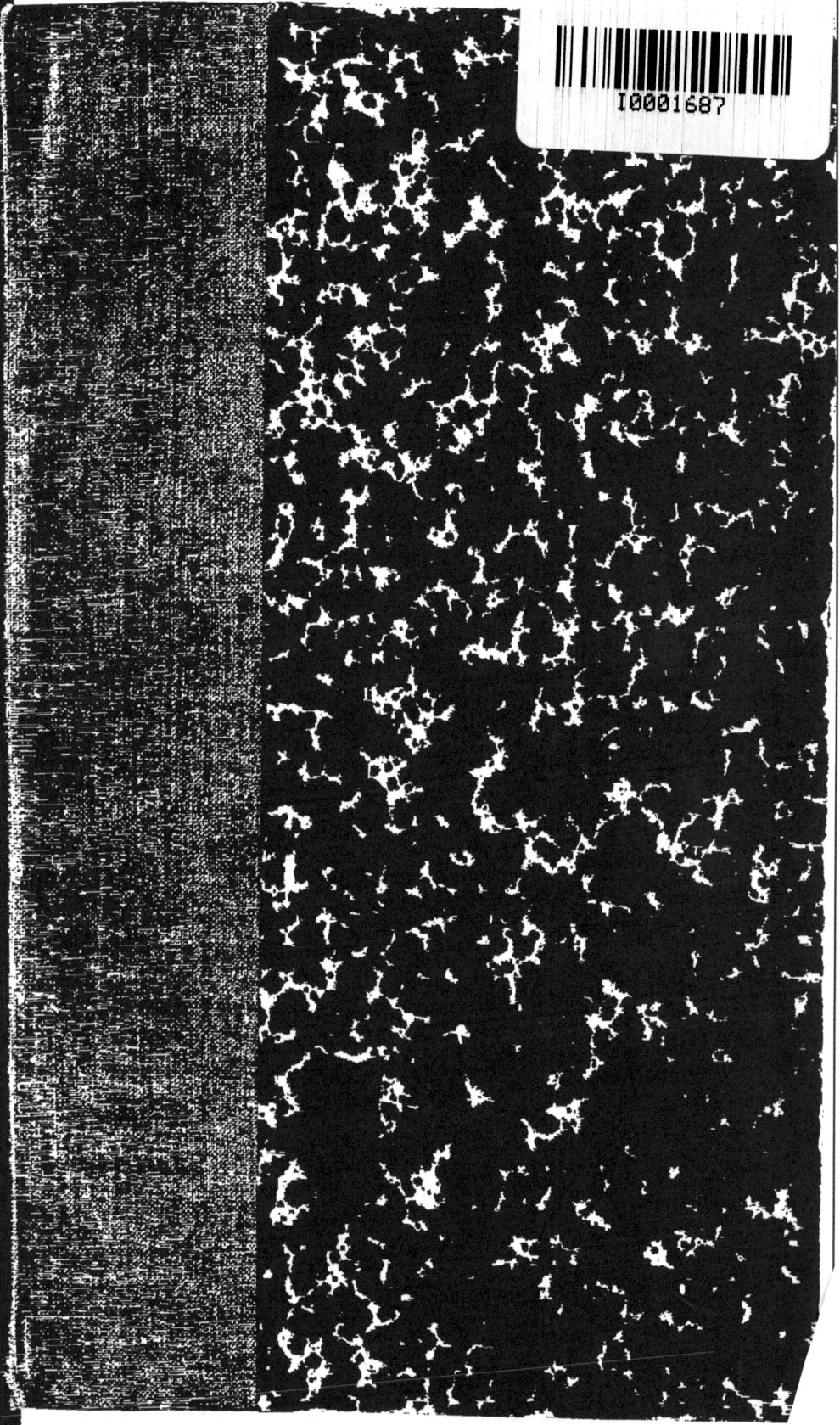

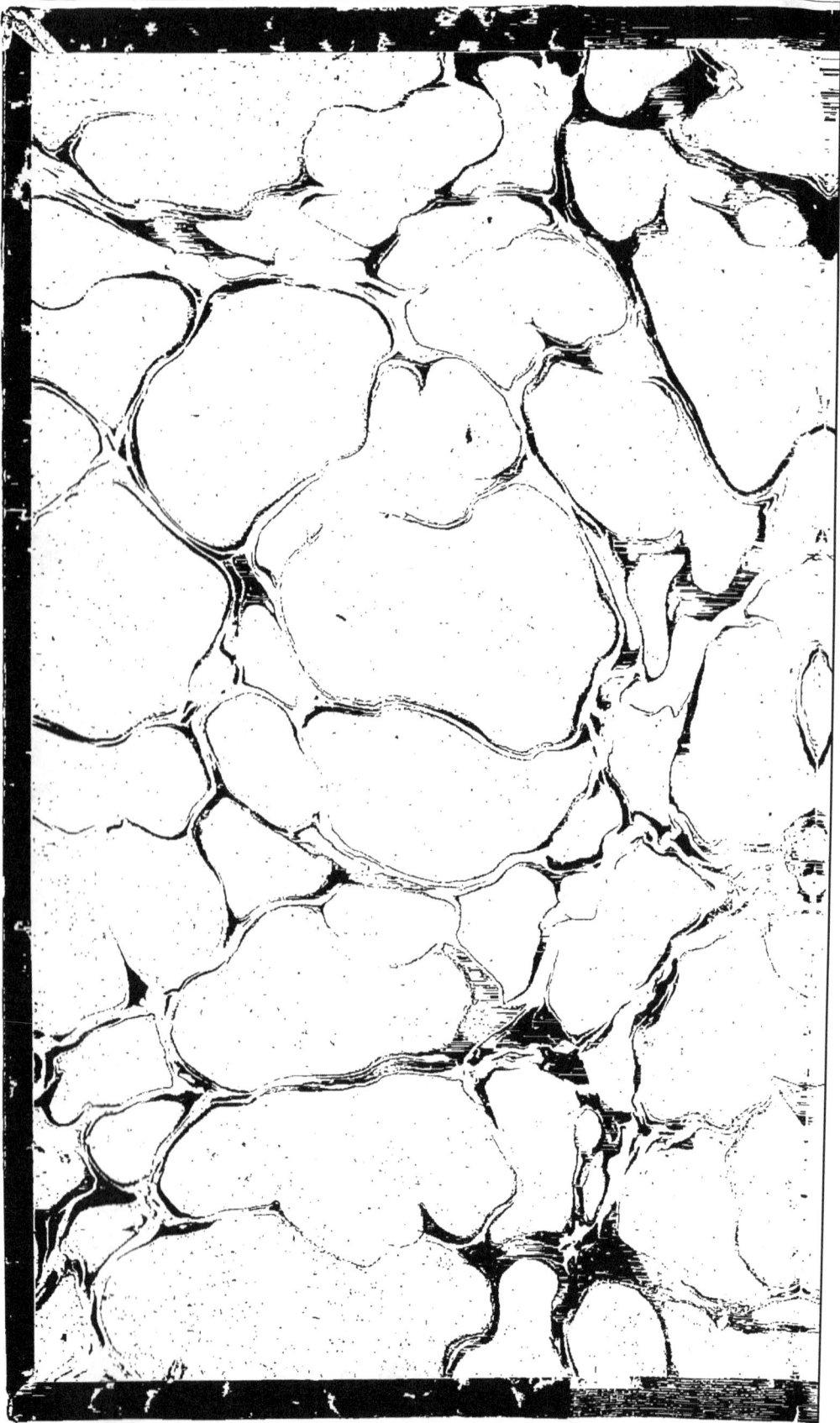

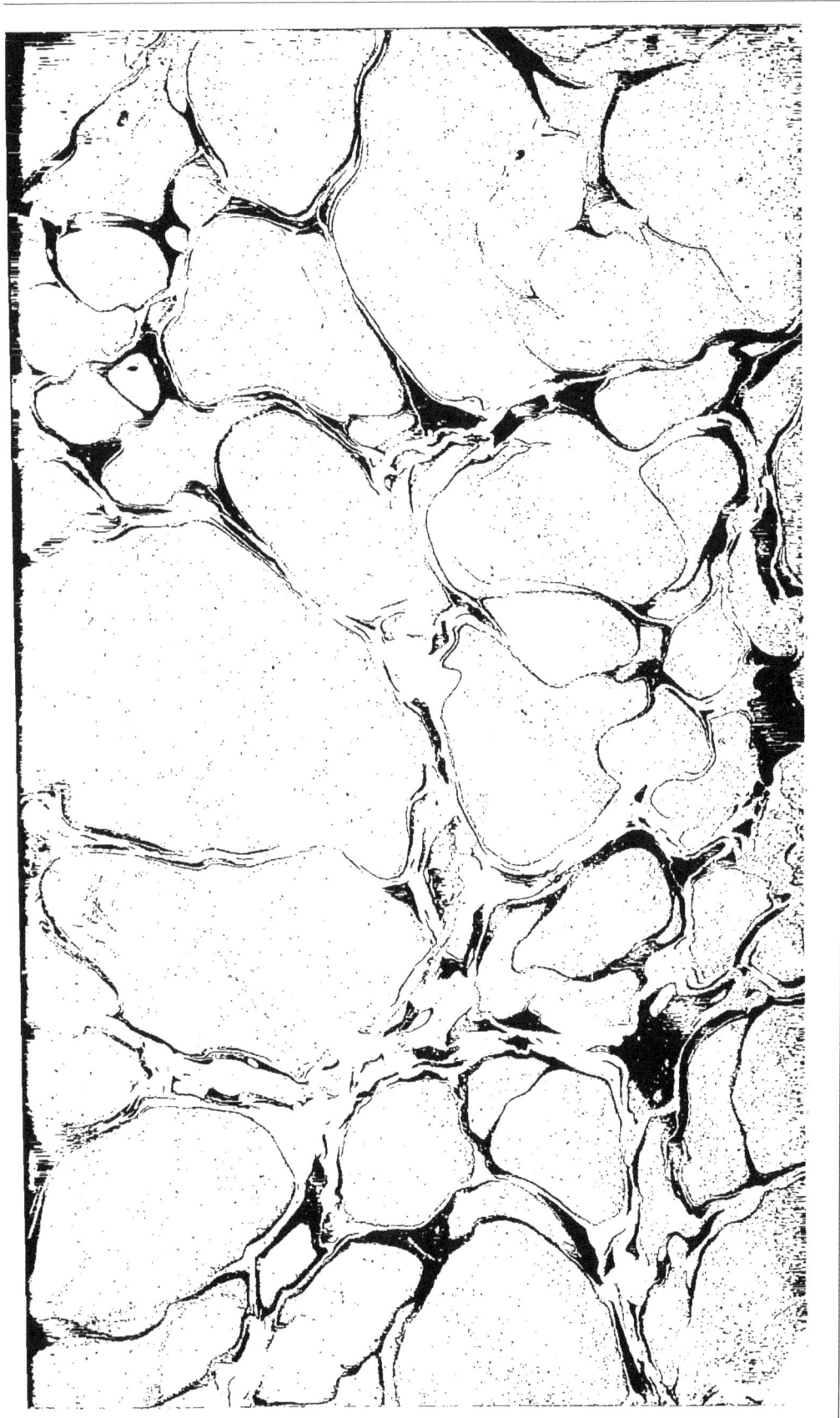

LA LANGUE

DES

CALCULS

PAR CONDILLAC

OUVRAGE POSTHUME ET ÉLÉMENTAIRE

IMPRIMÉ SUR LES MANUSCRITS AUTOGRAPHES
DE L'AUTEUR

NOUVELLE ÉDITION

PARIS

LIBRAIRIE SANDOZ ET FISCHBACHER

33, RUE DE SEINE, 33

1877

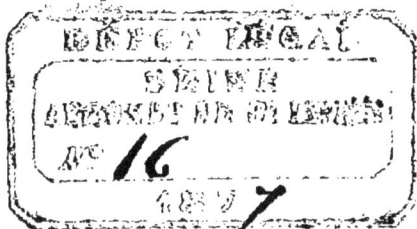

LA LANGUE

DES

CALCULS

Saint-Denis. — Imprimerie J. Brocuin.

LA LANGUE

DES

CALCULS

PAR CONDILLAC

OUVRAGE POSTHUME ET ÉLÉMENTAIRE

IMPRIMÉ SUR LES MANUSCRITS AUTOGRAPHES

DE L'AUTEUR

NOUVELLE ÉDITION

PARIS

LIBRAIRIE SANDOZ ET FISCHBACHER

33, RUE DE SEINE, 33

1877

©

LANGUE DES CALCULS

OBJET DE CET OUVRAGE.

Toute langue est une méthode analytique, et toute méthode analytique est une langue. Ces deux vérités, aussi simples que neuves, ont été démontrées; la première dans ma grammaire; la seconde, dans ma logique; et on a pu se convaincre de la lumière qu'elles répandent sur l'art de parler et sur l'art de raisonner, qu'elles réduisent à un seul et même art.

Cet art est d'autant plus parfait, que les analyses se font avec plus de précision ; et les analyses atteignent à une précision d'autant plus grande, que les langues sont mieux faites.

Les langues ne sont pas un ramas d'expressions prises au hasard, ou dont on ne se sert que parce qu'on est convenu de s'en servir. Si l'usage de chaque mot suppose une convention, la convention suppose une raison qui fait adopter chaque mot; et l'analogie, qui donne la loi, et sans laquelle il serait impossible de s'entendre, ne permet pas un choix absolument arbitraire. Mais, parce que différentes

1

analogies conduisent à des expressions différentes, nous croyons pouvoir choisir : et c'est une erreur ; car plus nous nous jugeons maîtres du choix, plus nous choisissons arbitrairement, et nous en choisissons plus mal.

Les premières expressions du langage d'action sont données par la nature, puisqu'elles sont une suite de notre organisation : les premières étant données, l'analogie fait les autres, elle étend ce langage ; peu à peu il devient propre à représenter toutes nos idées de quelque espèce qu'elles soient.

La nature, qui commence tout, commence le langage des sons articulés, comme elle a commencé le langage d'action ; et l'analogie qui achève les langues les fait bien, si elle continue comme la nature a commencé.

L'analogie est proprement un rapport de ressemblance : donc une chose peut être exprimée de bien des manières, puisqu'il n'y en a point qui ne ressemble à beaucoup d'autres.

Mais différentes expressions représentent la même chose sous des rapports différents ; et les vues de l'esprit, c'est-à-dire, les rapports sous lesquels nous considérons une chose, déterminent le choix que nous devons faire. Alors l'expression choisie est ce qu'on nomme le terme propre. Entre plusieurs, il y en a donc toujours une qui mérite d'être préférée ; et toutes nos langues seraient également bien faites, si on avait toujours su choisir.

Mais, parce que nous nous contentons de savoir à peu près ce que nous voulons dire, et que nous nous embarrassons moins encore de savoir ce que les autres disent, nous parlons avec des expressions qui sont à peu près celles qui nous conviennent, et nous permettons aux autres de parler avec celles qu'il leur plaît d'employer, pourvu seulement qu'elles aient dans le son quelque ressemblance ou analogie avec les nôtres. Nous avons, à cet égard, les uns pour les autres, une indulgence singulière. Telles sont les langues que fait l'usage, cet usage que les grammairiens regardent comme un législateur, et qui n'est cependant que la manière de parler le plus généralement reçue chez un peuple ou chez une populace dont les individus ne s'occupent guère de ce qu'ils disent. Je dis *populace*, parce qu'il faut mettre dans cette classe tous ceux qui ne savent pas dire avec précision ce qu'ils veulent dire, fussent-ils gens de bonne compagnie, ou même philosophes.

Lorsqu'un peuple choisit mal les analogies, il fait sa langue sans précision et sans goût, parce qu'il défigure ses pensées par des images qui ne leur ressemblent pas, ou qui les avilissent. Sa langue se fait mal, par la même raison qu'on parle mal dans une langue bien faite, lorsqu'on ne saisit pas l'analogie qui donnerait le terme propre.

Or, dans nos langues vulgaires, dans la nôtre, le choix des expressions a été souvent fait d'après des analogies si faibles, si vagues, si disparates, et quelquefois avec si peu de goût, qu'on serait tenté de croire qu'elles ont été faites comme au hasard. En effet, elles avaient été presque achevées par des barbares sans discernement, lorsqu'elles ont été remaniées par des hommes de génie, qui ne pouvaient parler que comme on parlait. Ils ont perfectionné la langue en lui donnant leur caractère, mais il ne leur a pas été possible de la purger de tous ses vices.

C'est cet arbitraire qu'on croit voir dans les langues, qui a jeté dans l'erreur que l'usage les fait comme il veut; et les grammairiens nous ont donné ses caprices pour des lois. Mais ce qu'ils prennent pour caprice n'est, de la part des peuples, qu'ignorance, défaut de jugement et mauvais goût : car, .lorsqu'ils choisissent mal, ce n'est pas qu'ils choisissent sans raison, c'est que la raison qui les devrait déterminer ne s'offre pas à eux et ne peut s'y offrir. Voilà les barbares qui ont fait les langues modernes.

Le choix des mots est arbitraire! Une des conséquences de cette erreur, c'est que le goût n'est qu'un caprice lui-même, c'est que les beautés de style ne sont que des beautés de convention, et qu'il n'aurait tenu qu'à nous de trouver Pradon supérieur à Racine. Il n'est pas étonnant qu'au hasard d'être absurdes nous mettions de l'arbitraire dans nos opinions, quand nous en mettons dans notre langage.

Les langues sont d'autant plus imparfaites, qu'elles paraissent plus arbitraires : mais remarquez qu'elles le paraissent moins dans les bons écrivains. Quand une pensée est bien rendue, tout est fondé en raison, jusqu'à la place de chaque mot. Aussi sont-ce les hommes de génie qui ont fait tout ce qu'il y a de bon dans les langues; et quand je dis *les hommes de génie*, je n'exclus pas la nature, dont ils sont les disciples favoris.

L'algèbre est une langue bien faite, et c'est la seule : rien n'y paraît arbitraire. L'analogie, qui n'échappe jamais, conduit sensiblement d'expression en expression. L'usage ici n'a aucune autorité. Il ne s'agit pas de parler comme les autres, il faut parler d'après la plus grande analogie pour arriver à la plus grande précision; et ceux qui ont fait cette

langue ont senti que la simplicité du style en fait
toute l'élégance : vérité peu connue dans nos langues
vulgaires.

Dès que l'algèbre est une langue que l'analogie
fait, l'analogie qui fait la langue, fait les méthodes :
ou plutôt la méthode d'invention n'est que l'analogie
même.

L'analogie : voilà donc à quoi se réduit tout l'art
de raisonner, comme tout l'art de parler ; et, dans ce
seul mot, nous voyons comment nous pouvons nous
instruire des découvertes des autres, et comment
nous en pouvons faire nous-mêmes. Les enfants
n'apprennent la langue de leurs pères, que parce
qu'ils en sentent de bonne heure l'analogie : ils se
conduisent naturellement d'après cette méthode, qui
est bien plus à leur portée que toutes les autres. Faisons comme eux, instruisons-nous d'après l'analogie,
et toutes les sciences nous deviendront aussi faciles
qu'elles peuvent l'être. Car enfin l'homme qui paraît
le moins propre aux sciences est au moins capable
d'apprendre des langues. Or, une science bien traitée
n'est qu'une langue bien faite.

Les mathématiques sont une science bien traitée,
dont la langue est l'algèbre. Voyons donc comment
l'analogie nous fait parler dans cette science, et
nous saurons comment elle doit nous faire parler
dans les autres. Voilà ce que je me propose. Ainsi ·
les mathématiques dont je traiterai, sont dans cet
ouvrage un objet subordonné à un objet bien plus
grand. Il s'agit de faire voir comment on peut donner
à toutes les sciences cette exactitude qu'on croit
être le partage exclusif des mathématiques.

Je ne dis rien sur le plan que j'ai suivi ; j'en ai un
dont je ne m'écarte jamais, et cependant je ne m'en

suis point fait, parce que, quand on commence par le commencement, et qu'on n'abandonne pas l'analogie, on n'a pas besoin de se faire un plan. Ce n'est pas moi qui ai disposé par ordre les parties de cet ouvrage : elles se sont mises naturellement chacune à leur place.

Je prie de remarquer qu'en réduisant à l'analogie toutes les méthodes d'instruction et d'invention, je ·dis une vérité qui est, dans la pratique, aussi ancienne que le monde ; et que si, dans la théorie, elle paraît aujourd'hui bien neuve, ou même bien extraordinaire, ce n'est pas ma faute. J'ajouterai que, si nous ·avions été capables de prendre toujours la nature pour guide, nous saurions tout, en quelque sorte, sans avoir rien appris. C'est qu'elle ne prend pas le ton des philosophes, qui, lors même qu'ils nous égarent, ne cessent de nous traiter d'ignorants. Au contraire, il se trouve avec elle que nous savons tout ce qu'elle nous apprend. Il semble qu'il ne faille qu'ouvrir les yeux, et elle nous fait remarquer ce que nous voyons.

LIVRE PREMIER

La Langue des Calculs considérée dans ses commencements.

CHAPITRE PREMIER.

DU CALCUL AVEC LES DOIGTS

Pour expliquer la formation des langues, j'ai commencé par observer le langage d'action. Or le calcul avec les doigts est le premier calcul, comme le langage d'action est le premier langage. Pour expliquer la formation de toutes les espèces de calcul, je commencerai donc par observer le calcul avec les doigts.

En ouvrant successivement les doigts d'une main, nous nous représentons une suite d'unités, depuis un jusqu'à cinq; et nous étendons cette suite jusqu'à dix, si nous ouvrons successivement les doigts des deux mains. Or j'appelle *numération* cette opération des doigts, par laquelle nous nous représentons successivement une unité, deux, trois, jusqu'à cinq ou jusqu'à dix.

On conçoit que, pour porter au-delà de dix la numération par les doigts, je n'ai qu'à prendre dix pour une unité ; et qu'alors, si je rouvre successivement les doigts, l'un immédiatement après l'autre, je formerai une suite qui s'étendra jusqu'à dix fois dix ou cent. De la même manière, je formerai des suites jusqu'à dix fois cent ou mille, dix mille, cent mille, etc.

Mais, si nous ne voulons pas tout confondre, nous aurons besoin de distinguer par des noms les nombres dont ces suites seront formées ; et par conséquent les noms deviendront aussi nécessaires au calcul que les doigts mêmes. Aussi traiterons-nous bientôt de l'usage des noms dans le calcul.

Dans la numération, les nombres croissent successivement d'une unité, à mesure qu'on ouvre successivement les doigts. Or, si après avoir compté, par exemple, jusqu'à dix, je ferme successivement les doigts, les nombres décroîteront comme ils croissaient, c'est-à-dire, successivement d'une unité. J'appelle cette opération des doigts, *dénumération*. On me permettra ce mot, parce qu'il est nécessaire. J'en ferai d'autres encore ; mais je promets, en dédommagement, d'en retrancher beaucoup d'inutiles.

On voit que, si la numération fait les nombres, la dénumération les défait ; et ces deux opérations sont le contraire l'une de l'autre, comme fermer les doigts est le contraire de les ouvrir.

Ces deux opérations sont bien simples : cependant c'est à elles que se réduisent toutes les espèces de calcul. On pourra substituer aux doigts d'autres signes, on pourra imaginer des méthodes plus commodes et plus rapides : mais il est certain qu'en dernière analyse, calculer ne sera jamais que numérer et dénumérer. En effet, nous allons voir, dans ces deux opérations, l'addition et la soustraction, la multiplication et la division.

La numération fait les nombres, en ajoutant successivement les unités une à une. Mais comme un enfant monte les degrés deux à deux, après les avoir montés un à un, je puis, par l'habitude du calcul, ajouter tout à coup deux unités à deux, à trois, et découvrir le nombre qui en résulte, de même que je l'aurais découvert en ajoutant les unités une à une. Il est évident que cette opération est au fond la même que la numération, et qu'elle n'en diffère que parce qu'elle fait tout-à-coup ce que la numération ne fait que successivement. Voilà ce qu'on nomme *addition*. c'est une numération plus rapide que la numération proprement dite. Numération et addition sont donc au fond la même chose, comme monter les degrés deux à deux et les monter un à un ne sont au fond que monter.

On appelle *somme* le nombre que l'addition fait trouver. Donc, si je rapproche les doigts ouverts d'une main des doigts ouverts de l'autre, j'additionnerai, et je verrai, dans ce rapprochement, la somme donnée par l'addition.

Mais, comme j'ai ajouté à la fois plusieurs unités, j'en puis retrancher plusieurs à la fois. Si de cinq je veux retrancher deux, je n'ai qu'à fermer deux doigts de la main où j'ai cinq; et si de dix que je me représente avec les deux mains ouvertes je veux retrancher cinq, je n'ai qu'à retirer une des deux mains et la fermer.

Cette opération, qui défait ce que l'addition a fait, est ce qu'on nomme *soustraction*. Elle ne diffère de la dénumération que parce qu'elle défait tout à coup ce

1.

que la dénumération ne défait qu'à plusieurs reprises. La soustraction retranche plusieurs unités à la fois, la dénumération les retranche une à une.

Le nombre qui reste, lorsque la soustraction a été faite, se nomme *reste* ou *différence*. Nous verrons bientôt l'usage de ces deux dénominations.

Si je voulais prendre deux autant de fois qu'il y a d'unités dans trois, je pourrais ouvrir deux doigts, ensuite deux autres, enfin deux autres encore; et j'aurais, dans six doigts ouverts, le nombre six. Ce n'est là encore qu'une addition.

Mais si, par l'habitude du calcul, je savais que deux fois trois font six ; alors, au lieu d'ouvrir deux doigts, puis deux, puis deux encore, j'en ouvrirais tout à coup six. Or, à cette addition faite en une fois, je donnerai un nom particulier, pour la distinguer d'une addition faite à plusieurs reprises; je l'appellerai *multiplication*.

La multiplication n'est donc proprement qu'une addition; mais, lorsque je me serai familiarisé avec ces noms, je serai peut-être porté à croire que multiplication et addition sont deux choses différentes, parce que multiplication et addition sont deux noms différents ; et il se pourra que je sois obligé de me rappeler que ce n'est là qu'une même opération, que je nomme *multiplication* quand je la considère comme faite du premier coup, et que je nomme *addition* quand je la considère comme faite en plusieurs fois.

La multiplication a fait donner aux nombres différents noms, parce qu'elle les fait considérer sous différentes vues. On nomme donc *multiplicande* le nombre qui doit être multiplié, *multiplicateur* celui avec lequel on multiplie, et *produit* celui que donne la multiplication. On comprend encore sous le nom

général de *facteurs* le multiplicateur et le multiplicande, lorsqu'on les considère comme concourant
ensemble à faire le produit. Si, par exemple, *deux*
est le multiplicande et *trois* le multiplicateur, *six*
sera le produit, et ce produit aura pour facteurs *trois*
et *deux*. Sur quoi il faut remarquer que les facteurs
peuvent être pris chacun indifféremment pour le
multiplicande ou pour le multiplicateur; car, soit
qu'on multiplie, par exemple, *deux* par *trois,* ou *trois*
par *deux,* le produit sera toujours *six.*

Pour sentir tout l'avantage qu'a la multiplication
sur l'addition, il faudrait faire ces opérations sur de
grands nombres; mais voyons auparavant comment
on peut exprimer de grands nombres avec les doigts.

Si je prends le petit doigt pour le signe d'une unité
simple, je pourrai prendre le suivant pour le signe
d'une unité de dixaine. Conséquemment le troisième
signifiera cent, le quatrième mille, et le pouce dix
mille. J'exprimerai donc avec une main ouverte le
nombre *dix mille, plus mille, plus cent, plus dix, plus
un,* ou, comme nous nous exprimons, onze mille cent
onze.

Dans cette expression les unités croissent de manière que chacune contient dix fois celle qui la précède immédiatement, et, par cette raison, elles sont
chacune de différente espèce : unité simple, unité de
dixaine, unité de centaine, etc.

Si chaque doigt d'une main ouverte n'exprime
qu'une espèce d'unité, il est aisé d'imaginer comment, avec les doigts de l'autre, on pourrait ajouter
des unités de toute espèce.

Supposons qu'à *dix plus un,* que nous exprimons en
ouvrant le petit doigt et le suivant, nous voulions
ajouter neuf unités simples, la somme que nous cher-

chons sera *dix plus un plus neuf*, autrement *dix plus
dix*, ou *deux dix*. De ces deux dixaines, si l'une est
exprimée par le second doigt ouvert de la main
droite, l'autre le sera par le second doigt ouvert de
la main gauche ; et pour marquer qu'il n'y a point
d'unités simples, nous fermerons le petit doigt qui
en est le signe : nous fermerons le doigt suivant,
quand un nombre ne contiendra point de dixaine ; le
troisième, quand il ne contiendra point de centaine, etc.

Une remarque qu'il ne faut pas négliger, c'est que
les doigts, en devenant les signes des nombres, les
décomposent naturellement dans les différentes espèces d'unités dont nous les avons composés ; et cela
n'est pas étonnant, puisque, si nous comptons jusqu'à
dix, pour faire de chaque dixaine autant d'unités que
nous multiplions jusqu'à dix encore, c'est que nous
avons dix doigts. Ainsi le système de numération
que la nature nous a fait adopter nous montre toujours sensiblement comment chaque nombre se compose et se décompose ; avantage que n'ont pas nos
langues : par exemple, nous disons soixante et
douze, et les doigts disent *sept dix plus deux*, expression que nous préférerons, afin de suivre l'analogie
du langage donné par la nature.

Actuellement soit *douze* à multiplier par *douze*.
S'il fallait me représenter successivement, avec les
doigts, *douze fois douze*, et faire l'addition du tout,
cette opération serait longue et fort embarrassante.
Mais sera-t-il plus facile d'en faire la multiplication ?
C'est ce qu'il faut chercher, et ce qu'on trouverait,
sans beaucoup de peine, si ce nombre avait été mieux
nommé, ou si le mot *douze* ressemblait encore au
mot latin d'où il vient par corruption.

En effet, *douze* en latin, comme avec les doigts, est *dix plus deux*; expression qui fait voir de quelles espèces d'unités ce nombre est composé, et combien il en contient de chacune. Or, il est évident que, si les nombres n'avait jamais eu que de pareilles dénominations, nos langues, qui nous en feraient remarquer la génération, nous feraient voir comment on peut les composer et les décomposer, et par conséquent elles nous conduiraient naturellement à l'invention des méthodes de calcul. J'aurai plus d'une fois occasion d'observer que la difficulté de faire de bons éléments vient en partie d'un langage qui a été mal fait, et que nous nous obstinons à parler parce qu'on le parlait avant nous.

A *douze*, je substitue donc *dix plus deux*; et je remarque que, s'il ne m'est pas possible de multiplier du premier coup *dix plus deux* par *dix plus deux*, je puis, ce qui est la même chose, faire cette multiplication en deux fois, c'est-à-dire, que je puis multiplier *dix plus deux*, d'abord par *dix*, et ensuite par *deux*; ou, ce qui sera souvent plus commode, par *deux* et ensuite par *dix*. Je dis donc avec les doigts, *deux fois deux font quatre*, et *deux fois dix font deux dix* : première multiplication partielle, qui donne deux dizaines plus quatre unités.

Je dis ensuite, *dix fois deux font deux dix, et dix fois dix font une centaine* : seconde multiplication partielle, qui donne une centaine plus deux dizaines.

Il est évident que, par ces deux opérations, j'ai multiplié *dix plus deux* par *dix plus deux*; et que, pour avoir le produit total, je n'ai qu'à additionner les deux produits partiels qu'elles m'ont données. Je trouve *une centaine plus deux dix plus deux dix plus quatre*; et, en réduisant à une expression plus simple,

une centaine plus quatre dix plus quatre, cent quarante-quatre.

Par cet exemple, on comprend que, pour trouver
les règles de la multiplication, il suffit de donner
aux nombres des noms analogues à la numération
par les doigts. C'est une observation qu'il ne faut
pas oublier.

Quelque simple que soit la méthode que nous venons de trouver, il sera difficile, ou même impossible, de multiplier, avec le seul secours des doigts,
des nombres forts composés. Mais dans les doigts,
pris pour signes des nombres, il y a d'autres signes
que nous découvrirons, et avec lesquels nous multiplierons facilement les plus grands nombres. C'est
aux signes que nous connaissons à nous conduire à
ceux que nous ne connaissons pas encore; et nous
irons de découverte en découverte, parce que nous
irons du connu à l'inconnu.

Avec la multiplication on a le même résultat que
si on avait additionné l'un des deux facteurs autant
de fois que l'autre a d'unités. Pour défaire ce que la
multiplication a fait, il suffirait donc de faire une
soustraction. Mais, par ce moyen, il serait long de
décomposer le produit en ses facteurs. Il s'agit donc
de substituer, à la soustraction proprement dite, une
soustraction qui se fasse par une méthode plus
courte; et parce que cette soustraction divisera le
produit donné par la multiplication, nous la nommerons *division.*

La multiplication nous a fait donner aux nombres
des noms particuliers, parce qu'elle nous les fait
considérer sous de nouvelles vues : il faudra donc
leur en donner d'autres encore, pour exprimer les
nouvelles vues sous lesquelles la division les doit

faire considérer. En conséquence nous donnerons, avec tout le monde, le nom de *dividende* au nombre à diviser; celui de *diviseur*, au nombre avec lequel on en divise un autre ; et celui de *quotient*, au nombre qui exprime combien de fois le diviseur est contenu dans le dividende. Soit *six*, par exemple à diviser par *deux; six* sera le dividende, *deux* le diviseur, et *trois* le quotient.

Tout nombre à diviser peut-être regardé comme le produit de deux facteurs, dont l'un se nomme *multiplicateur* et l'autre *multiplicande*. Le nombre auquel, dans la division, nous donnons le nom de dividende, est donc le même que celui que nous avons nommé produit dans la multiplication : de même le diviseur et le quotient ne sont autre chose que les deux facteurs.

Je conviens que cette multitude de dénominations peut embarrasser les commençants, d'autant plus que les noms *multiplicande, dividende* et *quotient* sont barbares dans notre langue ; mais il n'y en a pas d'autres. Comme nous n'avons pas fait les sciences, nous n'en avons pas fait le langage, et nous sommes condamnés à parler toute autre langue que la nôtre. De là, il arrive que nous avons bien de la peine à nous familiariser avec les idées qu'on attache à des mots qui ne sont français que par la terminaison ; et parce qu'en pareil cas l'analogie ne saurait être d'aucun secours, il arrive encore que nous croyons voir autant de choses différentes dans différents noms donnés à une même. C'est une erreur contre laquelle il faut se précautionner de bonne heure; car la confusion avec laquelle on aurait commencé ne permettrait pas des progrès faciles dans l'étude du calcul. Tout au plus on acquerrait, à force de travail, une routine qu'on oublierait pour peu qu'on cessât de travailler ; et il faudrait continuellement rapprendre, parce qu'on aurait mal appris. Plusieurs de mes lecteurs se reconnaîtront ici ; ils se souviendront qu'ils ont été obligés d'apprendre la division plus d'une fois, et qu'ils sont toujours au moment de l'oublier : je m'en souviens bien moi-même. Voyons comment cette opération peut se faire.

Puisque tout dividende est le produit de deux nombres multipliés l'un par l'autre, et que le diviseur est conséquemment un des facteurs, on voit que, le produit et un des facteurs étant donnés, l'objet de la division est de trouver l'autre facteur. Quand, par exemple, j'ai à diviser *six* par *deux*, le produit m'est donné dans le dividende *six*, un des facteurs m'est également donné dans le diviseur *deux*, et je trouve l'autre dans le quotient *trois*.

Avec de pareils nombres, la division paraît facile, parce qu'elle se fait du premier coup : mais il ne faut pas s'imaginer qu'elle deviendra difficile avec de plus grands nombres. Elle sera seulement plus longue ; car il faudra répéter la même opération, parce qu'on ne pourra pas achever en une. On fera donc plusieurs divisions partielles, comme nous avons fait plusieurs multiplications partielles ; et, puisque chaque division partielle sera également facile, la division totale, qui en sera le résultat, ne pourra pas souffrir de grandes difficultés. Notre objet, en cette occasion, est de trouver la méthode la plus expéditive. Or, si nous observons comment la multiplication se fait plus rapidement que l'addition, nous découvrirons comment la division peut aussi se faire plus rapidement que la soustraction.

Soit donc *cent quarante quatre* à diviser par *douze* :

je prends cet exemple, parce que, sachant que ce nombre est le produit de douze par douze, les observations se feront plus facilement.

Lorsque j'ai trouvé ce produit, mes doigts, qui avaient décomposé douze en *dix plus deux*, ont décomposé cent quarante-quatre en *cent plus quatre dix plus quatre*. L'expression du dividende est donc *cent plus quatre dix plus quatre*, et celle du diviseur *dix plus deux;* et puisque l'une de ces expressions est le produit de la multiplication, et que l'autre est l'un des deux facteurs, il est certain qu'en défaisant ce que la multiplication a fait je trouverai le second facteur sous le nom de quotient.

Par la même raison que j'ai fait la multiplication en deux fois, je ferai en deux fois la division; et je ferai deux divisions partielles, comme j'ai fait deux multiplications partielles.

Mais la division est le contraire de la multiplication. L'ordre dans lequel je dois opérer pour diviser sera donc l'inverse de celui dans lequel j'ai opéré pour multiplier. Or j'ai commencé la multiplication par le dernier terme *deux* du multiplicateur *dix plus deux*, je commencerai donc la division par le premier terme *dix* du diviseur *dix plus deux*.

En conséquence je dis : *cent est le produit de dix par dix, donc dix est contenu dix fois dans cent, donc cent divisé par dix donne dix au quotient;* trois propositions qui n'en sont qu'une, et qui s'exprimeraient avec les doigts, d'une seule et même manière.

Mais *dix*, qui est le premier terme du quotient, a non-seulement multiplié *dix*, il a encore multiplié *deux;* et comme, en multipliant *dix*, il a produit *cent;* en multipliant *deux*, il a produit *deux dix*. Donc, par la soustraction de ces produits, la première division

partielle défera ce qui a été fait par la dernière multiplication partielle. Or qui de *cent plus quatre dix plus
quatre* soustrait *cent plus deux dix*, reste *deux dix plus
quatre*.

Voilà que j'ai défait le produit de la dernière multiplication partielle, et je suis sûr que *dix* est le premier terme du quotient que je cherche.

Le reste *deux dix plus quatre* doit être le produit de
la première multiplication partielle, c'est-à-dire, de
dix plus deux, par un autre nombre ; et par conséquent ce nombre, quel qu'il soit, a également multiplié *dix* et *deux* ; donc, si je trouve le multiplicateur de *dix*, j'aurai, dans ce multiplicateur celui de
deux ; et par conséquent j'aurai encore dans ce même
multiplicateur le diviseur de *deux dix plus quatre*.

Or le nombre qui, en multipliant *dix*, a produit
deux dix, est *deux* : donc *deux* est encore le nombre
qui a multiplié *deux* et produit *quatre* : donc *deux* est
le diviseur de *deux dix plus quatre*.

Actuellement, si du reste *deux dix plus quatre* je
soustrais le produit de *dix plus deux* par *deux*, il ne
restera rien. J'ai donc défait le produit de la première multiplication partielle ; la division est ache-
vée, et *dix plus deux* est le quotient de *cent plus quatre
dix plus quatre* divisé par *dix plus deux*.

On voit sensiblement comment la division défait
ce que la multiplication a fait ; et que, si d'un côté
la multiplication peut être considérée comme une
addition, de l'autre la division peut-être considérée
comme une soustraction.

Nous avons commencé la multiplication par *deux*,
dernier terme du multiplicateur, et au contraire
nous avons commencé la division par *dix*, premier
terme du diviseur ; et si nous avons suivi dans la

division un ordre inverse à celui que nous avions suivi dans la multiplication, c'est que ces deux opérations sont l'inverse l'une de l'autre. Cet ordre est en effet le plus commode.

Enfin, pour avoir la multiplication totale, nous avons fait deux multiplications partielles, parce qu'il y avait dans le multiplicateur deux termes, et qu'il fallait multiplier par l'un et par l'autre.

De même nous avons fait deux divisions partielles pour avoir la division totale, parce que deux termes dans le diviseur forçaient à faire deux divisions.

On conçoit qu'en pareil cas la multiplication et la division, de quelque manière abrégée qu'on les fasse, ne s'achèveront qu'après avoir fait plusieurs opérations partielles. Le nombre des opérations sera égal au nombre des termes du multiplicateur, s'il s'agit de multiplier, et au nombre des termes du diviseur, s'il s'agit de diviser.

Voilà déjà bien des notions que nous nous sommes faites. J'aurais souvent occasion de les rappeler, et on pourra peu à peu se les rendre familières. On conçoit en effet que ces premières notions doivent se retrouver dans tous les calculs. Ce sera donc en calculant que nous apprendrons à calculer, comme c'est en parlant que nous avons appris à parler. On serait longtemps avant de savoir sa langue, ou même on ne la saurait jamais, si l'on ne voulait parler qu'après avoir à chaque fois consulté la grammaire. Ce n'est pas ainsi que la nature nous instruit: ce qu'elle veut nous apprendre, elle nous le fait faire. Nous calculerons donc pour apprendre à calculer; et si à chaque fois nous observons ce que nous aurons fait, nous nous instruirons, puisque

nous saurons le refaire. Mais ne nous pressons pas;
nous en irons plus sûrement, et nous arriverons
plutôt. Aussi, pour le présent, je n'exige qu'une
chose des commençants, c'est qu'ils aient saisi la
suite des raisonnements que j'ai faits dans ce chapitre. S'ils l'ont saisie, ils ne l'oublieront pas; ou
s'ils l'oublient, ils la retrouveront : ils la sauront
bien, quand ils l'auront retrouvée eux-mêmes ; et ils
calculeront facilement, lorsqu'ils auront des signes
plus commodes. Ces signes, ce n'est pas à moi à les
leur faire connaître : c'est à eux à les voir dans ce
qu'ils savent, et je leur réponds qu'ils les découvriront.

CHAPITRE II.

DE L'USAGE DES NOMS DANS LE CALCUL.

Pour peu que les nombres fussent composés, ils ne s'offriraient à nous que sous une idée vague de multitude, si à chaque collection d'unités nous n'avions pas donné un nom, pour la distinguer de la collection précédente qui a une unité de moins, et de la collection suivante qui a une unité de plus.

Huit, par exemple, me représente un nombre que je distingue de sept et de neuf; de sept, parce que je me souviens que c'est un nom que j'ai donné à une collection qui est sept plus un; et de neuf, parce que je me souviens également que c'est un nom que j'ai donné à une collection qui est neuf moins un : huit ne m'offre donc une idée distincte qu'autant que je le vois entre deux noms, dont l'un désigne une unité de plus, et l'autre une unité de moins. Si on prend pour exemples de plus grands nombres, on sentira mieux encore combien les noms sont nécessaires à la numération.

On conçoit comment avec la suite des noms *un, deux, trois,* etc., on a pu porter la numération jusqu'à dix. Alors nous nous faisons des idées d'autant plus distinctes, que nous distinguons les nombres, et par les noms que nous leur avons donnés, et en même temps par les doigts que nous ouvrons.

Nous avions besoin de ce double secours. Si, pour numérer, nous n'avions eu d'autre moyen que de dire *un plus un plus un*, etc., cette manière de considérer les unités une à une ne nous aurait donné l'idée d'aucun nombre un peu composé. Nous ne sommes donc capables de numérer que parce que nous pouvons former des collections, et les fixer chacune par des noms.

Mais nous avions également besoin du secours des doigts, parce qu'ils pouvaient seuls nous représenter sensiblement les collections. Aussi la nature, en nous formant des mains, nous a-t-elle donné les premières leçons du calcul.

Nous n'avons que dix doigts. C'est par cette raison qu'ayant porté la numération jusqu'à dix, nous recommençons en prenant dix pour une unité ; et nous n'avons plus qu'à continuer pour former une suite, qui pourra toujours croître. Or, nous continuerons, parce que nous pouvons continuellement refaire ce que nous avons fait, c'est-à-dire, prendre chaque nouvelle dixaine pour une nouvelle unité.

Alors nous remarquons dans les nombres, différents ordres d'unités, celui des unités simples, celui des unités de dixaine, celui des unités de centaine, etc. ; et ces ordres se distinguent avec les noms comme avec les doigts.

Je place le premier ordre dans l'unité simple, parce que cette unité est le point fixe par où commence la numération. Je fais à cette occasion l'inverse de ce qu'on fait dans le discours: car nous commençons par énoncer les unités supérieures, et nous disons, *cent plus dix plus un*, ou si l'on veut, *cent onze*.

En quelque nombre que soient les ordres, la multiplication peut toujours en ajouter de nouveaux. C'est ce qui arrivera toutes les fois que le produit d'un nombre par un autre sera plus grand que neuf. Huit fois cinq, par exemple, fera passer quatre unités dans un ordre supérieur.

On conçoit donc que, si nous avons commencé la multiplication par l'ordre inférieur, c'est qu'alors les produits partiels se mettent successivement à leur place, chacun dans l'ordre supérieur auquel il appartient. On conçoit aussi que, si nous avons commencé la division par l'ordre supérieur, c'est que, pour défaire une chose, il est naturel de commencer par où on a fini pour la faire.

Ce n'est pas qu'on ne pût commencer la multiplication par les ordres supérieurs, et la division par les ordres inférieurs; mais alors ces opérations ne seraient plus si simples ni si faciles : chacun peut l'éprouver.

Ces ordres, dans lesquels nous distribuons les différentes espèces d'unités, sont analogues à la manière dont se fait la numération par les doigts; et cela devait être, puisque nous les avons imaginés d'après cette numération même, et qu'ils la représentent parfaitement.

Or, c'est pour conserver cette analogie que j'ai dit, *dix plus deux*, au lieu de *douze*, et *cent plus quatre dix plus quatre*, au lieu de *cent quarante-quatre*. Quelque extraordinaire qu'ait pu paraître ce langage, je conjecture avec fondement qu'on s'en est fait un semblable lorsqu'on a commencé à calculer avec des noms. En effet, si on parle pour se faire entendre, ce qui devait être plus ordinaire à la naissance des langues, c'est-à-dire, dans un temps où l'on ne parlait

que parce qu'on avait quelque chose à dire, ce sera
l'analogie seule qui aura conduit d'un premier langage à un second, et par conséquent l'on aura fait la
numération par les noms sur le modèle de la numération par les doigts. Aussi reviendrons-nous à ce
langage, et nous l'adopterons avec tout le monde,
lorsque nous parlerons algèbre. Ainsi voilà le calcul
avec les doigts et le calcul avec les lettres qui se rapprochent, quoiqu'on soit bien loin du second quand on
n'est encore qu'au premier.

Mais, comme les bonnes méthodes tiennent à la
nature, il n'y a pas entre elles une aussi grande distance qu'on le croit.

Quoi qu'il en soit, tel était le caractère des langues
dont je parle, qu'on voyait dans les nombres énoncés avec des noms, comme dans les nombres énoncés
avec les doigts, la manière dont la numération s'é-
tait formée : et c'est un grand avantage; car alors il
n'est pas bien difficile de découvrir comment les autres opérations se peuvent faire.

En effet, lorsque le discours, dans la composition
et la décomposition des nombres, se conforme à la
méthode que suivent la numération et la dénumération par les doigts, et qu'il devient, comme elle, l'expression distincte des différents ordres d'unités, quels
grands obstacles faudra-t-il vaincre pour découvrir
l'addition, la soustraction, la multiplication, la division?

Nos langues modernes, qui ne sont que des restes
défigurés de plusieurs langues mortes, n'ont pas toujours conservé, dans la manière d'énoncer les nombres, un langage analogue à la numération par les
doigts. Voilà pourquoi elles ne nous font pas voir
comment le calcul a commencé; et parce que nous

ne le voyons pas, nous supposons qu'on ne l'a jamais vu. N'imaginant donc pas combien il était facile de le trouver, nous regardons comme un effort de génie une découverte que tout homme de sens pouvait faire. Mais, si elle nous étonne, si nous avons de la peine à la comprendre, c'est que, ne commençant pas comme on a commencé, nous commençons toujours mal.

La langue des calculs est celle où l'analogie se montre davantage. C'est à cela qu'elle doit sa richesse, je veux dire toutes ses expressions, toutes ses méthodes, toutes ses découvertes; et il semble que, pour l'achever, il suffisait de la bien commencer. C'est que l'analogie s'aperçoit facilement, et elle n'échappe plus quand on la prend où elle commence. Ce sont nos langues mal faites qui nous empêchent de l'apercevoir, et qui, par cette raison rendent les calculs plus difficiles. Par exemple, si au lieu de vingt, trente, quarante, etc., on comptait par deux dix, trois dix, quatre dix, etc., la multiplication en deviendrait plus facile; je ne doute pas que quelqu'un qui n'aurait aucune connaissance de notre arithmétique ne pût faire de longs calculs avec ce langage, pour peu qu'il s'y fût exercé. Les paysans qui ne savent pas lire l'ont bien senti, ceux-là surtout à qui nous n'avons pas appris à compter. Ils ne connaissent pas nos expressions, *cinquante, soixante, soixante-quinze :* ils s'en sont fait de plus analogues à la numération. C'est par dix ou par vingt qu'ils comptent : ils disent, par exemple, *huit vingts*, et ils ne nous entendent pas quand nous disons *cent soixante;* avec cela ils comptent sûrement et promptement.

Nous qui nous croyons instruits, nous aurions donc souvent besoin d'aller chez les peuples les plus igno-

rants, pour apprendre d'eux le commencement de
nos découvertes; car c'est surtout ce commencement
dont nous aurions besoin : nous l'ignorons, parce
qu'il y a longtemps que nous ne sommes plus les disciples de la nature.

CHAPITRE III.

ACCEPTIONS DONNÉES AUX MOTS *nombre, multiplier*
ET *diviser.*

Pourquoi faut-il que nous soyons obligés de prendre le même mot dans des acceptions différentes ? N'eût-il pas été mieux d'avoir autant de mots que d'acceptions ?

Je réponds que, si nous parlons pour nous faire entendre, nous devons préférer le langage qui montre comment nous passons d'une idée à une idée : car une langue bien faite devrait être comme un tableau mouvant dans lequel on verrait le développement successif de toutes nos connaissances.

Nous allons du connu à l'inconnu, c'est-à-dire que nous voyons l'inconnu dans le connu même. L'inconnu qu'on découvre est donc le connu qu'on voyait. Ils se ressemblent, par conséquent ils sont analogues. Si vous voulez donc me faire passer de l'un à l'autre, vous n'avez pas d'autre moyen que de mettre la même analogie dans vos discours. Voilà le langage que la nature nous enseigne à tous, mais que nous n'apprenons pas, ou que nous apprenons mal.

Les langues n'ont que trop de mots, et c'est surtout le défaut des modernes, qui, au lieu de se former séparément par la seule analogie, se sont donné des expressions les unes aux autres, après en avoir pris chacune dans différentes langues qu'on ne parle plus. Or les mots sont sans analogie dans une langue à laquelle ils sont étrangers ; et, parce qu'alors il n'est pas facile de les faire passer par différentes acceptions, nous mettons à contribution toutes les langues, et nous pillons partout comme des barbares. Nos langues semblent n'être que ce qui reste après des ravages et des dévastations : elles ressemblent à nos empires. Tout est mal, lorsque tout a mal commencé.

La langue la plus parfaite serait celle qui, n'ayant rien emprunté, devrait à l'analogie uniquement toutes les expressions dont l'usage se serait introduit ; et je crois que cette langue rendrait, avec le plus petit nombre possible de mots, le plus grand nombre possible d'idées. Mais parce que nous avons cru être plus savants en parlant d'après les langues que nous nommons savantes, nous nous y sommes pris, pour faire nos langues, comme si nous avions voulu faire des jargons. Il nous a paru convenable d'employer dans les sciences des mots qui ne sont pas français, et nous les avons rendues difficiles par la seule difficulté d'en apprendre le dictionnaire. Certainement, si on avait parlé pour se faire entendre, ce n'est pas avec des mots inconnus qu'on aurait imaginé d'exprimer des idées nouvelles.

Un mot devient naturellement le signe d'une idée, lorsque cette idée est analogue à la première qu'il a signifiée, et alors on dit qu'il est employé par extension.

Mais, parce que cette première idée n'est pas toujours connue, ou parce qu'on ne sait pas saisir l'analogie qui conduit d'une acception à une autre, on regarde souvent comme un abus d'employer le même mot pour exprimer des idées qui, quoiqu'analogues, ne sont pas les mêmes à tous égards. Quelquefois on se trompe plus grossièrement encore : car, sans se rendre compte de ce que signifie un mot, on suppose qu'il a toujours la même signification, et on agite des questions absurdes ou puériles.

Ceux, par exemple, qui ont demandé si l'unité est un nombre n'ont pas vu que le mot nombre a deux acceptions différentes. Dans la première, il ne se dit que d'une multitude d'unités ; et alors il est évident que l'unité n'est pas un nombre : elle en diffère, comme le simple du composé.

Mais, parce que les nombres sont formés d'unités, l'analogie a fait donner par extension, à l'unité simple, la même dénomination qu'à plusieurs unités réunies, et l'unité est devenue un nombre.

De même *multiplier*, dans la première acception, c'est prendre un nombre plusieurs fois ; et le produit, après la multiplication, est plus grand que le multiplicande.

Cependant, parce qu'on a dit *multiplier par deux, par trois*, qui sont des nombres dans la première acception du mot, on a dit *multiplier par un*, qui n'est un nombre que par extension. Multiplier a donc pris une nouvelle signification, dans laquelle le produit est égal au multiplicande, ou dans laquelle, à proprement parler, il n'y a point de produit, parce qu'il n'y a proprement point de multiplication.

Nous ferons la même observation sur le mot *diviser*, qui signifie proprement séparer en plusieurs parties : car, parce qu'on a dit *diviser par deux*, on a dit *diviser par un*, quoique dans le vrai *un* ne divise

2.

pas, puisque *deux* divisé par *un* donne au quotient l'entier *deux*.

Or, dès que le mot *multiplier* a deux acceptions, l'une dans laquelle le multiplicande, après la multiplication, est plus grand, et l'autre dans laquelle, après la multiplication, il se retrouve le même, il est évident que nous ne nous entendrons pas, si nous voulons nous en tenir exclusivement à l'une ou l'autre de ces acceptions. Nous nous entendrions moins encore, s'il arrivait qu'après la multiplication le produit fût quelquefois plus petit que le multiplicande : c'est pourtant ce qui arrivera.

Pour se faire une idée générale du mot *multiplier*, il ne faut donc point considérer, ni si le multiplicande augmente, ni s'il reste le même, ni s'il diminue : il suffit d'observer la multiplication dans l'opération qui se fait lorsqu'on dit *deux fois trois font six, une fois trois fait trois.*

Il en est de même du mot *diviser* : car, dans l'acception la plus générale, diviser ce n'est pas séparer en plusieurs parties, c'est seulement chercher combien de fois un nombre est contenu dans un autre ; et puisque l'unité est un nombre, on divise, lorsqu'on cherche combien de fois elle est dans trois, comme lorsqu'on cherche combien de fois deux est dans six.

En considérant donc la division dans l'opération qui s'en fait, plutôt que dans la première acception du mot, nous en avons une idée générale applicable à tous les cas, même à ceux dont le dividende, après la division, se trouvera plus grand ; ce qui arrivera encore.

Ainsi, sans considérer si un nombre augmente, diminue ou reste le même, multiplier, c'est prendre le multiplicande autant de fois qu'il y a d'unités dans le multiplicateur; et diviser, c'est observer combien de fois le diviseur est contenu dans le dividende. Ces notions, qui sont simples, qui ne sont que simples, et qui, par cette raison, sont tout ce que je cherche, répandront la lumière et écarteront bien des difficultés.

D'ailleurs, les observations que nous avons faites sur les mots *nombre, multiplier, diviser,* sont autant d'exemples sensibles des différentes acceptions dont les noms deviennent susceptibles; et mon premier objet, dans cet ouvrage, est de donner de l'analogie l'idée la plus exacte. Je veux surtout faire remarquer le chemin qu'elle trace, chemin qui doit nous conduire de découverte en découverte : mais, comme nous ne sommes encore qu'à l'entrée, nous ne saurions le voir que confusément; nous ne le connaîtrons bien, que lorsque nous serons arrivés.

CHAPITRE IV.

EN QUOI CONSISTENT LES IDÉES DES NOMBRES.

Les sciences sont de grandes et belles routes que la nature avait ouvertes et tracées, et dont les hommes ont fermé l'entrée : ils y ont mis maladroitement des broussailles et des obstacles de toute espèce ; ils y ont même creusé des précipices ; en sorte qu'aujourd'hui toute la difficulté est dans les premiers pas. Les efforts qu'on a faits pour se frayer un passage ne laissent voir que des traces confuses, où, depuis des siècles, nous nous égarons à la suite les uns des autres. A la vérité, quelques hommes de génie arrivent ; mais il sont, en quelque sorte, hors de la portée de notre vue, et ils dédaignent de nous dire comment ils sont arrivés, ou ils le cachent à dessein. Ne pouvant donc concevoir comment ils ont pu vaincre les obstacles, nous nous imaginons qu'ils les ont franchis ; et nous croyons les voir planer dans les airs, nous qui sommes condamnés à aller terre à terre. Cependant concevons-nous mieux comment ils franchissent les obstacles, et comment ils planent au-dessus ? Non, sans doute : essayons donc d'ouvrir l'entrée que nous nous sommes fermée ; il n'y a point d'autre passage pour nous. Si cette entreprise a ses difficultés, elles ne sont pas si grandes qu'elles le paraissent à l'abord. D'ailleurs, quand nous les aurons surmontées, nous nous trouverons dans ces belles routes où les hommes de génie nous ont devancés ; et peut-être avoueront-ils qu'ils y sont arrivés, comme nous, terre à terre.

Je ne songe, en commençant, qu'à déblayer tout ce qui m'embarrasse. Voilà pourquoi je vais d'abord lentement ; voilà pourquoi je m'arrête longtemps sur des questions que les calculateurs n'ont jamais imaginé de traiter, parce que ces questions sont de la métaphysique, et que les calculateurs ne sont pas métaphysiciens. Ils ne savent pas que l'algèbre n'est qu'une langue, que cette langue n'a point encore de grammaire, et que la métaphysique peut seule lui en donner une.

Nous avons vu qu'à chaque doigt que nous ouvrons, la numération nous fait passer à un nombre plus grand d'une unité ; et que la dénumération nous fait passer à un nombre plus petit d'une unité, à chaque doigt que nous fermons.

Or, lorsque nous nous sommes fait une habitude de nous représenter par les doigts une suite de nombres alternativement croissante et décroissante, nous pouvons nous représenter cette même suite par toute autre chose, par des cailloux, par des arbres, par des hommes, etc. ; c'est-à-dire que nous pouvons numérer et dénumérer avec des cailloux, des arbres, des hommes, etc., comme avec les doigts.

Ces idées, que nous nous sommes faits avec les doigts, l'analogie nous les fait donc appliquer à des cailloux, à des arbres, à des hommes ; et, parce que nous les pouvons appliquer à tous les objets de l'univers, nous disons qu'elles sont générales, c'est-à-dire applicables à tout.

Mais, lorsque nous nous bornons à les considérer comme applicables à tout, nous ne les appliquons à aucune chose en particulier, nous les considérons en elles-mêmes, et nous les séparons de tous les objets auxquels on les peut.appliquer.

Cependant c'est dans ces objets mêmes que nous avons originairement aperçu ces idées, et nous n'avons pu les apercevoir que là. D'abord nous les avons vues dans les doigts, à mesure que nous remarquions l'ordre successif dans lequel ils s'ouvraient et se fermaient. Ensuite nous les avons vues dans tous les objets, à mesure que nous faisions avec eux la numération et la dénumération que nous avions faites avec les doigts.

Considérer les nombres d'une manière générale, ou comme applicables à tous les objets de l'univers, c'est donc la même chose que ne les appliquer à aucun de ces objets en particulier; c'est la même chose que les abstraire ou les séparer de ces objets, pour les considérer à part : et alors nous disons que les idées générales des nombres sont des idées abstraites.

Mais, quand les idées des nombres, d'abord perçues dans les doigts, ensuite dans tous les objets auxquels on les applique, deviennent générales et abstraites, nous ne les apercevons plus ni dans les doigts, ni dans les objets auxquels nous cessons de les appliquer. Où donc les apercevons-nous?

Dans les noms devenus les signes des nombres. Il ne reste dans l'esprit que ces noms, et c'est en vain qu'on y chercherait autre chose.

Un, deux, trois, etc., voilà donc les idées abstraites des nombres : car ces mots représentent les nombres comme applicables à tout, et comme appliqués à rien. Ce sont eux qui les séparent des objets où nous avons appris à les apercevoir. Quand, par exemple, après avoir dit *un* doigt, *un* caillou, *un* arbre, nous disons *un* sans rien ajouter, nous avons dans ce mot *un* l'unité abstraite.

Si vous croyez que les idées abstraites sont autre chose que des noms, dites, si vous pouvez, quelle est cette autre chose. En effet, quand vous aurez fait abstraction des doigts et des autres autres objets qui peuvent représenter les nombres; quand vous aurez fait abstraction des noms qui en sont d'autres signes; en vain vous chercherez ce qui reste dans votre esprit, vous n'y trouverez rien, absolument rien.

Mais, dira-t-on, comment réduire les idées abstraites à n'être que des mots? Il me sera plus facile de répondre à cette question qu'il ne le serait de répondre à celle-ci : Si les idées abstraites sont autre chose que des mots, que sont-elles?

Les nombres me sont représentés par les doigts, lorsque j'apprends à faire la numération; et ils me sont représentés par d'autres objets, lorsque je répète avec d'autres objets ce que j'ai appris avec les doigts.

A mesure que je me les représente, je donne à chacun des noms différents. Je désigne par *un* un doigt considéré seul; et en conséquence je dirai *un* d'un caillou, d'un arbre : j'exprime par *deux* un doigt plus un doigt, et par conséquent je dirai *deux* d'un caillou plus un caillou, d'un arbre plus un arbre. Je ferai de même les noms *trois*, *quatre*, etc. Or, quelles idées retracent ces noms?

Je réponds que *un* est un mot que je me souviens d'avoir choisi pour signifier un seul doigt, un seul

caillou, un seul arbre, et en général un objet individuel; que *deux* est un autre mot que je me souviens
d'avoir choisi pour exprimer un doigt plus un doigt,
un caillou plus un caillou, un arbre plus un arbre,
et en général un individu plus un individu. Or,
comme dans les noms généraux, tels que *un*, *deux*,
trois, il n'y a proprement que des noms, il n'y a
aussi proprement que des noms dans des idées abstraites : car idées abstraites et noms généraux sont
au fond la même chose.

L'erreur où l'on tombe à ce sujet vient de ce qu'on
suppose que le mot *idée* n'a qu'une acception. Cependant il en a deux ; une qui lui est propre, et une
autre qui lui est donnée par extension. Si je dis un
caillou, deux cailloux, le mot idée est pris au propre, car je trouve les idées de *un* et de *deux* dans les
objets que je joins à ces noms; mais si je dis *un*,
deux, ce ne sont là que des noms généraux, et ce ne
peut être que par extension qu'on les nomme
idées.

On sait qu'il n'y a hors de nous ni genre ni espèce : on sait qu'il n'y a que des individus, quoique
nos philosophes, qui le savent sans doute, l'oublient
si souvent qu'ils paraissent l'ignorer. Les genres et
les espèces ne sont donc que des dénominations que
nous avons faites; et nous avons eu besoin de les
faire, parce que la limitation de notre esprit nous
faisait une nécessité de classer les objets.

Or les dénominations données aux nombres ne sont
qu'une manière de classer les choses, pour les
observer sous les différents rapports où elles sont
dans le calcul : donc, par la même raison qu'il n'y a
rien dans l'univers qui soit genre et espèce, il n'y a
rien aussi qui soit *deux*, *trois*, *quatre*, qui, en un mot,

soit un nombre ; il n'y a, si je puis m'exprimer ainsi, que des *un, un, un;* et les nombres ne sont que dans des noms que nous avons faits pour notre usage. Il n'y a point de nombre aux yeux de Dieu. Comme il voit à la fois tout, il ne compte rien. C'est nous qui comptons, parce que nous ne voyons qu'un à un ; et pour compter nous sommes obligés de dire, *deux, trois, quatre,* comme s'il y avait quelque chose qui fût deux, trois, quatre. Nous le supposons même : portés à réaliser nos abstractions, nous établissons volontiers pour principe que *tout ce que nous concevons clairement et distinctement est hors de nous tel que nous le concevons.* Un bon cartésien n'en doutera pas.

3

CHAPITRE V.

Deux nombres sont égaux lorsqu'ils renferment le même nombre d'unités; et ils sont inégaux lorsqu'ils n'en renferment pas le même nombre.

Nous apercevons cette égalité ou cette inégalité en les comparant; et, parce qu'alors nous les rapportons l'un à l'autre, on dit qu'ils sont dans des rapports d'égalité ou des rapports d'inégalité. Ces rapports sont les plus généraux.

Deux nombres égaux se contiennent réciproquement; *deux plus deux* contient *quatre,* et *quatre* contient *deux plus deux.*

Donc ils ne se contiennent pas réciproquement s'ils sont inégaux : *deux plus deux* est contenu dans *cinq,* mais *cinq* ne l'est pas dans *deux plus deux.*

Parce que deux nombres se contiennent réciproquement, on dit qu'ils sont réciproquement la mesure exacte l'un de l'autre : *deux plus deux* est la mesure exacte de *quatre,* et *quatre* l'est de *deux plus deux.*

On voit donc que, dire que deux nombres sont

égaux, qu'ils se contiennent réciproquement, qu'ils sont la mesure exacte l'un de l'autre, c'est dire la même chose de trois manières différentes ; mais, quoique de pareilles expressions soient identiques, nous verrons qu'elles ont chacune leur usage.

Lorsque deux nombres ne se mesurent pas réciproquement, on les peut comparer à un troisième, qui, étant contenu un certain nombre de fois dans l'un et dans l'autre, est la mesure commune des deux. *Huit* et *douze*, par exemple, ont pour mesure commune *quatre*, *deux* et *un*. Sur quoi il faut remarquer que l'unité est la mesure commune de tous les nombres : il y en a même qui n'en ont pas d'autre ; tels sont *quatre* et *cinq*, *neuf* et *onze*.

Quand nous mesurons deux nombres, nous découvrons l'excès du plus grand sur le plus petit : quand nous les comparons, nous voyons que l'excès du plus grand sur le plus petit est la différence de l'un à l'autre : et quand nous retranchons le plus petit du plus grand, nous apercevons que cet excès ou cette différence est ce qui reste.

Excès, *différence*, *reste*, sont donc des mots qui signifient précisément la même chose : mais, dans l'usage qu'on en fait, les vues de l'esprit ne sont pas les mêmes. *Excès* est relatif à mesure, parce que l'excès est connu après avoir mesuré : *différence* est relatif à comparaison, parce qu'on découvre la différence en comparant : *reste* est relatif à soustraction, parce qu'on trouve le reste après avoir soustrait le plus petit nombre. *Deux* est l'excès de six sur quatre, la différence de quatre à six, et le reste quand on a retranché quatre. Ces trois mots, dans cet exemple, signifient donc également *deux*, et par conséquent la même chose : mais l'un suppose qu'on a mesuré ;

l'autre, qu'on a comparé; et le dernier qu'on a sous-trait.

Les détails où j'entre paraîtront minutieux sans doute, parce qu'il semble que ceux qui savent la numération n'ont pas besoin qu'on leur apprenne ce qui constitue l'égalité, l'excès, la différence, le reste. Mais un enfant compte par ses doigts avant d'avoir appris ces dénominations; et peut-être, quand il les connaîtra, croira-t-il savoir autant de choses que de mots. Il est vrai que j'écris pour des adultes; mais je dois les traiter comme des enfants, parce qu'il n'y a qu'une manière de s'instruire, qu'elle est la même pour tous les âges, que d'ailleurs tous les ignorants sont enfants, et que les plus savants sont bien jeunes encore.

Rappelons-nous que nous ne pouvons aller que du connu à l'inconnu. Or, comment pouvons-nous aller de l'un à l'autre? C'est que l'inconnu se trouve dans le connu, et il n'y est que parce qu'il est la même chose. Nous ne pouvons donc passer de ce que nous savons à ce que nous ne savons pas, que parce que ce que nous ne savons pas est la même chose que ce que nous savons. Vous qui n'avez rien appris en lisant ce chapitre, vous êtes bien convaincu que tout ce que j'y dis est la même chose que ce que vous saviez. Donc, lorsqu'un enfant le saura, ce qu'il aura appris sera la même chose que ce qu'il savait.

Or, tout ce que nous ignorons étant la même chose que ce que nous savons, il est évident que nous ne pouvons trop observer ce que nous savons, si nous voulons arriver à ce que nous ne savons pas. Il le faut observer, et observer beaucoup, parce que ce que nous croyons savoir, souvent nous le savons mal. Aussi y a-t-il longtemps que je suis convaincu qu'on n'aura de bons éléments que lorsqu'on aura tout refait, jusqu'aux notions les plus communes. Car les idées, pour être communes, n'en sont pas mieux faites. Au contraire, ce sont celles dont on s'est le moins rendu compte. Si cependant on y laisse de la confusion, elles seront mal connues ; et si elles sont mal connues, elles ne pourront pas nous conduire à ce que nous ne connaissons pas. Voilà pourquoi je commence par où l'on n'a jamais commencé, et je remarque longuement des choses que tout le monde juge inutiles à dire. Je sens que j'en dois paraître minutieux ; mais je prie le public d'avoir pour moi la même indulgence qu'il a pour tant d'autres.

Quand je dis *deux plus deux sont égaux à quatre*, on voit que l'égalité se réduit à l'identité ; car il suffit de savoir la valeur des mots, pour reconnaître que ce que j'appelle *deux plus deux* est la même chose que ce que j'appelle *quatre*.

Deux plus deux et *quatre* sont donc le même nombre exprimé différemment, ou deux expressions identiques dans les idées.

Qu'on dise donc que deux nombres sont égaux, qu'ils se contiennent réciproquement, qu'ils se mesurent exactement l'un et l'autre, qu'ils sont le même nombre, ou qu'ils sont identiques, ce n'est jamais que dire la même chose de plusieurs manières.

On ne fait donc, dans la langue des calculs, que des propositions identiques, et par conséquent frivoles, objectera-t-on peut-être. Je conviens que, dans cette langue comme dans toutes les autres, on ne fait que des propositions identiques, toutes les fois que les propositions sont vraies. Car, ayant démontré que ce que nous ne savons pas est la même chose que ce que nous savons, il est évident que

nous ne pouvons faire que des propositions identiques, lorsque nous passons de ce que nous savons
à ce que nous ne savons pas. Cependant, pour être
identique, une proposition n'est pas frivole.

Six est six est une proposition tout à la fois identique et frivole. Mais remarquez que l'identité est en
même temps dans les termes et dans les idées. Or,
ce n'est pas l'identité dans les idées qui fait le frivole,
c'est l'identité dans les termes. En effet, on ne peut
jamais avoir besoin de faire cette proposition *six est
six*; elle ne mènerait à rien, et la frivolité, comme
on peut avoir eu occasion de le remarquer, consiste
à parler pour parler, sans objet, sans but, sans rien
dire.

Il n'en est pas de même de cette autre proposition
trois et trois font six. Elle est la somme d'une addition. On peut donc avoir besoin de la faire, et elle
n'est pas frivole, parce que l'identité est uniquement
dans les idées.

Faute d'avoir distingué deux identités, l'une dans
les mots, l'autre dans les idées, on a supposé que
toute proposition identique est frivole, parce que
toute proposition identique dans les mots est frivole
en effet; et on n'a pas soupçonné qu'une proposition
ne saurait être frivole, lorsque l'identité n'est que
dans les idées. On n'a pas même voulu apercevoir
cette identé. Car pourquoi dit-on, par exemple, *deux et
deux font quatre?* pourquoi *font*, si ce n'est parce
qu'on suppose que *deux et deux* sont quelque autre
chose que *deux et deux?* il me semble qu'on aurait
dit *deux et deux* sont *quatre*, si on eût bien senti que
deux et deux sont la même chose que *quatre*.

Lorsque nous jugeons que deux hommes sont
égaux en grandeur, nous voyons une même chose

dans deux que nous comparons, c'est-à-dire une même grandeur dans dans deux hommes, et nous faisons une proposition identique. De même, lorsque nous disons *deux plus deux sont égaux à quatre*, nous voyons une même idée dans deux expressions, et notre proposition est identique encore. Mais les calculateurs n'ayant pas remarqué que ces expressions sont identiques dans les idées, ils jugent qu'ils ont comparé des idées différentes, parce qu'ils ont comparé des mots différents.

Quand je dis qu'ils ne remarquent pas cette identité, je ne veux pas dire qu'ils ne l'aperçoivent pas. Qui pourrait ne pas l'apercevoir? Mais s'ils la remarquaient, ils se verraient forcés à conclure que, lorsqu'ils calculent, ils ne font et ne peuvent faire que des propositions identiques. Or, ils se refusent, comme par instinct, à cette conclusion, parce qu'ils sont dans le préjugé que toute proposition identique est une proposition frivole; et ils ont de la répugnance à être frivoles.

CHAPITRE VI.

DE LA FORMATION DES PUISSANCES ET DE L'EXTRACTION DES RACINES, LORSQUE LES QUANTITÉS SONT EXPRIMÉES AVEC DES NOMS.

L'art de calculer n'a pu se perfectionner qu'autant qu'on a simplifié les méthodes.

Or, une méthode plus simple qu'on ne connaissait pas encore ne se sera pas trouvée dans une méthode dont on n'aurait eu que des idées confuses : car des connaissances confuses ne sont pas proprement des connaissances. Cependant, on ne peut aller à l'inconnu que par le connu ; et si nous avons tant de peine à faire des découvertes, c'est que nous savons mal ce que nous croyons savoir. Qui le saurait bien, trouverait tout ce qu'il est possible de trouver : voilà le secret des inventeurs.

Une première méthode n'a donc pu conduire à une méthode plus parfaite qu'après qu'on l'a eu simplifiée elle-même ; et ce n'est qu'à mesure qu'on la simplifiait, qu'on y pouvait voir une méthode plus simple encore.

C'est le choix des signes qui fait toute la simplicité d'une méthode. Or, on n'a pas pu calculer avec les doigts et avec des noms sans éprouver de grandes difficultés : on a voulu les vaincre, et, de tentative en tentative, on est arrivé à des signes plus commodes.

En continuant d'étudier le calcul qui se fait avec les doigts et avec des noms, nous pouvons donc nous flatter de découvrir des calculs plus simples : nous aurons d'ailleurs l'avantage de parler un langage familier à tout le monde ; et il me semble qu'il est plus naturel de commencer une étude dans une langue qu'on parle que dans une langue qu'on ne sait pas encore. A la vérité, le chemin que je prends paraîtra long, et on trouvera que je remonte bien haut, parce que je commence par le commencement. Mais, quand nous aurons atteint ceux qui croient faire des éléments, nous irons plus vite qu'eux.

Les puissances d'un nombre, dit-on, sont les produits de ce même nombre multiplié plusieurs fois par lui-même ; et immédiatement après avoir donné cette définition, on ajoute que tout nombre qui n'a pas été multiplié par lui-même est sa première puissance ; que *deux*, par exemple, est la première puissance de *deux*. Voilà donc une puissance qui n'est pas un produit, et par conséquent la définition n'est pas exacte. Certainement ce c'est pas pour se faire entendre qu'on définit d'une façon et qu'on parle d'une autre.

On nomme *carré* le produit d'un nombre multiplié par lui-même. *Quatre*, par exemple, est le produit de *deux* multiplié par *deux* ; et ce produit est nommé *carré*, parce que c'est la mesure d'une surface carrée qui aurait deux de hauteur sur deux de base.

Si ensuite on multiplie *quatre* par *deux*, le produit *huit* prend le nom de *cube*, parce qu'il est en effet la mesure d'un cube, c'est-à-dire, d'un solide qui aurait deux de base, deux de hauteur et deux de profondeur.

Représentez-vous une figure terminée par quatre droites égales, et dont deux côtés parallèles soient perpendiculaires aux deux autres.

Cette figure est un carré dont la base est égale à la hauteur. S'il a, par exemple, deux pieds de haut, il aura deux pieds de base; et vous voyez qu'en multipliant *deux* par *deux* vous aurez *quatre* pour la surface carrée.

Vous concevez donc que le produit de tout nombre multiplié par lui-même, comme celui de *deux* par *deux*, peut représenter un carré. Or c'est par cette raison qu'on nomme *carrés* tous les produits de cette espèce. Ainsi *quatre* est le carré de *deux*, *neuf* est celui de *trois*, etc.

Un cube est un solide dont la base, la hauteur et la profondeur sont égales: il aura par exemple, deux pieds dans chacune de ses dimensions; et comme *deux* multiplié par *deux* a donné *quatre* pour la surface carrée, *quatre* multiplié par *deux* donnera le cube *huit*. Vous comprenez donc que le produit de tout nombre multiplié deux fois par lui-même peut représenter un cube : *huit* est le cube de *deux*, *vingt-sept* est celui de *trois*.

Deux peut multiplier le cube *huit*; le produit qui en résultera, d'autres encore; et chacun de ces produits a besoin d'être nommé. Mais, parce qu'il eût été inutile de s'embarrasser d'une multitude de noms, on a compris tous ces produits sous la dénomination générale de *puissance*.

Puissance a donc d'abord signifié les différents produits d'un nombre multiplié successivement par lui-même ; et on eut autant de puissances que de produits.

En conséquence de cette première acception, un nombre n'est pas une puissance proprement lorsqu'il n'est pas un pareil produit, comme l'unité n'est pas un nombre elle-même dans la première acception du mot.

Mais on dit, par extension, que l'unité est un nombre, parce qu'elle les produit tous : de même on dit, par extension, que chaque nombre est sa première puissance, parce que, multiplié par lui-même, il est le générateur de toutes. *Quatre* est donc la seconde puissance de *deux*, *huit* la troisième, *seize* la quatrième ; et *deux* en est la première, improprement ou par extension.

Il est naturel et raisonnable de donner aux mêmes choses des dénominations différentes, suivant les différentes vues de l'esprit. C'est pourquoi les nombres, considérés par rapport aux puissances dont ils sont les générateurs, ont été nommés *racines* de ces puissances. *Deux* est la racine seconde de *quatre*, la racine troisième de *huit*, la racine quatrième de *seize*, et, par extension, la racine première de *deux*. Ainsi tout nombre est en même temps sa racine première et sa première puissance.

L'unité est un nombre : par conséquent, multipliée par elle-même, elle donnera un carré, dont elle est la racine carrée ou seconde, multipliée par elle-même une seconde fois, elle donnera un cube dont elle est la racine cube ou troisième : et, puisque *un*, multiplié ou divisé par *un*, n'est jamais que *un*, il s'ensuit qu'on trouve dans l'unité toutes les puissances et toutes les racines possibles. Vous voyez que l'analogie conduit à ce langage.

Voilà ce qu'on entend par *racine* et par *puissance*. Remarquez que tout ce que vous venez d'apprendre se trouve dans ce que vous saviez, aux mots près de *puissance* et de *racine*. Or, c'est ainsi que la langue des calculs s'achèvera. On introduira de nouvelles dénominations et de nouveaux signes : mais dans chaque dénomination, dans chaque signe, vous ne trouverez que ce que vous saviez déjà. C'est de la sorte que vous irez de proche en proche, depuis le calcul avec les doigts jusqu'au calcul intégral.

Dès que vous savez multiplier, vous savez élever un nombre au carré, au cube, ou à toute autre puissance. La formation des puissances vous est donc connue : or c'est dans cette connue que vous trouverez l'extraction des racines.

Une puissance étant donnée, en extraire la racine c'est trouver le nombre qui, en se multipliant, a été le générateur de la puissance. Vous concevez donc que, puisque la multiplication donne les puissances, la division donnera les racines, et que l'extraction des racines est l'inverse de la formation des puissances. Dans l'une on défait ce qu'on a fait dans l'autre : mais dès que vous savez faire une chose, vous la savez défaire, si vous observez comment vous la faites. Observons et décomposons.

J'écris dans une colonne les neuf premiers nombres, et dans une colonne correspondante, les carrés de chacun.

RACINES.	CARRÉS.
Un.	Un.
Deux.	Quatre.
Trois.	Neuf.
Quatre.	Dix plus six.

Cinq.	Deux dix plus cinq.
Six.	Trois dix plus six.
Sept.	Quatre dix plus neuf.
Huit.	Six dix plus quatre.
Neuf.	Huit dix plus un.

Toutes ces racines n'ont qu'un terme ; les carrés des trois premières n'en ont qu'un également, parce qu'ils ne renferment que des unités du premier ordre. Les autres carrés renferment des unités de deux ordres, distingués dans deux termes différents : *dix plus six, deux dix plus cinq,* etc. Mais nous ne saurions exprimer dans cette table combien il y a de termes dans *dix,* racine carrée de cent, ou dans *cent,* carré de dix : les doigts y suppléeront ; car l'expression de dix est le quatrième doigt ouvert, plus le petit doigt fermé, et celle de cent est le doigt du milieu ouvert, plus le quatrième fermé ; plus le cinquième fermé. Dix a donc deux termes dans son expression, et cent en a trois. Nous continuerons ces observations ailleurs ; et nous saurons bientôt comment on juge, à l'inspection d'un carré, du nombre des termes de sa racine. Passons à un carré dont la racine ait plusieurs termes, et observons-le. Soit à cet effet *cent plus quatre dix plus quatre,* dont nous savons que la racine est *dix plus deux.*

Les trois termes de ce carré sont *cent plus quatre dix plus quatre;* et les deux de la racine, *dix plus deux.* Or *cent* est le carré de *dix,* premier terme de la racine ; *quatre* est celui de *deux,* son second terme ; et *quatre dix* est le produit de *deux dix* par *deux,* ou de deux fois le premier terme multiplié par le second. D'après cette observation, qui me fait connaître comment se forme chacun des trois termes de ce carré, il ne sera pas difficile d'en défaire un autre. Soit donc *cent plus deux dix plus un*, dont on veuille extraire la racine. On dira :

Le premier terme *cent* est un carré dont *dix* est la racine. Le premier terme de la racine que je cherche est donc *dix*. En effet *dix fois dix* font cent ; et ayant soustrait cent de cent, il reste *deux dix plus un*.

Ce reste, *deux dix plus un*, est formé de deux termes dont le premier *deux dix* est le produit de deux fois le premier terme de la racine multiplié par le second. Donc, en divisant ce premier terme *deux dix* par le double du premier terme de la racine, c'est-à-dire, par *deux dix*, je trouverai le second terme de la racine.

Or *deux dix* est contenu une fois dans *deux dix*, ou, ce qui est la même chose, *deux dix* divisé par *deux dix* donne *un* pour quotient. Donc *un* est le second terme que je cherche. En effet, une fois *deux dix* fait *deux dix*, *un* multiplié par *un* fait *un* au carré, et *deux dix plus un* ayant été soustrait de *deux dix plus un*, il ne reste rien. La racine carrée de *cent plus deux dix plus un* est donc *dix plus un*.

Nous n'eussions pas trouvé avec la même facilité que *onze* est la racine carrée de *cent vingt-un*, et c'est cette manière de nous exprimer qui eût fait toute la difficulté.

Dès que notre langue nous cache l'analogie d'après laquelle les nombres se composent, il n'est pas étonnant qu'elle ne nous laisse pas voir comment nous pouvons les décomposer. Vous le voyez : tout confirme que de pareilles découvertes seraient faciles, si les dénominations des nombres eussent été faites d'après la numération par les doigts. Voilà l'avantage qu'aura l'algèbre ; elle nous fera parler comme la nature, et nous croirons avoir fait une grande découverte.

Je pourrais faire voir que, pour extraire les racines carrées, lorsqu'elles sont composées de trois termes, de quatre ou d'un plus grand nombre, il ne faut pas d'autre méthode que celle que nous venons de découvrir; et l'analogie seule nous apprendrait bientôt à extraire des racines troisièmes, quatrièmes, etc. Par exemple, pour savoir défaire un cube, il suffirait d'observer comment il s'exprime avec les doigts, puisqu'on verrait comment il s'est fait. Mais il me suffit, pour le présent, d'avoir indiqué ces méthodes; nous les développerons, lorsque nous aurons trouvé des signes plus simples : le calcul qui ne se ferait qu'avec des noms deviendrait trop compliqué.

CHAPITRE VII.

NOTIONS GÉNÉRALES SUR LES FRACTIONS LORS- QU'ELLES SONT EXPRIMÉES AVEC DES NOMS.

Les fractions embarrassent fort les commençants, et c'est la faute des faiseurs d'éléments. On dirait, quand ils traitent des fractions, qu'ils parlent d'une chose que personne ne connaît : cependant c'est ici le cas de dire que tout le monde parle prose sans le savoir.

Rompez ou divisez une toise en six parties, cha-cune sera une partie rompue de la toise ; ou, ce qui est la même chose, elle en sera, pour parler latin, une *fraction*. Conséquemment vous pouvez donner à un nombre de ces parties le nom de nombre rompu ou de fraction. Voilà ce qu'on a fait ; et vous voyez aussitôt des fractions dans un *sixième de toise, deux sixièmes de toise*, etc., expressions qui vous étaient connues. N'est-ce pas ainsi que le Bourgeois Gen-tilhomme voit tout à coup de la prose dans, *Nicole, apportez-moi mes pantoufles?*

Par opposition à un nombre rompu ou à fraction, on peut donner à la toise entière le nom de nombre entier ; et c'est encore ce qu'on a fait. Ainsi le même nombre peut-être considéré comme nombre entier et comme nombre rompu. Le pied, par exemple, est un nombre entier par rapport aux pouces, qui en sont des fractions, et il est un nombre rompu, par rapport à la toise, dont il est une fraction lui-même.

Voilà ce que nous savions tous, avant que le langage nous en fût connu ; et si aujourd'hui nous nous imaginons avoir appris autre chose que des mots, nous ressemblons au Bourgeois Gentilhomme, auquel nous ne ressemblons que trop souvent. Il suffit d'avoir eu occasion de mesurer quelque chose, pour avoir compté, sans le savoir, par nombres entiers et par nombres rompus.

Quand on décompose une fraction, on y remarque deux termes, que j'écrirai pour les mieux distiguer, comme on le voit ici, $\frac{trois}{six}$ de toise. Cela signifie que je divise la toise par six, et que de six parties j'en prends trois ; expression qui est la même que *trois sixièmes de toises*.

L'un de ces termes *dénomme* donc ou indique en combien de parties nous divisons un entier, et on le nomme *dénominateur* ; tel est *six* dans l'exemple précédent : l'autre *numère* ou indique combien nous prenons de ces parties, et on le nomme *numérateur* ; tel est *trois*. On savait tout cela, avant d'avoir vu des fractions écrites comme je les écris, et avant d'avoir entendu parler de numérateur et de dénominateur. En effet tout cela se trouve dans *trois sixièmes* de toise.

Ce que tout le monde sait encore, c'est que le dénominateur d'une fraction divise une unité principale, un entier, et ne divise ni ne peut diviser le numérateur, puisqu'un plus grand nombre n'est pas contenu dans un plus petit. Dans trois quarts de livre, par exemple, ou comme j'écris, dans $\frac{trois}{quatre}$, *quatre* divise la livre, et ne divise pas *trois*.

Enfin, il n'y a personne qui ne sache que trois livres valent soixante sous. On voit donc qu'à *trois* on peut substituer *soixante*, et qu'alors la fraction devenant $\frac{soixante}{quatre}$, le numérateur divisé par le dénominateur donnera quinze au quotient. On saura toujours, en pareil cas, trouver le quotient d'une fraction.

On peut donner la forme de fraction à toute division à faire. J'écrirai, par exemple, $\frac{cent}{dix}$, ce qui signifie que cent est à diviser par dix, comme $\frac{trois}{quatre}$ signifie que trois est à diviser par quatre.

Je dis cent *à diviser* par dix, et non pas cent *divisé* par dix, comme on parle d'ordinaire et peu exactement. Car $\frac{cent}{dix}$ n'est pas l'expression d'une division faite : c'est l'expression d'une division à faire, c'est une division qui n'est qu'indiquée.

Quoi qu'on puisse penser de pareilles observations, je les fais, parce que la règle que je me prescris est de ne dire que ce que je veux dire ; et si je m'en écartais, il m'arriverait souvent de n'être pas entendu. En effet, pour avoir parlé d'une fraction comme d'une division faite, les calculateurs se sont rendus quelquefois inintelligibles. Ils vous diront, par exemple, que toute fraction est le quotient de son numérateur divisé par son dénominateur, ou que $\frac{cinq}{huit}$ n'est autre chose que le quotient de *cinq* divisé par *huit*. Mais quand nous nous souvenons d'avoir appris que le quotient exprime combien de fois un plus petit nombre est contenu dans un plus grand, comment pouvons-nous imaginer que cinq divisé par huit ait un quotient qui exprime combien de fois *huit* est contenu dans *cinq?* et comment pouvons-nous comprendre que ce quotient soit la fraction même $\frac{cinq}{huit}$? Il est vrai que, lorsqu'on a deviné cette énigme, on y trouve un sens: mais ceux qui commencent ne sont pas supposés avoir le don de deviner.

Il faut remarquer que toute expression d'une division à faire est identique avec l'expression de son quotient. $\frac{soixante}{quatre}$, par exemple, est au fond la même chose que *quinze*. De même, de quelque manière qu'on exprime le quotient $\frac{trois}{quatre}$ de livre, l'expression du quotient sera identique avec l'expression de la fraction, et quinze sous sera la même chose que trois quarts de livre. Voilà sans doute ce qui a fait dire que $\frac{trois}{quatre}$ est le quotient de *trois* divisé par *quatre*.

Mais, puisque la fraction $\frac{trois}{quatre}$, au lieu d'être une division faite, est une division à faire, il fallait remarquer que cette même fraction, prise pour quotient, n'est pas un quotient trouvé, qu'elle n'est qu'un quotient indiqué, et que, par conséquent, elle n'est pas un quotient proprement dit. En effet, puisque le quotient doit exprimer combien de fois le diviseur est contenu dans le dividende, il n'y a proprement de quotient qu'après que la division a été faite. Or, $\frac{trois}{quatre}$ est une division à faire.

Pour effectuer cette division, je suis obligé de substituer au numérateur *trois* le nombre *soixante*; et ayant dans $\frac{soixante}{quatre}$ et $\frac{trois}{quatre}$, deux expressions identiques, *quinze* est également, pour l'une et pour l'autre, l'expression du quotient. Mais si je n'avais pas fait cette substitution, je n'aurais pas effectué la division de $\frac{trois}{quatre}$, puisque *trois* n'est pas divisible par *quatre*. Cette fraction n'a donc point de quotient proprement dit : elle n'en a un qu'autant qu'elle se transforme en $\frac{soixante}{quatre}$, expression qui lui est identique.

Cependant, parce que le quotient de *trois* à diviser par *quatre*, quel qu'il soit, est la même chose que celui de $\frac{trois}{quatre}$, et que cette fraction peut tenir lieu du quotient qu'elle indique, je dirais que $\frac{trois}{quatre}$ est par extension le quotient de *trois* à diviser par *quatre*, et on m'entendra, parce que je n'aurais pas pris le mot de *quotient* dans sa première acception, et que j'en aurai averti : sur quoi nous pouvons remarquer que tout numérateur est un dividende, et que tout dénominateur est un diviseur. C'est ainsi que les dénominations redeviennent tantôt les mêmes après avoir été différentes, et tantôt différentes après avoir été les mêmes ; artifice qui nous fait considérer les choses sous tous les points de vue possibles, et qui, d'identité en identité, nous conduit de connaissance en connaissance. Observons cet artifice, étudions-le, et nous deviendrons inventeurs.

Lorsque deux divisions à faire sont identiques, elles ont le même quotient, et on prend le quotient de la division qui s'effectue pour quotient de celle qui ne peut s'effectuer.

Dès que deux divisions à faire ont le même quotient lorsqu'elles sont identiques, il s'ensuit qu'elles sont identiques lorsqu'elles ont le même quotient. Nous nous assurerons donc de leur identité lorsque nous saurons que le quotient est le même ; et nous nous assurerons que le quotient est le même lorsque nous connaîtrons leur identité. En un mot, l'une de ces identités étant connue, l'autre le sera également, et nous irons tantôt de l'identité des quotients à l'identité des fractions, tantôt de l'identité des fractions à l'identité des quotients.

Des fractions sont toujours identiques, lorsque, telles que $\frac{un}{un}$, $\frac{deux}{deux}$, $\frac{trois}{trois}$, elles ont chacune le même nombre pour numérateur et pour dénominateur : car chaque nombre se contenant une fois, le quotient est pour chacune l'unité.

L'unité peut donc s'exprimer d'une infinité de manières, et il en sera de même de tout autre nombre. *Deux* s'exprimera par $\frac{deux}{un}$, $\frac{quatre}{deux}$, $\frac{six}{trois}$, et par toute autre fraction égale à *deux*, ou qui a *deux* pour quotient. De même, nous aurons *trois* égal à $\frac{trois}{un}$, $\frac{six}{deux}$, $\frac{neuf}{trois}$, etc. Plus l'identité de ces expressions est sensible, plus elles nous seront utiles : ce sont des intermédiaires propres à nous faire passer d'une proposition où l'évidence s'aperçoit à une proposition où elle ne s'aperçoit pas. Il est humiliant pour notre amour-propre d'avoir besoin de ces sortes de propositions : mais nous rampons tous, et les essors que nous croyons prendre, quand nous nous flattons d'avoir du génie, sont comme ces rêves où nous nous voyons planant dans les airs.

Il en est de tout nombre rompu comme de tout nombre entier ; il peut s'exprimer d'une infinité de manières. Par exemple, $\frac{deux}{quatre}$, $\frac{trois}{six}$, $\frac{quatre}{huit}$, ne sont que différentes expressions de la fraction $\frac{un}{deux}$. Or, si on multiplie les deux termes de celle-ci par *deux*, on aura $\frac{deux}{quatre}$; par *trois*, on aura $\frac{trois}{six}$; par *quatre*, on aura $\frac{quatre}{huit}$. Donc, une fraction dont on a multiplié les deux termes par un même nombre donne pour produit une fraction qui lui est identique ; ou, comme on s'exprime communément, on ne change point la valeur d'une fraction lorsqu'on en multiplie les deux termes par un même nombre. Alors, en effet, après comme avant la multiplication, la fraction a toujours le même quotient.

La multiplication, en pareil cas, ne produit donc de changement que dans l'expression des fractions;

à une expression, elle en substitue une autre, $\frac{deux}{quatre}$, par exemple, ou $\frac{trois}{six}$, à $\frac{un}{deux}$. On ne changera donc point la valeur d'une fraction, lorsqu'on en divisera les deux termes par un même nombre ; car la division ne pouvant que défaire ce que la multiplication a fait, elle se bornera à remettre les expressions simples à la place des expressions composées, $\frac{un}{deux}$ à la place de $\frac{deux}{quatre}$ ou de $\frac{trois}{six}$. En un mot, elle réduira les fractions aux termes dont elles étaient formées avant la multiplication. Qu'on divise donc ou qu'on multiplie les deux termes d'une fraction par un même nombre, on n'en changera pas la valeur.

Nous aurons souvent occasion de remarquer que l'identité qui ne s'aperçoit pas sous une expression peut s'apercevoir sous une autre ; et nous éprouverons combien il est utile de pouvoir exprimer chaque quantité de plusieurs manières identiques. Au reste, il ne faudrait pas, en ne jugeant que d'après la forme, regarder comme autant de fractions proprement dites, toutes les expressions que nous venons d'observer. $\frac{Deux}{Deux}$, $\frac{quatre}{deux}$, sont à proprement parler des entiers ; il en est de même de toutes les expressions semblables, toutes les fois que la division indiquée peut s'effectuer. Il n'y a donc proprement de fraction que lorsque la division ne peut se faire ; ou, ce qui est la même chose, lorsque le numérateur étant plus petit que le dénominateur, elle ne se fait qu'après avoir substitué au numérateur un nombre plus grand.

Cependant comme toutes ces expressions se ressemblent par la forme, l'analogie nous autorise à les comprendre toutes sous la même dénomination, ou plutôt elle nous le prescrit : quelque différence qu'il y ait entre les choses, nous leur devons donner le même nom, toutes les fois que nous les considérons par où elles se ressemblent. Je prendrai donc le mot *fraction* dans son acception la plus générale, et $\frac{quatre}{deux}$ sera une fraction comme $\frac{deux}{quatre}$.

Après avoir, dans ce chapitre, considéré les fractions comme une chose connue de tout le monde, nous nous sommes bornés à observer les différentes manières, toutes identiques, dont elles peuvent s'exprimer, supposant que c'est assez de remarquer les différents langages que nous pouvons tenir à ce sujet. C'est assez, en effet, puisque l'art de raisonner n'est que l'art de parler, et que la route qui conduit de découverte en découverte n'est qu'une trace d'expressions identiques.

CHAPITRE VIII.

DU CALCUL DES FRACTIONS LORSQU'ELLES SONT EXPRIMÉES AVEC DES NOMS.

Fraction, addition, soustraction, multiplication, division, sont des notions qui nous sont familières, et dans lesquelles nous devons trouver le calcul des fractions. Nous croyons l'ignorer, comme nous croyons ne pas voir les choses que nous ne regardons pas : cependant il ne tiendrait qu'à nous de regarder ce que nous voyons; mais nous ne regardons rien, et voilà pourquoi nous sommes en effet ignorants.

Une chose n'est pas sous nos yeux parce que nous la remarquons; mais nous la remarquons parce qu'elle y est. Il en est de même de l'esprit; il ne remarque que ce qu'il voit, ou il n'apprend qu'en observant ce qu'il sait. Toute la difficulté est donc d'observer ce que nous savons; et elle vient de ce que nous avons peu observé, ou de ce que nous avons observé sans règles. Faisons-nous une habitude d'observer mieux.

Si à la fraction $\frac{\text{un}}{\text{quatre}}$ je veux ajouter la fraction $\frac{\text{deux}}{\text{quatre}}$ j'observe que cela signifie qu'au lieu de ne prendre qu'une partie d'un entier divisé par *quatre*, j'en veux prendre une plus deux, et j'écris $\frac{un\ plus\ deux}{quatre}$, ou $\frac{trois}{quatre}$ en ajoutant l'un à l'autre les deux numérateurs. Si de $\frac{trois}{quatre}$ je veux soustraire $\frac{deux}{quatre}$ je soustrais deux de trois, et j'écris $\frac{trois\ moins\ deux}{quatre}$ ou $\frac{un}{quatre}$.

L'addition et la soustraction ne souffrent donc aucune difficulté, lorsque les fractions sont au même dénominateur. Donc, si elles n'y sont pas, il faudra les y réduire. Or, comment se fera cette réduction? Observons.

Soient les fractions $\frac{trois}{quatre}$ et $\frac{un}{deux}$; vous voyez que nous les réduirons au même dénominateur, si nous leur substituons deux fractions identiques, qui aient chacune pour dénominateur *huit*, produit de *quatre* par *deux*. Or, premièrement elles auront chacune ce produit pour dénominateur, si nous multiplions les deux termes de la première par *deux*, et les deux de la seconde par *quatre*; et en second lieu, nous substituerons à chacune une fraction identique, puisque les deux termes de chacune auront été multipliés par un même nombre. Il n'y a là rien que nous ne sachions : c'est ce que nous venons d'apprendre dans le dernier chapitre.

En multipliant donc par *deux* les deux termes de la fraction $\frac{trois}{quatre}$, nous lui substituons la fraction identique $\frac{six}{huit}$; et en multipliant par *quatre* les deux termes de la fraction $\frac{un}{deux}$, nous lui substituons la fraction identique $\frac{quatre}{huit}$. Alors, si à $\frac{six}{huit}$ je veux ajouter $\frac{quatre}{huit}$, j'aurai pour somme $\frac{dix}{huit}$, ou *un* plus $\frac{deux}{huit}$; et, si de $\frac{six}{huit}$, je veux soustraire $\frac{quatre}{huit}$, j'aurai pour reste $\frac{deux}{huit}$.

On comprend facilement que, si on avait à opérer sur un plus grand nombre de fractions, on les réduirait de la même manière au même dénominateur. On

4

comprend encore que, lorsque les nombres qu'on veut additionner ou soustraire sont d'un côté des fractions et de l'autre des entiers, il n'y aura qu'à donner à ceux-ci l'unité pour dénominateur, et les traiter comme des fractions : on écrira, par exemple, $\frac{deux}{trois}$, $\frac{quatre}{un}$; et en les réduisant au même dénominateur, on leur substituera $\frac{deux}{trois}$, $\frac{douze}{trois}$.

On remarquera qu'en additionnant ou soustrayant des fractions, on n'opère proprement que sur les numérateurs. Il en est de même lorsqu'on les multiplie ou qu'on les divise, puisque la multiplication est une addition, et la division une soustraction.

Cependant ces opérations peuvent quelquefois se faire de deux manières, l'une directe en opérant sur les numérateurs, l'autre indirecte en opérant sur les dénominateurs. Soit, par exemple, $\frac{huit}{douze}$ à multiplier par *deux*; j'aurai $\frac{seize}{douze}$ pour produit du numérateur *huit* par *deux*. Mais si, au lieu de multiplier le numérateur, je divisais par *deux* le dénominateur *douze*, j'aurais le même produit dans la fraction $\frac{huit}{six}$; car il est évident que prendre seize douzièmes d'un entier, ou en prendre huit sixièmes, c'est la même chose.

Il en est de même de la division. Je puis diviser par *deux* le numérateur *huit*, ce qui me donnera pour quotient $\frac{quatre}{douze}$; et je puis multiplier par *deux* le dénominateur *douze*, ce qui me donnera pour quotient $\frac{huit}{vingt-quatre}$. Or, j'ai le même quotient indiqué sous ces deux expressions, qui, étant réduites aux termes les plus simples, deviennent chacune $\frac{un}{trois}$.

Le résultat est donc le même dans la multiplication et dans la division, soit qu'on change la valeur du numérateur en opérant directement sur lui, soit qu'on la change en opérant indirectement, c'est-à-dire en opérant sur le dénominateur. Cette observation, qui nous fait distinguer des opérations directes et des opérations indirectes, va nous apprendre à multiplier et à diviser des fractions de toutes espèces.

Soit $\frac{quatre}{cinq}$ à multiplier par $\frac{deux}{trois}$: la multiplication du numérateur *quatre* par le numérateur *deux* donne $\frac{huit}{cinq}$; produit trois fois trop grand, puisque je multiplie par deux entiers, et je ne devais multiplier que par deux tiers. Il faut donc diviser par *trois* la fraction $\frac{huit}{cinq}$. Mais, parce que je ne puis pas faire cette division directement sur le numérateur, je la fais indirectement en multipliant le dénominateur par *trois*, et j'ai $\frac{huit}{quinze}$ pour produit de $\frac{quatre}{cinq}$ multiplié par $\frac{deux}{trois}$.

Il faut donc deux opérations pour trouver un pareil produit. L'une multiplie les numérateurs l'un par l'autre, et c'est une vraie multiplication : l'autre multiplie l'un par l'autre les dénominateurs; c'est proprement une division, car elle divise le produit donné par la première opération, et elle défait ce que la multiplication a fait de trop.

On prévoit que la division demandera également deux opérations.

Soit la fraction $\frac{quatre}{un}$ à diviser par $\frac{huit}{neuf}$: je ne puis pas faire directement la division de quatre par huit; mais je la puis faire indirectement, en multipliant par *huit* le dénominateur *un*, et cette opération donne $\frac{quatre}{huit}$. Ce quotient est neuf fois trop petit, parce que *huit* est neuf fois trop grand; car ce n'est pas par huit que je devais diviser, mais par $\frac{huit}{neuf}$. Or, ce que j'ai fait de trop peu en multipliant le dénominateur *un* par *huit*, j'y supplée en multipliant le numérateur *quatre* par *neuf*, et je trouve $\frac{trente-six}{huit}$ pour quotient exact de $\frac{quatre}{un}$ à diviser par $\frac{huit}{neuf}$.

Vous voyez que dans la division, au lieu de multiplier, comme dans la multiplication, numérateur par numérateur et dénominateur par dénominateur, il faut multiplier en croix, numérateur par dénominateur, et dénominateur par numérateur. Cependant, si vous considérez que la division est l'inverse de la multiplication, vous jugerez que, pour opérer dans l'une de la même manière que dans l'autre, vous n'avez qu'à renverser la fraction diviseur. Si, par exemple, vous voulez diviser $\frac{trois}{quatre}$ par $\frac{un}{deux}$, vous écrirez $\frac{trois}{quatre}$, $\frac{deux}{un}$, et vous diviserez en multipliant numérateur par numérateur et dénominateur par dénominateur. Car $\frac{trois}{quatre}$ à diviser par $\frac{un}{deux}$ est la même chose que $\frac{trois}{quatre}$ à multiplier par $\frac{deux}{un}$.

En divisant les deux termes du quotient $\frac{trente\text{-}six}{huit}$ par *quatre*, nous lui substituerons $\frac{neuf}{deux}$, qui deviendra *quatre* plus $\frac{un}{deux}$ et nous aurons réduit ce quotient à l'expression la plus simple.

Cette réduction est fondée sur ce qu'on ne change point la valeur d'une fraction lorsqu'on en multiplie ou qu'on en divise les deux termes par un même nombre : vérité dont nous allons donner une nouvelle démonstration.

On ne change point la valeur d'un nombre, lorsqu'on le multiplie ou qu'on le divise par l'unité. Donc on ne changera pas la valeur d'une fraction en multipliant ou divisant les deux termes par un même nombre, si les multiplier ou les diviser de la sorte, c'est multiplier ou diviser la fraction par l'unité. Mais multiplier ou diviser les deux termes d'une fraction par un même nombre, c'est multiplier ou diviser cette fraction par une autre fraction qui a le même nombre pour numérateur et pour dénominateur, par une fraction telle que $\frac{deux}{deux}$, $\frac{trois}{trois}$, égale à l'unité : c'est donc multiplier ou diviser par l'unité même. De pareilles multiplications et de pareilles divisions changent l'expression du multiplicande et du dividende, sans en changer la valeur; et, sous différentes formes, la fraction multipliée ou divisée est toujours la même.

J'ai dit que nous trouverions des divisions qui donneraient un quotient plus grand que le dividende, et c'est ce qui arrive toutes les fois que le numérateur de la fraction diviseur est plus petit que le dénominateur. $\frac{Quatre}{un}$ à diviser par $\frac{neuf}{huit}$ a pour quotient *quatre* plus $\frac{un}{deux}$, quantité plus grande que le dividende $\frac{quatre}{un}$.

En pareil cas, la multiplication donne un produit plus petit que le multiplicande. $\frac{Quatre}{cinq}$, par exemple, multiplié par $\frac{un}{quatre}$, donne $\frac{quatre}{vingt}$; produit plus petit que $\frac{quatre}{cinq}$. On juge en conséquence que, si on ne veut pas tout confondre, il faut se borner, comme j'ai fait, à ne voir dans la multiplication et dans la division que des opérations mécaniques; c'est-à-dire que, sans égard pour ce qui résulte de l'une ou de l'autre, il ne faut considérer que ce qu'on fait quand on multiplie ou qu'on divise.

Dès lors, on reconnaîtra que nous devons conserver, par extension, le nom de produit au résultat de toute multiplication, et celui de quotient au résultat de toute division. En effet, lorsque ces résultats sont plus petits que le multiplicande, ou plus grands que le dividende, ils sont encore, dans le même sens que l'unité est un nombre, des produits ou des quotients. Si on voulait ici changer de langage, on brouillerait tout et on deviendrait inintelligible, à force de distinctions.

On conçoit que la formation des puissances et

4.

l'extraction des racines ont lieu avec les fractions comme avec les entiers. Mais l'opération est plus longue, parce qu'après l'avoir faite sur le numérateur, il la faut répéter sur le dénominateur; car, élever au carré la fraction $\frac{deux}{quatre}$, c'est multiplier $\frac{deux}{quatre}$ par $\frac{deux}{quatre}$, ce qui donne $\frac{quatre}{seize}$; et extraire la racine carrée de $\frac{quatre}{seize}$, c'est extraire celle de *quatre* et celle de *seize*.

Nous remarquerons enfin, dans les nombres rompus, l'inverse de ce que nous avons remarqué dans les nombres entiers. Ceux-ci croissent quand on les élève à différentes puissances, *deux*, *quatre*, *huit*; et ceux-là décroissent, $\frac{un}{deux}$, $\frac{un}{quatre}$, $\frac{un}{huit}$.

CHAPITRE IX

NOTIONS GÉNÉRALES DE CE QU'ON NOMME
raison, proportion, progression.

Ces nouvelles notions ne peuvent être que de nouvelles dénominations pour considérer, sous de nouvelles vues, les notions que nous avions auparavant. Elles doivent donc se trouver dans ce que nous avons appris.

Lorsque, par une comparaison, on a découvert la différence qui est entre deux nombres, on peut, par une autre comparaison, découvrir la différence qui est entre deux autres ; et ces différences étant connues, on les peut comparer entre elles. Ayant vu, par exemple, d'un côté la différence qui est entre *un* et *deux*, et de l'autre, celle qui est entre *trois* et *quatre*, je puis remarquer qu'entre les deux derniers nombres la différence est la même qu'entre les deux premiers.

Ces différences, comparées entre elles, sont des rapports qu'on nomme plus particulièrement *raison*, et on dit que *la raison d'un à deux est la même que de trois à quatre, ou qu'un est à deux comme trois à quatre.*

Or, quatre nombres ainsi comparés forment ce qu'on nomme une *proportion*.

Une proportion est donc composée de deux membres : l'un exprime la raison qui est entre les deux premiers nombres, entre *un* et *deux*; l'autre exprime la raison qui est entre les deux derniers, entre *trois* et *quatre*.

Quand on a une proportion, on peut renverser chaque membre, et alors on fait une proportion qui est l'inverse de la première. *Deux est à un comme quatre à trois* est l'inverse de *un est à deux comme trois à quatre.*

Si je disais *un est à deux en raison de quatre à trois*, je ne renverserais qu'un des deux membres, et je ferais une proportion fausse : mais je la rendrai vraie, si je remarque que la raison est inverse, et que je dise *un est à deux en raison inverse de quatre à trois.*

La raison inverse a donc lieu toutes les fois que, dans un membre, l'ordre des nombres est le renversement de l'ordre des nombres dans l'autre membre. Quand la raison n'est pas inverse, on la nomme *directe* ou simplement *raison* ; car toutes les fois qu'on ne dit pas qu'elle est inverse, elle est supposée directe.

Des deux nombres qui forment chaque membre, le premier se nomme *antécédent* et le second *conséquent.* Il y a donc dans une proportion deux antécédents et deux conséquents. *Un est à deux comme trois à quatre* a pour antécédents *un* et *trois*, et pour conséquents *deux* et *quatre.*

Mais une proportion pourrait n'être formée que de trois membres ; telle est *un est à deux comme deux à trois* où *deux*, commun à l'un et à l'autre membre, est tout à la fois premier conséquent et second antécédent. Les deux membres se lient donc l'un à l'autre dans ce nombre commun; et, en conséquence du continu qui en résulte, ces sortes de proportions ont été nommées *proportions continues.*

Dans toute proportion continue, le premier terme est donc avec le second comme le second avec le troisième; par cette raison, le second terme est nommé *moyen proprotionnel.*

Lorsqu'on a fait cette proportion continue, *un est à deux comme deux à trois,* rien n'empêche qu'on ne fasse encore celle-ci : *trois est à quatre comme quatre à cinq,* et on aura le continu *un est à deux comme deux à trois, comme trois à quatre,* à quoi on pourrait ajouter *comme quatre à cinq, comme cinq à six,* etc. On remarquerait donc que la suite dont se forme la numération est un continu dont la raison est d'un terme à l'autre l'unité. Or, un pareil continu est ce qu'on nomme *progression,* et on nomme *moyens proportionnels* tous les termes qui se trouvent entre deux termes donnés ; *deux, trois, quatre,* par exemple, sont des moyens proportionnels entre *un* et *cinq.*

La suite que donne la dénumération est l'inverse de celle que donne la numération. L'une se nomme *progression croissante,* parce que les termes y croissent en même raison; et, parce que dans l'autre ils décroissent en même raison, elle se nomme *progression décroissante.*

Si, dans la numération et dans la dénumération, la raison entre deux nombres consiste dans l'unité, dans l'addition et dans la soustraction, elle consistera dans plusieurs unités, et on fera des proportions et des progressions qui auront pour raison *deux, trois, quatre,* ou tout autre nombre. La proportion, par exemple, *deux est à six comme huit à douze*, a *quatre* pour raison ou pour différence.

Mais, dans la multiplication et dans la division, il y a une autre chose à remarquer. Car, si on trouve la différence en soustrayant, on trouve le quotient ou la raison en divisant; et le quotient prend ici le nom de *raison*, parce qu'il est le rapport du contenu au contenant, ou du contenant au contenu. Par exemple, *deux est à quatre comme huit à seize*, signifie que *deux* est contenu deux fois dans *quatre*, comme *huit* dans *seize*, ou que *deux* contient la moitié de *quatre*, comme *huit* la moitié de *seize*.

Lorsque la raison est la même chose que la différence, on la nomme *arithmétique*; et on la nomme *géométrique* lorsqu'elle est la même chose que le quotient. Or, dès que nous distinguons deux sortes de raisons, nous distinguerons conséquemment deux sortes de proportions et de progressions.

Nous avons une proportion arithmétique dans *quatre est à huit comme dix à quatorze*, et une progression dans *quatre est à huit comme huit à douze, comme douze à seize, comme seize à vingt*; ici la soustraction donne *quatre* pour raison arithmétique ou pour différence.

Quatre est à huit comme huit à seize est une proportion géométrique; et si nous ajoutons *comme seize à trente-deux, comme trente-deux à soixante-quatre*, nous aurons une progression de même nom.

Pour trouver la raison d'une pareille suite, on voit qu'il est indifférent de diviser l'antécédent par le conséquent, ou le conséquent par l'antécédent; car si, dans un cas, on a le rapport du contenu au contenant, dans l'autre on aura le rapport du contenant au contenu, et ces deux rapports ne sont au n fond qu'une même raison exprimée différemment. $\frac{\text{Quatre}}{\text{huit}}$, par exemple, donnera pour raison $\frac{\text{un}}{\text{deux}}$; et $\frac{\text{huit}}{\text{quatre}}$, qui est le renversement de $\frac{\text{quatre}}{\text{huit}}$, donnera $\frac{\text{deux}}{\text{un}}$, expression qui est l'inverse de $\frac{\text{un}}{\text{deux}}$. Au reste, quoique la raison soit égale dans ces deux expressions, on jugera, sans doute, qu'il ne faudrait pas employer indifféremment tantôt l'une, tantôt l'autre, et qu'il faudra nous décider pour l'une des deux.

A quelques mots près, nous avons pris ce chapitre dans les précédents. Nous avons réfléchi sur les idées que nous nous étions faites, nous les avons considérées sous de nouvelles vues, et nous leur avons donné de nouvelles dénominations. Remarquez que les proportions, que vous ne connaissiez pas, sont la même chose que les fractions, que vous connaissiez. Vous saviez que $\frac{\text{deux}}{\text{quatre}}$ est égal à $\frac{\text{huit}}{\text{seize}}$ ou que le quotient de l'une de ces fractions est le même que celui de l'autre. Quand donc on nomme ce quotient *raison*, vous voyez dans ce que vous savez que la raison de *deux* à *quatre* est la même chose que celle de *huit* à *seize*. Lorsque nous observions les fractions, nous avons vu des numérateurs dans les dividendes qui nous étaient connus, et des dénominateurs dans les diviseurs; actuellement que nous observons les proportions, nous voyons des antécédents dans les numérateurs, et des conséquents dans les dénominateurs. Nous n'allons donc de connaissance en connaissance, que parce que nous allons de dénomination en dénomination. On ne saurait trop remarquer cet artifice, parce qu'on ne saurait se le rendre trop familier.

Au reste, pour traiter à fond des proportions et les progressions, il nous faudra d'autres mots encore; mais, pour le présent, ceux-là nous suffisent.

Nous serons toujours à temps d'apprendre ceux dont nous aurons besoin. On n'oublie pas les mots dont on se sert à mesure qu'on les apprend; et, si on se presse trop d'en charger sa mémoire, on ne les sait plus quand on en veut faire usage.

CHAPITRE X.

DES PROPORTIONS ET DES PROGRESSIONS ARITHMÉ-
TIQUES AVEC LES NOMS.

On a pu remarquer plus d'une fois dans les chapitres précédents que les calculs ne se font pas sans
contention avec les longues phrases de nos langues.
On conçoit même, et chacun peut l'éprouver, qu'ils
deviendront d'autant plus difficiles qu'ils se compli-
queront davantage, et qu'enfin il y en aura qui nous
seront tout à fait impossibles. Aussi n'ai-je d'autre
dessein, en vous faisant calculer avec des noms, que
de vous préparer à inventer des signes plus commodes.

Cette contention, qui vient uniquement de la longueur de nos phrases de mots, a fait croire que le
calcul avec ces phrases est tout autre chose que le
calcul avec des phrases de signes plus simples; et
on a cru calculer *de tête*, quand on a calculé sans le
secours de l'arithmétique et de l'algèbre. Mais je
doute qu'on sache ce qu'on veut dire. En effet, le
calcul ne se peut faire sans signes : s'il ne se fait ni
avec des chiffres ni avec des lettres, il se fait avec des

5

noms ou avec les doigts. Or, quels que soient les signes, on ne calcule pas plus de tête avec les uns qu'avec les autres, ou on calcule également de tête avec tous. C'est toujours la tête seule qui fait les raisonnements ; mais elle les fait avec plus ou moins de facilité, suivant les moyens ou leviers dont elle s'aide et dont elle ne peut se passer.

Or nous n'avons tant de peine à calculer avec des phrases de mots, que parce qu'elles exigent, de la part de la mémoire, des efforts continuels ; et ces efforts pour retenir des signes qui sont toujours au moment de nous échapper sont ce qu'on prend pour un calcul de tête. Cependant cela ne prouve pas que nous calculons sans signes : cela prouve seulement que nos langues sont peu propres au calcul ; et c'est ce qu'il fallait remarquer avant de chercher d'autres moyens, ou plutôt pour nous rendre capables d'en inventer. Lorsque nous aurons observé ce que nous pouvons faire avec nos langues, ce que nous ne pouvons pas, ou ce que nous ne pouvons que difficilement, alors nous saurons ce que nous aurons à faire pour substituer aux mots des signes plus simples. Nous remarquerons qu'il faut nécessairement de la mémoire, lorsque, dans le discours, un raisonnement se développe par une longue suite de signes successifs ; et qu'il n'en faudrait point, si ce même raisonnement se développait dans des signes permanents, qui le mettraient tout entier sous les yeux. Voilà ce qu'il faut chercher, et ce que nous trouverons dans l'algèbre. Je me propose d'arriver à cette découverte en continuant de décomposer nos phrases et de les abréger autant qu'il sera possible. En observant comment nous pourrions calculer plus facilement avec nos langues, nous devons trouver la langue la plus propre au calcul : c'est ainsi que la nature a conduit à cette découverte.

Les proportions et les progressions ont des propriétés qu'il faut absolument connaître. Cependant nous ne les observerons pas encore dans toutes les conséquences, parce que nous nous embarrasserions dans de trop longues phrases.

J'écrirai une proportion arithmétique comme on le voit ici : *cinq. huit : neuf. douze.*

Deux raisons égales forment une proportion : c'est ainsi qu'on est dans l'usage de s'exprimer ; et, en conséquence, on dit que la raison de *cinq* à *huit* est égale à la raison de *neuf* à *douze.* Parce qu'il y a deux membres dans une proportion, on est porté à distinguer deux raisons ; et, parce que l'une de ces raisons n'est pas plus grande que l'autre, on dit qu'elles sont égales. C'est là, en effet, ce qui constitue une proportion : mais ce langage ne me paraît pas assez exact ; car la distinction de deux choses égales semble supposer deux choses qui, quoique égales, sont différentes ; et cependant les deux raisons ne sont qu'une seule et même quantité. Je voudrais donc que, pour s'accoutumer à sentir cette identité, on se fît une habitude de dire : *la raison du premier au second terme est la même que la raison du troisième au quatrième,* ou *le premier terme est au second dans la même raison que le troisième au quatrième.*

Au lieu de *cinq. huit : neuf. douze,* je puis écrire, *cinq. cinq plus trois : neuf. neuf plus trois,* que j'énoncerai *cinq est à cinq plus trois dans la même raison que neuf est à neuf plus trois.* Il est évident qu'après ce changement la proportion est encore la même, puisque je n'ai fait que substituer des expressions identiques, *cinq plus trois* à *huit, neuf plus trois* à *douze.*

Or, si nous faisons la somme des extrêmes, nous aurons *cinq plus neuf plus trois*; et si nous faisons celle des moyens, nous aurons *cinq plus trois plus neuf*. La somme des extrêmes est donc la même que celle des moyens; et cette identité est si sensible, qu'elle se montre jusque dans les mots. Voilà la première propriété des proportions arithmétiques.

Mais, dira-t-on, ce qui est démontré d'une proportion n'est pas démontré de toutes : car on ne peut pas conclure du particulier au général.

Je réponds que ce principe n'est pas aussi incontestable qu'on le suppose; et que les géomètres, lorsqu'ils l'ont établi, ont eux-mêmes conclu du particulier au général.

En effet, parce qu'on a vu qu'on raisonne mal, lorsque, d'un cas particulier, on tire une conclusion générale qui renferme des cas tout différents, on s'est hâté de rejeter toutes les démonstrations où l'on conclut du particulier au général; et on n'a pas remarqué qu'il n'y a point de défaut dans une démonstration, lorsque, dans une conclusion générale, on ne comprend que des cas parfaitement semblables à celui qui a été énoncé dans une proposition particulière. Cependant il est évident qu'alors ce qui a été démontré pour un cas est démontré pour tous; il est même évident que nous sommes forcés de conclure du particulier au général, puisque les vérités générales ne sont pas les premières qui viennent à notre connaissance : une propriété qui constitue une proportion arithmétique est donc une propriété qui les constitue toutes; autrement il faudrait supposer qu'il y a des proportions arithmétiques qui ne sont pas des proportions arithmétiques.

Au reste, qu'est-ce qu'une démonstration générale? C'est une démonstration où ce qu'on a dit dans un cas particulier on le répète avec des expressions générales qui embrassent tous les cas; et certainement nous ne verrions pas que les expressions générales démontrent, si nous n'avions pas vu que les expressions particulières ont démontré. Mais démontrons, d'une manière générale, que, dans toute proportion arithmétique, la somme des extrêmes est la même que la somme des moyens.

Dans les deux membres d'une proportion arithmétique, la raison peut être considérée comme l'excès du plus grand nombre sur le plus petit, ou comme la différence de l'un à l'autre : car ici les mots *excès, différence, raison*, signifient au fond la même chose.

Or, si du plus grand on retranche l'excès, ou si on ajoute cet excès au plus petit, les deux nombres, dans l'un et l'autre cas, seront égaux, ou le même nombre. Cette proposition est évidente à quiconque connaît la valeur des termes. Elle ne le sera pas moins, si au mot excès on substitue celui de différence, qui est le terme propre quand on parle des raisons arithmétiques. Certainement on n'a pas besoin de démontrer que, de deux nombres, le petit plus la différence est égal au grand, et que le grand moins la différence est égal au petit.

Actuellement on peut distinguer deux cas : ou l'antécédent est plus grand que le conséquent, ou le conséquent est plus grand que l'antécédent.

Si l'antécédent est plus grand, le premier terme moins la différence sera le même que le second, et le troisième moins la différence sera le même que le quatrième.

Si l'antécédent est plus petit, le premier terme plus la différence sera le même que le second, et le troisième plus la différence sera le même que le quatrième.

Enfin, pour renfermer ces deux propositions en une, nous dirons que, dans toute proportion arithmétique, le premier terme plus ou moins la différence est le même que le second, et que le troisième plus ou moins la différence est le même que le quatrième.

Les expressions particulières nous ayant conduits à ces expressions générales, nous pouvons substituer au quatrième terme *le troisième plus ou moins la différence;* et alors nous aurons pour la somme des extrêmes *le premier plus le troisième plus ou moins la différence.* Nous pouvons également substituer au second *le premier plus ou moins la différence;* et alors nous aurons pour la somme des moyens *le premier plus ou moins la différence plus le troisième.* Or ces deux sommes sont évidemment égales ou la même, puisque l'identité se montre encore jusque dans les mots.

Vous voyez dans cette démonstration comment l'art de démontrer consiste uniquement à substituer une expression identique à une expression identique, jusqu'à ce qu'on arrive à une expression qui fasse voir l'identité dans une proposition où on ne la voyait pas; et vous vous confirmez que vous n'arrivez à une chose que vous ne savez pas, que parce que cette chose est la même qu'une autre que vous saviez.

La propriété que nous venons de trouver dans les proportions arithmétiques étant connue, il sera facile, lorsque de quatre termes nous n'en connaîtrons que trois, de découvrir le quatrième. Par exemple, si c'est un des extrêmes, nous additionnerons les deux moyens, nous soustrairons de la somme l'extrême que nous connaissons; et le reste, que nous donnera cette soustraction, sera le terme qui était à trouver. Soient *deux* . *cinq* : *six* les trois termes connus; la somme de *cinq* ajouté à *six* est *onze*, d'où ayant soustrait *deux*, reste *neuf* pour quatrième terme.

Une proportion continue s'écrit $\div$ *un*. *trois*. *cinq* $\div$ *cinq*. *trois*. *un;* et une progression s'écrit de la même manière,

Un. *trois*. *cinq*. *sept*. *neuf*. *onze*.

Onze. *neuf*. *sept*. *cinq*. *trois*. *un*.

Sur quoi nous remarquerons qu'une proportion continue est proprement une progression qui n'a que trois termes, et qu'une progression est une proportion continue qui en a plus de trois.

De pareilles suites ne sont donc des progressions arithmétiques, que parce que d'un terme à l'autre, la différence est successivement la même. Elle est de plus, si la progression est croissante; elle est de moins, si la progression est décroissante.

Le second terme est donc le même que le premier plus ou moins une fois la différence : le troisième est donc le même que le premier plus ou moins deux fois la différence : le quatrième est donc le même que le premier plus ou moins trois fois la différence : enfin, le dernier est le même que le premier plus ou ou moins autant de fois la différence moins une que la progression a de termes; et par conséquent on connaîtra le dernier, si on connait le premier, la différence, et le nombre des termes..

Or il y a cinq choses dans une pareille progression, le premier terme, le dernier, le nombre des termes, la différence, et la somme de tous les termes; et il est facile de comprendre comment trois de ces choses étant connues, on peut découvrir les deux autres.

Si, la différence étant *deux* et le premier terme *un*, on nous proposait de découvrir le sixième, nous dirions : *le sixième est le même que le premier plus la différence* deux *multipliée par six moins un*, par *cinq*; donc le dernier terme est *un* plus *cinq* multiplié par *deux*, ou *un* plus *dix*, onze.

En conséquence, on voit que si le premier terme était l'inconnu, on le trouverait également; car sachant que le dernier terme *onze* est le premier plus le produit de *cinq* multiplié par *deux*, nous trouverons *un*, lorsque de *onze* nous aurons soustrait *dix* produit de la différence par le nombre des termes moins *un*, ou produit de *deux* par *cinq*.

Soient le nombre des termes *six* et les deux extrêmes *un* et *onze*. Pour trouver la différence, nous dirons : puisque le dernier terme est le même que le premier *un* plus la différence multipliée par *cinq*; nous trouverons la différence, si, après avoir retranché *un* de *onze*, nous divisons par *cinq* le reste *dix*. En effet cette division donne *deux*.

Mais, puisqu'en divisant par le nombre des termes moins un on trouve la différence, on conçoit qu'en divisant par la différence on trouvera le nombre des termes moins un.

Il nous reste à découvrir comment, les deux extrêmes et le nombre des termes étant donnés, on peut trouver la somme d'une progression arithmétique : c'est la dernière chose que nous avons distinguée. Observons d'abord une proportion de quatre termes.

Dans une pareille proportion, la somme des extrêmes est la même que la somme des moyens : donc la somme de cette proportion est deux fois la somme des extrêmes. Mais *deux* est la moitié du nombre des termes : donc la somme de cette proportion est la somme des extrêmes multipliée par la moitié du nombre des termes. Cela est évident d'une proportion qui a quatre termes. Observons une proportion continue.

Dans celle-ci, le terme moyen est la moitié de la somme des deux autres. Donc je puis me représenter la somme des trois par trois fois la moitié de la somme des extrêmes. Mais dire que la somme des trois termes est trois fois la moitié de la somme des extrêmes, c'est dire que la somme de la proportion est la moitié de la somme des extrêmes multipliée par le nombre des termes, ou, ce qui revient au même, que la somme de la proportion est la somme des extrêmes multipliée par la moitié du nombre des termes.

Or une proportion continue est une progression de trois termes ; et ce qui est démontré d'une progression est démontré de toutes, quel que soit le nombre des termes, puisque d'un terme à l'autre la différence est toujours la même, puisque d'un terme à l'autre la progression suit toujours la même loi.

Donc la somme de toute progression arithmétique est le produit de la somme des extrêmes multipliés par la moitié du nombre des termes.

Qu'on décompose la progression *Un. trois. cinq. sept. neuf. onze*, et qu'on fasse les deux progressions *Un. trois. cinq ÷ sept. neuf. onze*.

Puisque la progression totale est composée des mêmes termes que les deux progressions partielles, il est évident que la somme des deux progressions

5.

partielles est la même que la somme de la progression totale. Donc, la somme de toute progression,
quel que soit le nombre des termes, est le produit de
la somme des extrêmes par la moitié de ce nombre.

Dans tout ce que nous venons de découvrir sur les
proportions et sur les progressions arithmétiques,
vous voyez sensiblement que vous n'êtes allé du
connu à l'inconnu que parce que ce que vous ne
saviez pas est la même chose que ce que vous saviez.
Je me répète, afin que vous répétiez vous-même
cette observation. Il vous importe de vous la rendre
familière, et par conséquent de ne la point laisser
échapper, surtout dans les commencements. Songez
que vous n'irez de connaissance en connaissance
avec facilité, qu'autant que vous saurez comment
vous y allez, et que vous le saurez de manière que
vous y alliez naturellement. Vous ne sauriez donc
trop vous répéter ce que vous voulez apprendre à
faire : il faut vous le répéter jusqu'à ce que vous le
fassiez comme par instinct et avant de vous le dire.
C'est alors que vous serez capable de simplifier; et
vous sentez combien vous avez besoin d'une méthode
simple.

CHAPITRE XI.

DES PROPORTIONS ET DES PROGRESSIONS GÉO-MÉTRIQUES AVEC LES NOMS.

Si, pour apprendre une langue que j'ignore, je l'étudiais dans des ouvrages qui traiteraient de choses que je n'entends pas, j'aurais à étudier tout à la fois et les choses et la langue ; double travail qui certainement ne me ferait pas faire des progrès bien rapides. Il n'en sera pas de même, si je choisis des ouvrages qui ne traitent que des choses que je sais, ou si j'étudie dans la langue qui m'est familière.

Commençons comme les inventeurs ont été forcés de commencer, et nous découvrirons, comme eux, ce qu'ils ont découvert. Or, ce n'est pas avec des chiffres qu'ils ont commencé, c'est avec leurs doigts et avec des noms, et c'est en observant cette manière grossière de compter qu'ils ont trouvé des méthodes plus parfaites.

Lors donc qu'ils ont imaginé des chiffres, c'était pour faire ce qu'ils savaient faire auparavant ; c'était pour dire avec ces nouveaux signes ce qu'ils savaient dire avec d'autres. En un mot, on savait les choses, et on n'avait qu'une nouvelle langue à apprendre.

Voilà pourquoi je commence par vous faire calculer avec des noms ; je veux vous préparer à la langue qui est proprement celle des calculs ; je veux vous la faire trouver.

Toutes les fois qu'on parle de raison, proportion, progression, on entend qu'elles sont géométriques : ainsi voilà un mot que nous aurons de moins dans nos phrases.

Afin d'abréger encore, et de nous accoutumer peu à peu à des signes qui deviendront nécessaires, j'exprimerai désormais *plus* par $+$, *moins* par $-$, la multiplication indiquée par $\times$, la division par :, enfin l'égalité ou l'identité par $=$.

Deux $\times$ *quatre* $=$ signifiera que *deux* multiplié par *quatre* est égal à *huit* ; *six* $+$ *trois* $-$ *deux* $=$ *sept* signifiera que *six* plus *trois* moins *deux* est égal à *sept* ; et *deux* : $\frac{un}{deux} = deux \times \frac{deux}{un} = quatre$ signifiera que *deux* divisé par $\frac{un}{deux}$ est égal à *deux* multiplié par $\frac{deux}{un}$, égal à *quatre*.

Quand j'exprime la division indiquée par deux points, c'est afin d'éviter d'écrire des fractions les unes au-dessous des autres ; ce qui ferait quelque confusion. Je pourrais écrire, par exemple, $\frac{un}{deux}$, mais je préfère $\frac{un}{deux} : \frac{un}{quatre}$; et, pour rappeler comment cette division se fait, j'ajoute $= \frac{un}{deux} \times \frac{quatre}{un}$.

Une division indiquée est au fond la même chose qu'une raison indiquée. C'est pourquoi on écrit les proportions géométriques *deux* : *quatre* :: *trois* : *six* ; et, parce que le quotient est la même chose que la raison, il est évident que nous avons dans les deux membres deux fractions identiques, $\frac{deux}{quatre} = \frac{trois}{six}$.

Les antécédents sont donc proprement des numérateurs, les conséquents des dénominateurs ; et puisque, dans les numérateurs et dans les dénominateurs nous avons des dividendes et des diviseurs, nous avons également des dividendes et des diviseurs dans les antécédents et dans les conséquents. Je l'avais déjà dit; mais je le répète, parce qu'on a besoin d'avertir souvent ceux qu'on veut corriger d'une mauvaise habitude. Or, une mauvaise habitude assez commune, c'est de croire voir, dans différents noms, autant de choses différentes.

Si nous réduisons au même dénominateur les fractions $\frac{deux}{quatre} = \frac{trois}{six}$, nous substituerons à cette première expression l'expression identique $\frac{deux \times six}{quatre \times six} = \frac{trois \times quatre}{quatre \times six}$; et si nous supprimons le dénominateur, qui est le même dans l'une et l'autre fraction, il est évident que l'identité substituera entre les deux numérateurs. Nous avons donc $deux \times six = trois \times quatre$. Mais l'un de ces numérateurs est le produit des extrêmes, et l'autre est le produit des moyens. Donc, dans toute proportion, le produit des extrêmes est identique avec le produit des moyens.

Je dis dans toute, car toute proportion peut être représentée par deux fractions égales; et, puisque les deux fractions réduites au même dénominateur sont égales encore, et ne peuvent pas cesser de l'être, il y a nécessairement égalité entre leurs numérateurs. De là il s'ensuit qu'il y a nécessairement toujours égalité entre le produit des extrêmes et le produit des moyens, puisque le numérateur de l'une des fractions est toujours le produit des extrêmes, et que le numérateur de l'autre est toujours le produit des moyens.

Vous remarquerez qu'au lieu d'effectuer les multiplications, je me suis contenté de les indiquer par le $\times$; c'est qu'il n'était pas nécessaire de les effectuer, et qu'il ne faut pas faire d'opérations inutiles, si l'on veut mettre dans les calculs la plus grande simplicité et la plus grande précision. Nous sentirons combien cette observation est importante quand nous nous occuperons de calculs plus compliqués.

Le produit des extrêmes étant, dans toute proportion, le même que celui des moyens, vous concevez comment vous pouvez, avec trois termes connus, découvrir le quatrième. Est-ce un des moyens, par exemple, que vous avez à chercher? Divisez le produit des extrêmes par le moyen que vous connaissez, et vous aurez dans le quotient le moyen qui vous manquait.

Une progression n'est qu'une proportion continue composée de plus de trois termes, et elle s'écrit ainsi : $\div$ *deux* : *quatre* : *huit* $\div$ *huit* : *quatre* : *deux*. Voilà deux proportions continues qui sont chacune le commencement d'une progression : la première, d'une progression croissante; la seconde, d'une progression décroissante.

Aussi toute progression composée d'un plus grand nombre de termes peut être considérée comme une suite de proportions continues, mises bout à bout. Soient, par exemple, les trois proportions suivantes :

Trente-deux : seize :: seize : huit,

seize : huit :: huit : quatre,

huit : quatre :: quatre : deux.

Si nous les mettons bout à bout, en supprimant les termes qui se répètent de l'une à l'autre, nous aurons la progression de cinq termes,

$\div$ Trente-deux : seize : huit : quatre : deux.

Et vous voyez qu'une progression est une suite de termes qui, alternativement antécédents et conséquents, ont, dans un même quotient, une même raison.

Quoique les deux manières d'exprimer la raison reviennent, pour le fond, à la même, il ne serait pas raisonnable, comme nous l'avons remarqué, d'employer tantôt l'une et tantôt l'autre. C'est pourquoi j'avertis que je représenterai toujours la raison par une fraction qui aura pour numérateur un antécédent, et pour dénominateur le conséquent immédiat. $\frac{deux}{quatre} = \frac{un}{deux}$ sera donc l'expression de la raison dans la progression croissante,

÷ Deux : quatre : huit : seize;

et $\frac{seize}{huit} = \frac{deux}{un} = deux$ sera l'expression de la raison dans la progression décroissante,

÷ Seize : huit : quatre : deux.

Puisqu'en divisant le premier terme par le second, *deux* par *quatre*, nous le diviserons par un facteur qui nous fait trouver le second facteur dans la raison $\frac{un}{deux}$; si nous divisons ce même premier terme par la raison *deux* par $\frac{un}{deux}$, nous le diviserons par un facteur qui nous fera trouver le second facteur dans le second terme *quatre*. Tout antécédent doit donc être considéré comme le produit de son conséquent par la raison, ou, ce qui est la même chose, il doit être considéré comme un dividende, et la division nous donnera tour à tour au quotient l'un des deux facteurs, si nous les prenons pour diviseurs tour à tour l'un et l'autre.

Donc, quand on connaîtra le premier et le second termes, on découvrira la raison : donc, quand on connaîtra la raison et le premier terme, on découvrira le second. Comme, dans la progression croissante, *deux* divisé par *quatre* donne $\frac{un}{deux}$ pour la raison, et que *deux* divisé par $\frac{un}{deux}$ donne $\frac{quatre}{un} = quatre$ pour second terme; dans la progression décroissante, *seize* divisé par *huit* donne pour la raison $\frac{deux}{un} = deux$, et *seize*, divisé par *deux* donne *huit* pour le second terme.

Dès que le second terme est le même que le premier divisé par la raison, et qu'il est de la nature de toute progression que chaque conséquent soit à son antécédent comme le second terme est au premier, il s'ensuit que chaque conséquent est le même que son antécédent divisé par la raison.

Le troisième terme est donc le même que le second divisé par la raison; et, puisque le second est le même que le premier divisé par la raison, c'est une nécessité que le troisième soit le même que le premier divisé par la raison élevée au carré : donc le quatrième est le même que le premier divisé par la raison élevée au cube : donc le cinquième est le même que le premier divisé par la raison élevée à la quatrième puissance : donc le dernier est le même que le premier divisé par la raison élevée à une puissance que nous désignerons par le nombre moins un des termes de la progression. Si la progression a dix termes, le dernier sera égal au premier divisé par la raison élevée à la neuvième puissance. Mais appliquons ces considérations aux deux progressions de quatre termes que nous avons prises pour exemple : car de plus grandes progressions ne feraient qu'embarrasser le discours.

÷ Deux : quatre : huit : seize;
deux, premier terme, divisé par la raison $\frac{un}{deux}$, a pour quotient le second terme *quatre*. *Deux* : $\frac{un}{deux} = deux \times \frac{deux}{un} = quatre$.

Deux, divisé par $\frac{un}{quatre}$ carré de la raison, a pour quotient *huit*, troisième terme; *deux* : $\frac{un}{quatre} = deux \times \frac{quatre}{un} = huit$.

Enfin *deux*, divisé par $\frac{un}{huit}$ cube de la raison, a pour quotient le quatrième terme *seize. Deux* : $\frac{un}{huit}$ = *deux* $\times \frac{huit}{un}$ = *seize.*

$\div$ Seize : huit : quatre : deux ;

seize, premier terme divisé par la raison *deux*, a pour quotient *huit.* $\frac{Seize}{deux}$ = *huit.*

Divisé par *quatre* carré de la raison, il a pour quotient *quatre.* $\frac{Seize}{quatre}$ = *quatre.*

Enfin, divisé par le cube *huit*, il a *deux* pour quotient. $\frac{Seize}{huit}$ = *déux.*

D'après ces considérations, chaque terme d'une progression est le même que le premier divisé par la raison élevée à une puissance désignée par le nombre des termes qui le précèdent. Le huitième, par exemple, est le même que le premier divisé par la raison élevée à la septième puissance. Il n'y a donc point de terme qu'on ne puisse trouver, quand on connaît le premier et la raison.

Si je ne connaissais pas la raison, il suffirait, pour la découvrir, de connaître deux termes de la progression, le premier, par exemple, *seize*, et le quatrième *deux*. Car, *seize* étant alors le produit de *deux* par le cube de la raison, j'aurai ce cube pour quotient, si je divise *seize* par *deux*. Or $\frac{seize}{deux}$ = *huit* qui a *deux* pour racine cube. *Deux* est donc la raison de la progression.

En conséquence, j'insérerai, entre deux termes donnés, un nombre quelconque de moyens proportionnels. Car ces deux termes étant, dans cette supposition, les deux extrêmes d'une progression, la division du premier par le dernier me donnera un quotient qui, suivant le nombre des termes, sera une puissance plus ou moins élevée de la raison.

Or, la raison étant connue, la division du premier par la raison, par son carré, par son cube, etc., don-

nera successivement tous les moyens proportionnels : ou, ce qui revient au même, la division du
premier par la raison ayant donné le second, la
division du second par la raison donnera le troisième, la division du troisième par la raison donnera le quatrième, etc.

Si on me proposait d'insérer deux moyens proportionnels entre *deux* et *seize*, je verrais dans *deux* et
seize les deux extrêmes d'une progression de quatre
termes, et je jugerais qu'en divisant le premier
par le dernier j'aurais au quotient le cube de la rai-
son. Or $\frac{deux}{seize} = \frac{un}{huit}$, dont la racine cube est $\frac{un}{deux}$, et
cette racine est la raison que je cherche. Je divise
donc le premier terme *deux* par la raison $\frac{un}{deux}$, ce
qui donne au quotient, pour second terme de la raison, $\frac{quatre}{un} = quatre$. Je trouverai également le troisième terme, soit que je divise le second par la première puissance de la raison, soit que je divise le
premier par la seconde.

Toute progression est une suite où la raison est
successivement la même d'un terme à l'autre ; ou,
pour dire la chose autrement, chaque antécédent est
à son conséquent comme le premier terme au second.

Mais dire distributivement, *chaque antécédent est à
son conséquent comme le premier terme au second;* c'est
dire au fond la même chose, que dire collective-
ment, *tous les antécédents sont à tous les conséquents
comme le premier terme est au second.*

Je puis donc faire cette proportion : le premier
terme est au second comme tous les antécédents
sont à tous les conséquents.

Si actuellement nous remarquons que, dans une
progression, tous les termes sont antécédents,
excepté le dernier, et que, le premier excepté, tous

sont conséquents, nous nous apercevrons que nous avons également, dans le troisième et dans le quatrième termes de la proportion que nous venons de faire, tous les termes d'une progression quelconque, à un seul près. Cela étant, nous pouvons au moins entrevoir comment nous trouverons, à un terme près, la somme d'une progression ; car alors la question se réduit à trouver le quatrième terme d'une proportion.

Je dis *entrevoir*, parce que surtout, dans une longue suite de termes, l'opération serait embarrassante, s'il fallait multiplier le troisième terme de la proportion que nous avons faite, par le second, et diviser le produit par le premier. Il s'agit donc de rendre l'opération plus facile. Or, c'est à quoi nous réussirons, si nous substituons, à cette première proportion, une proportion susceptible d'être simplifiée.

La chose n'est pas difficile ; car, si le premier terme est au second comme tous les antécédents sont à tous les conséquents, il s'ensuit que le premier terme moins le second est au premier, comme tous les antécédents moins tous les conséquents sont à tous les antécédents : cette proposition est évidente à la seule inspection des termes, pour peu qu'on soit familiarisé avec ce langage.

Or, dans le troisième terme de cette proportion, *tous les antécédents moins tous les conséquents*, tous les termes de la progression sont en plus, excepté le dernier qui ne peut être antécédent, et tous les termes de la même progression sont en moins, excepté le premier qui ne peut être conséquent. Par exemple, dans la progression ÷ *deux : quatre : huit : seize*, tous les antécédents moins tous les conséquents sont *deux* plus *quatre* plus *huit* moins *quatre* moins *huit* moins *seize*; expression qui se réduit à *deux* moins *seize*. Nous voyons donc que les termes en moins détruisent les termes en plus, et que par conséquent le troisième terme de la proportion se réduit à cette expression simple : *le premier antécédent moins le dernier conséquent*; la proportion devient donc : *le premier terme moins le second est au premier, comme le premier antécédent moins le dernier conséquent est à un quatrième terme.*

Mais si nous remarquons que le premier antécédent est le premier terme de la progression, et que le dernier conséquent en est le dernier, la proportion que nous venons de simplifier se simplifiera encore : elle deviendra *le premier terme de toute progression moins le second est au premier, comme le premier moins le dernier est à un quatrième.*

Donc nous trouverons facilement la somme d'une progression, toutes les fois que nous connaîtrons le premier terme, le second et le dernier. Il suffira de nous souvenir que *le premier moins le second est au premier, comme le premier moins le dernier est à un quatrième.*

Soit la progression ÷ *seize* : *huit* : *quatre* : *deux* dont je veuille avoir la somme, je dirai : le premier terme *seize*, moins le second *huit*, est au premier *seize*, comme le premier *seize*, moins le dernier *deux* est à un quatrième.

Seize — huit : seize :: seize — deux : ★; ou

Huit : seize :: quatorze : ★.

Je divise par *huit* le produit des moyens *deux-cent vingt-quatre*, et je trouve dans le quotient *vingt-huit*, la somme de la progression, au dernier terme près; elle est donc *trente*, puisque le dernier terme est *deux*.

Cet exemple est peu propre à faire voir les avantages de la méthode que nous venons de trouver; car certainement il eût été beaucoup plus court d'additionner tous les termes de la progression. Mais plus il est simple, plus on saisira facilement l'esprit de la méthode. Quant aux avantages, nous en jugerons, lorsque des signes plus commodes nous permettront de nous essayer sur des progressions de toute espèce. Les mathématiciens ont ici un langage auquel je me conformerai dans la suite, mais que je ne crois pas devoir adopter encore, parce que, dans les commencements, il pourrait embarrasser. Ils disent : *La différence des deux premiers termes d'une progression est au premier, comme la différence du premier et du dernier est à un quatrième.*

Sur quoi nous remarquerons que la différence entre deux nombres, tels que *seize* et *huit*, peut s'exprimer de deux manières : nous la pouvons prononcer, nous pouvons aussi ne faire que l'indiquer. Je la prononce, lorsque je dis que de *seize* à *huit* elle est *huit*; je ne fais que l'indiquer, lorsque je dis qu'elle est *seize* moins *huit*. Or, c'est de la différence indiquée que parlent les mathématiciens, et par conséquent leur langage *la différence des deux premiers termes est au premier, comme la différence du premier et du dernier est à un quatrième,* signifie la même chose que celui que j'ai préféré, *le premier terme moins le second est au premier, comme le premier moins le dernier est à un quatrième.* En n'employant pas ici le mot de différence, il me semble que je me mets plus à la portée des commerçants. Ce mot suffit pour les arrêter : car, lorsqu'on leur parle de différence, il est naturel qu'ils la prononcent, et ils ne voient pas d'abord pourquoi on se borne à l'indiquer.

CHAPITRE XII.

CONSIDÉRATIONS SUR LES PROPORTIONS ET SUR LES PROGRESSIONS, TANT ARITHMÉTIQUES QUE GÉOMÉTRIQUES.

Il faut étudier pour s'instruire. Mais comment faut-il étudier? C'est une chose qu'on ignore assez communément. On croit devoir lire, beaucoup lire, et on court après tous les livres qui ont quelque réputation. Cependant à quoi servent les lectures, si elles sont incohérentes, ou si on les fait mal? Il faudrait donc savoir bien choisir, savoir bien lire; et malheureusement on n'est capable de l'un et de l'autre que lorsqu'on a bien choisi et bien lu. Je me souviens que j'y ai été souvent embarrassé moi-même. Un de mes objets dans cet ouvrage est de venir au secours de ceux qui pourraient se trouver dans le même embarras; je continuerai à leur donner des conseils.

On ne peut pas savoir la numération, et ignorer qu'*un* est à *deux* comme *deux* à *trois*, comme *trois* à *quatre*; et on ne peut pas savoir la multiplication, et ignorer qu'*un* est à *deux* comme *deux* est à *quatre*, comme *quatre* à *huit*. Lors donc que nous nous sommes servis pour la première fois des mots *raison*, *proportion*, *progression*, ce ne sont pas les idées qui étaient nouvelles pour nous, ce ne sont que les noms. Mais, parce que ces noms, donnés à des idées que nous avions, nous les ont fait considérer sous des vues nouvelles, nous sommes devenus capables d'aller, par une suite de propositions identiques, de connues en inconnues. Nous continuerons comme nous avons commencé, et nous verrons la science se former, à mesure que la langue se formera; et en simplifiant la langue nous rendrons la science plus facile.

Nous pouvons donc juger de ce qui nous reste à faire. Cependant comment l'exécuterons-nous, si nous savons mal ce que nous avons appris? Il le faut savoir parfaitement, pour y découvrir ce que nous ne savons pas.

Mais on ne sait bien les choses que lorsqu'on se les est rendues familières : c'est-à-dire qu'il les faut savoir comme si on les savait naturellement, comme si la nature, plus que l'étude nous les eût apprises. Or la nature, qui nous donne les premières leçons, ne nous instruit que parce qu'elle nous répète les mêmes choses de bien des manières; nous ne devons donc pas craindre de nous faire de pareilles répétitions, si nous voulons continuer à nous instruire.

Dans chaque étude, il y a certaines idées qui sont fondamentales : comme elles se retrouvent partout, il est essentiel qu'elles soient toujours présentes à l'esprit. Elles ne sauraient donc être trop familières : on ne saurait donc trop les observer. Il s'agit surtout de considérer comment nous y sommes arrivés, et de juger en conséquence comment nous pourrons arriver à d'autres.

Quand nous connaîtrons bien la route que nous avons tenue, non seulement nous serons maîtres de la reprendre, et de retrouver tout ce que nous avons découvert, nous verrons encore au-delà ; et cette route paraîtra se prolonger d'elle-même, pour nous conduire à de nouvelles découvertes. Remarquez qu'on arrive difficilement, lorsqu'on est obligé de chercher son chemin à chaque pas, et qu'on arrive sans peine, lorsque le chemin qui s'offre est tracé sans détours et qu'il est le seul. Alors nous arrivons, comme les inventeurs sont arrivés eux-mêmes : c'est-à-dire que nous nous instruisons en faisant les découvertes qu'ils ont faites, et c'est ainsi qu'il faut s'instruire. Familiarisons-nous donc avec la méthode d'invention : ne nous lassons pas, surtout dans les commencements, de revenir souvent sur les mêmes idées ; et essayons d'en parler à chaque fois d'une manière différente. Celui qui n'a qu'une manière pourrait n'avoir que de la routine ; cependant c'est avec la réflexion seule qu'on s'instruit véritablement.

Les proportions et les progressions sont le fondement de toutes les mathématiques. Je les vais donc observer encore ; et, parce que les comparaisons sont le vrai moyen de nous rendre familières les idées qui sont encore nouvelles pour nous, je remarquerai l'analogie qui est entre les deux espèces de proportions et de progressions, et je ferai voir comment les propriétés des unes et des autres se développent également par une suite de propositions identiques. Il est d'ailleurs bien important de bien observer cette analogie ; ce sera une connue qui nous conduira à d'autres découvertes.

Dans toute proportion arithmétique, la somme des extrêmes est égale à la somme des moyens : dans toute progression géométrique, le produit des extrêmes est égal au produit des moyens. Voilà la première analogie : elle est fondée sur l'analogie qui est entre ajouter et multiplier, soustraire et diviser.

La seconde analogie est une suite de la première : elle consiste en ce que trois termes étant donnés, on découvre également le quatrième dans l'une et l'autre espèce de proportion. On le trouve, dans une proportion arithmétique, en faisant la somme des deux extrêmes, si on cherche un moyen, ou en faisant celle des deux moyens, si on cherche un extrême, et en soustrayant de cette somme l'extrême ou le moyen connu.

On le trouve, dans une proportion géométrique, en multipliant les deux extrêmes, si on cherche un moyen, ou les deux moyens, si on cherche un extrême, et en divisant le produit par l'extrême ou par le moyen connu. Le procédé est le même dans l'un et l'autre cas ; à cela près que, pour trouver le terme inconnu d'une proportion géométrique, on multiplie et on divise, et que, pour trouver celui d'une proportion arithmétique, on additionne et on soustrait.

Ainsi que les deux espèces de proportions, les deux espèces de progressions ne diffèrent que parce que l'une s'engendre par l'addition ou par la soustraction, et que l'autre s'engendre par la multiplication ou par la division.

Dans la progression arithmétique, la différence est successivement ajoutée ou soustraite : dans la

6

progression géométrique, la raison est successivement multiplicateur ou diviseur.

Et comme, dans la progression arithmétique, chaque terme est le même que le premier plus ou moins la raison, répétée un nombre de fois égal au nombre des termes qui précèdent; de même, dans la progression géométrique, chaque terme est le même que le premier multiplié ou divisé par la raison élevée à une puissance qui se désigne par un nombre égal au nombre des termes qui précèdent.

Il résulte de là qu'un terme et la raison étant donnés, on peut, dans l'une et l'autre espèce de progression, déterminer tous les autres termes, ou qu'on peut à volonté déterminer le plus éloigné de celui qui a été donné, sans être obligé de chercher les intermédiaires. Il en résulte encore qu'entre deux ermes on peut insérer des moyens proportionnels, en tel nombre qu'on juge à propos. En un mot, toutes les propriétés des deux espèces de progressions naissent de ces premières analogies, et par conséquent toutes sont nécessairement analogues.

Puisque, dans une progression croissante arithmétique, la raison est ajoutée plusieurs fois au premier terme, et qu'elle en est soustraite plusieurs fois dans une progression décroissante, il faut que, dans une progression géométrique elle multiplie le premier terme lorsque la progression est croissante, et qu'elle le divise lorsque la progression est décroissante.

Pourquoi donc avons-nous supposé qu'elle le divise toujours? Cette contradiction n'est qu'apparente : il faut se souvenir qu'il y a des divisions auxquelles nous n'avons donné ce nom que par extension.

En effet, lorsque nous disons que la raison $\frac{un}{deux}$ divise le premier terme *deux* de la progression croissante $\div$ *deux* : *quatre* : *huit* : *seize*, ce n'est pas que nous fassions une vraie division, c'est que l'opération mécanique est la même que si nous divisions réellement. En conséquence nous conservons par extension le nom de division à cette opération, et celui de quotient au résultat qu'elle donne. Mais, à proprement parler, diviser *deux* par $\frac{un}{deux}$, c'est multiplier *deux* par *deux*, et le quotient *quatre* est un produit. C'était une nécessité d'adopter ce langage; et il n'y a nul inconvénient, puisque le résultat est le même, soit qu'on regarde l'opération comme une multiplication proprement dite, soit que, par extension, on la regarde comme une division.

L'analogie est donc parfaite entre les deux espèces de progressions : si l'une s'engendre par l'addition ou par la soustraction, l'autre s'engendre par la multiplication ou pour la division.

Mais afin de nous familiariser davantage avec ces idées, représentons-nous la raison géométrique par une fraction qui ait pour numérateur le second terme, et pour dénominateur le premier. Nous avons remarqué que cette manière de l'exprimer est la même au fond que celle que nous avons préférée, et qu'elle n'en diffère que dans le langage, qui sera l'inverse de celui que nous avons tenu. Aussi verrons-nous des multiplications et des produits partout où nous avons vu des divisions et des quotients. Prenons pour exemple les progressions,

$\div$ Deux : quatre : huit : seize,

$\div$ Seize : huit : quatre : deux.

En divisant le second terme *quatre* de la progression croissante par le premier terme *deux*, nous faisons une vraie division, et nous avons, dans le quotient *deux*, la raison de la progression. Le second terme *quatre* doit donc être considéré comme le produit de *deux* premier terme, par *deux* la raison. Donc, en multipliant le premier terme par la première puissance de la raison, nous aurons le second, $deux \times deux = quatre$; en le multipliant par la seconde puissance, nous aurons le troisième, $deux \times quatre = huit$; et, en le multipliant par la troisième puissance, nous aurons le quatrième, $deux \times huit = seize$. Ici nous faisons des multiplications proprement dites, et la progression croissante géométrique est sensiblement analogue à la progression croissante arithmétique. Il sera tout aussi facile de se convaincre que la progression géométrique décroissante s'engendre par une division, comme la progression arithmétique décroissante s'engendre par une soustraction.

En effet, lorsque, dans la progression $\div$ *seize* : *huit* : *quatre* : *deux*, nous représentons la raison par $\frac{huit}{seize}$, nous l'exprimons par $\frac{un}{deux} = \frac{huit}{seize}$, et nous regardons le second terme *huit* comme le produit de *seize* $\times \frac{un}{deux}$ ou de $\frac{seize}{un} \times \frac{un}{deux}$. En conséquence nous donnons à cette opération le nom de multiplication, mais seulement par extension : car, dans le vrai, multiplier $\frac{seize}{un}$ par $\frac{un}{deux}$, c'est diviser *seize* par *deux*.

Ainsi, lorsque nous nous représentons la raison par une fraction qui a le second terme pour numérateur et le premier pour dénominateur, c'est le mot de multiplication qui est employé par extension dans les progressions décroissantes; et quand au contraire nous nous représentons la raison par une fraction qui a pour numérateur le premier terme, et pour dénominateur le second, c'est le mot de division qui est employé par extension dans les mêmes progressions décroissantes. En effet, on conçoit que, lorsqu'on a renversé l'expression de la raison, et qu'après avoir dit $\frac{deux}{quatre}$, on dit $\frac{quatre}{deux}$, il faut nécessairement que, dans tout le cours de nos raisonnements, notre langage soit dans un cas l'inverse de ce qu'il était dans l'autre. Voyons maintenant comment les propriétés des proportions et des progressions se découvrent par suite de propositions identiques.

Dire qu'entre les deux premiers termes d'une proportion arithmétique la différence est la même qu'entre les deux derniers, c'est dire que le second plus ou moins la différence est le même que le premier, et que le quatrième plus ou moins cette même différence est le même que le troisième.

Dire que le second plus ou moins la différence est le même que le premier, et que le quatrième plus ou moins cette même différence est le même que le troisième, c'est dire que la somme des deux extrêmes est le premier plus le troisième plus ou moins la différence ; et que la somme des deux moyens est le premier plus ou moins la différence plus le troisième, c'est dire que la somme des extrêmes est la même que celle des moyens.

Dire que la somme des extrêmes est la même que celle des moyens, c'est dire que, si l'on soustrait de la somme des moyens l'une des extrêmes, on aura l'autre extrême dans le reste ; c'est dire également qu'on trouvera le moyen inconnu si l'on soustrait le connu de la somme des extrêmes : en un mot, c'est dire comment, trois termes étant donnés, on trouvera le quatrième.

Il est évident qu'en faisant cette suite de propor-

6.

tions, nous n'avons fait que traduire en différents langages la notion première des proportions arithmétiques ; et que, ces propositions étant successivement identiques les unes avec les autres, la dernière est identique avec la première. C'est en cela uniquement que consiste l'évidence et l'art de démontrer. Continuons.

Dire qu'entre les **deux** premiers termes d'une proportion la différence est la même qu'entre les deux derniers, c'est dire que, dans une proportion continue, la différence entre le premier et le second est la même qu'entre le second et le troisième.

Or, dire qu'entre le premier et le second la différence est la même qu'entre le second et le troisième, c'est dire que le second est le même que le premier plus ou moins la différence, et que le troisième est également le même que le second plus ou moins la différence.

Mais dire que le troisième est le même que le second plus ou moins la différence, et que le second est le même que le premier plus ou moins la différence, c'est dire que le troisième est le même que le premier plus ou moins deux fois la différence.

Ce qu'on dit d'une proportion continue, on le dit d'une progression de trois termes : donc le troisième terme d'une progression est le même que le premier plus ou moins deux fois la différence.

Dire que le troisième terme d'une progression qui n'a que trois termes est le même que le premier plus ou moins deux fois la différence, c'est dire qu'il est le même que le premier plus ou moins le produit de la différence multipliée par le nombre des termes moins un.

Et puisque dire qu'une progression a quatre ter-

mes, cinq, six ou davantage, c'est dire que la différence est successivement la même entre le troisième
et le quatrième, entre le quatrième et le cinquième, etc., qu'entre le premier et le second ; dire
que le troisième terme d'une progression qui n'en a
que trois est le même que le premier plus ou moins
le produit de la différence multipliée par le nombre
des termes moins un, c'est dire également que le
quatrième, que le cinquième, que le sixième terme
d'une progression qui en a quatre, cinq, six, etc., est
le même que le premier plus ou moins le produit de
la différence multipliée par le nombre des termes
moins un.

Dire que le dernier terme d'une progression, ou
qu'un terme quelconque considéré comme le dernier,
est le même que le premier plus ou moins le produit
de la différence multipliée par le nombre des termes
moins un, c'est dire que, dans la supposition où la
différence ne serait pas connue, nous la trouverions
en retranchant le premier terme du dernier ou le
dernier du premier, et divisant le reste par le nombre des termes moins un.

Dire d'un côté qu'un terme quelconque, qu'on considère comme le dernier, est le même que le premier
plus ou moins le produit de la différence multipliée
par le nombre des termes moins un, et de l'autre
que nous trouverons la différence en retranchant le
premier terme du dernier ou le dernier du premier,
et divisant le reste par le nombre des termes moins
un, c'est dire comment on peut, entre deux termes
donnés, insérer plusieurs moyens proportionnels.

Voyons maintenant par quelle suite de propositions identiques nous apprendrons comment on détermine la somme d'une progression arithmétique.

Dire que, dans une proportion de quatre termes, la somme des extrêmes est la même que la somme des moyens, c'est dire que, dans une proportion continue, le terme moyen est la moitié de la somme des extrêmes.

Dire que le terme moyen est la moitié de la somme des extrêmes, c'est dire qu'on peut se représenter la somme d'une proportion continue par trois termes, qui seraient chacun la moitié de la somme des extrêmes.

Dire qu'on peut se représenter la somme d'une proportion continue par trois termes qui seraient chacun la moitié de la somme des extrêmes, c'est dire que la somme d'une proportion continue est la moitié de la somme des extrêmes, multipliée par trois ou par le nombre des termes.

Mais, parce que ce qui se dit d'une proportion continue se dit d'une progression de trois termes, nous dirons que la somme d'une pareille progression est la moitié de la somme des extrêmes, multipliée par le nombre des termes : or, en le disant d'une de trois termes, nous le disons d'une de quatre, de cinq, de six, nous le disons de toutes.

La somme d'une progression arithmétique est donc la même que la somme de la moitié des extrêmes, multipliée par le nombre des termes, ou que la somme des extrêmes, multipliée par la moitié du nombre des termes.

Voilà des démonstrations *rigoureuses,* ou il n'y en a point. Passons aux proportions et aux progressions géométriques, et commençons par la notion qu'on se fait de la raison ; mais, afin d'abréger, indiquons par le signe $=$ l'identité de deux proportions qui se suivent immédiatement.

La raison exprime comment un nombre est contenu dans un autre, ou comment il le contient.

= On trouvera la raison en divisant l'un deux par l'autre.

= On la peut représenter par une fraction dont un nombre sera le numérateur, et l'autre sera le dénominateur.

= On peut représenter par deux fractions égales les quatre termes d'une proportion, ou quatre termes dont les deux premiers ont entre eux la même raison que les deux derniers.

Car ces deux fractions sont égales = l'une est formée des deux premiers termes d'une proportion, et l'autre des deux derniers, soit qu'on donne à chacune pour numérateur un antécédent, et pour dénominateur un conséquent, soit qu'en renversant cette expression on leur donne un conséquent pour numérateur, et un antécédent pour dénominateur.

Mais, à deux fractions, on substitue deux fractions identiques, lorsqu'on multiplie les deux termes de la première par le dénominateur de la seconde, et les deux termes de la seconde, par le dénominateur de la première ; et, dans les deux fractions substituées, les deux dénominateurs sont identiques jusques dans l'expression ; et les deux numérateurs le sont aussi, quoiqu'exprimés différemment, lorsque les fractions sont égales. Mais l'un est le produit des extrêmes, et l'autre le produit des moyens : donc, dans toute proportion, le produit des extrêmes est le même que le produit des moyens. Appliquons cette méthode aux progressions.

Quand on représente la raison d'une progression par une fraction qui a le premier terme pour numérateur, et le second pour dénominateur, *on a le se-*

*cond terme, en divisant le premier par la raison; on
a le troisième, en divisant le second par la raison; et
ainsi successivement.*

    = *On a le troisième, en divisant le premier par le
carré de la raison :*

    = *On a le quatrième, en divisant le premier par le
cube de la raison :*

    = *On a le cinquième, en divisant le premier par la
raison élevée à la quatrième puissance;*

    = *On a le dernier, en divisant le premier par la
raison élevée à une puissance qu'on désigne par le
nombre moins un des termes de la progression.*

On voit, dans ces propositions dont l'identité saute
aux yeux, comment on peut trouver un terme, quel
qu'il soit, et comment on peut, entre deux termes
donnés, insérer plusieurs moyens proportionnels.
Chèrchons maintenant la somme d'une progression.

    *Dans la suite d'une progression, la raison est
toujours la même d'un terme à l'autre :*

    = *Chaque antécédent est à son conséquent, comme
le premier terme est au second :*

    = *Le premier terme est au second, comme tous les
antécédents sont à tous les conséquents :*

    = *Le premier terme moins le second est au pre-
mier, comme tous les antécédents moins tous les conséquents sont à tous les antécédents.*

Et puisque, dans le troisième terme de cette proportion, tous les termes se détruisent, excepté le
premier antécédent qui est en plus et le dernier conséquent qui est en moins, nous avons : *le premier
terme moins le second est au premier, comme tous les
antécédents moins tous les conséquents sont à tous les
antécédents.*

    = *Le premier terme moins le second est au premier,*

comme le premier antécédent moins le dernier con-
séquent est à tous les antécédents.

= *Le premier terme moins le second est au premier,*
comme le premier moins le dernier est à tous les anté-
cédents.

= *Pour trouver la somme de tous les antécédents*
d'une progression, il faut multiplier le premier terme
par le premier moins le dernier et diviser le produit
par le premier moins le second. A quoi ajoutant le
dernier terme, *on aura la somme de la progression*
entière.

Quiconque entendra la valeur des mots, aperce-
vra facilement toutes ces identités ; et j'ai fait ce
chapitre, afin que les commençants se familiarisent
avec les fractions, les raisons, les proportions, les
progressions, et avec toutes les opérations qui en
font découvrir les propriétés. J'ai voulu encore faire
voir que si, avec les phrases de nos langues vulgaires,
on démontre *rigoureusement* des vérités mathématiques, on pourrait, avec les mêmes phrases, démontrer tout aussi *rigoureusement* des vérités d'un
autre genre. Car il semble qu'on soit dans le préjugé
qu'on ne démontre *rigoureusement* qu'en mathématiques, comme si l'on ne pouvait démontrer à la rigueur qu'avec des x, des a, des b, ou comme si des
démonstrations qui ne seraient pas *rigoureuses* pourraient être des démonstrations.

Mais, dira-t-on, si, dans une chose qu'on étudie,
on va de propriété en propriété par une suite de propositions identiques, chaque propriété comme chaque
proposition est dans cette suite la même que celle
qui la précède, et par conséquent toutes se réduisent
à une seule et même propriété. Comment donc sont-
elles une et plusieurs ? Comment y distinguons-

nous la première, la seconde, la troisième, etc.?

Quoiqu'une propriété soit une, elle peut être considérée sous plusieurs points de vue; et elle serait une pour nous comme en elle-même, si nous la pouvions considérer sous tous à la fois. Nous ne le pouvons pas; et c'est parce que nous la considérons d'abord sous un rapport, ensuite sous un second, et ainsi successivement, qu'elle devient pour nous une première propriété, une seconde, une troisième, etc. Il ne faut donc pas croire que de pareilles suites soient dans les choses, elles ne sont que dans notre langage; et chaque science pourrait se réduire à une première vérité, qui, en se transformant de proposition identique en proposition identique, nous offrirait, dans une suite de transformations, toutes les découvertes qu'on a faites, et toutes celles qui restent à faire. Il est vrai que, pour saisir ainsi les sciences, il les faudrait parler avec une grande simplicité; car ce sont nos langues mal faites qui mettent les plus grands obstacles aux progrès des connaissances. Nous saurions inventer, si nous savions parler; mais nous parlons avant d'avoir appris, et nous n'aimons pas la simplicité.

Aussi je prévois bien que la méthode que j'ai suivie dans ce chapitre ne sera pas généralement approuvée. Quoi! dira-t-on, faut-il, pour acquérir des connaissances, se traîner pesamment de propositions identiques en propositions identiques? Oui, il le faut, et les inventeurs se sont traînés comme nous : si nous ne nous en doutons pas, c'est que, lorsqu'ils nous montrent leurs découvertes, ils sont debout, et ils nous laissent croire qu'ils l'ont toujours été. Au reste, pour être arrivés en se traînant, ils n'en sont pas moins des esprits supérieurs : cela prouve seulement qu'ils sont hommes, et que l'esprit humain est bien borné. Concluons que, quelles que soient nos connaissances, nous n'avons pas de quoi être vains, pas même de quoi être modestes ; aussi le vrai philosophe n'est-il ni l'un, ni l'autre.

CHAPITRE XIII.

DES ÉVALUATIONS.

Lorsque nous ne connaissons pas la valeur d'une chose, nous la mesurons, afin de juger du rapport où elle est avec une chose dont la valeur est connue. Or mesurer, c'est évaluer.

La nature nous a indiqué des mesures de toute espèce, et le besoin nous apprend à nous en servir.

Dans chaque chose individuelle, elle nous montre l'unité; et, dans cette unité, nous avons la mesure des nombres. Or, quelles que soient les mesures dont nous nous servons, il faut compter pour évaluer les choses, et par conséquent l'unité est la première mesure.

Rien ne mesure l'unité. En vain nous la divisons pour la mesurer. Nous la diviserions sans fin, que nous aurions toujours pour résultats des unités qui n'ont point de mesures.

L'espace ou l'étendue est une des premières choses que les hommes ont appris à mesurer. La nature nous en donnait la mesure dans nos pas, dans nos pieds, dans nos pouces; et il ne fallait plus que compter des pas, des pieds, des pouces, pour imaginer plusieurs autres espèces de mesures.

Elle nous donnait également des mesures du temps dans les révolutions apparentes du soleil : mais, pour apprécier ces mesures, il fallait une longue suite d'observations, et l'on a été des siècles à mesurer le temps bien grossièrement.

En nous donnant deux bras, la nature nous a donné une balance dont nos mains sont les deux bassins. Cette balance nous suffisait, lorsque nous nous contentions de juger à peu près du poids des choses : mais nous n'étions pas faits pour nous contenter toujours de cet à peu près. Le trafic nous donna d'autres vues : il fallut évaluer ou peser avec plus de précision. Alors des marchands copièrent la balance que la nature nous a donnée, et cette copie parut une invention.

Comme les balances sont postérieures au trafic, les monnaies, proprement dites, sont postérieures aux balances. On en fit de différents métaux et de différents poids.

On appela *poids*, un corps d'une pesanteur à volonté, et on le prit pour mesure. Lorsque la chose qu'on mettait dans l'un des bassins de la balance restait en équilibre avec le poids dans l'autre, on dit qu'elle pesait, par exemple, une livre.

Aujourd'hui nous divisons la livre en deux marcs, le marc en huit onces, l'once en huit gros, le gros en trois deniers, et le denier en vingt-quatre grains; division qui aurait pu être mieux faite. Un grain n'a point de mesure, et nous nous arrêtons à cette dernière sous-division, parce que nous pouvons négliger les parties d'un grain, et nous contenter d'un à peu près.

De même, après avoir divisé la toise en six pieds, le pied en douze pouces, le pouce en douze lignes, la ligne en douze points, nous ne divisons plus, et nous regardons le point comme la première mesure de l'étendue.

Ces mesures ne sont pas exactement les mêmes chez tous les peuples, ni même chez ceux qui leur donnent les mêmes dénominations.

Il y a encore plus de variation dans les monnaies, qu'on distingue en livres, sous et deniers ; les nations ont attaché à ces mots des valeurs différentes, suivant le caprice des souverains, qui, dans cette partie de l'administration, ont prodigieusement abusé de leur autorité.

Les mesures du temps sont les plus uniformes et les mieux faites. Tous les astronomes s'accordent à diviser l'heure en soixante minutes, la minute en soixante secondes, et la seconde en soixante tierces. Cette manière de mesurer est d'autant plus commode, que *soixante* a un grand nombre de diviseurs.

Le peu d'uniformité dans les mesures met continuellement dans la nécessité de faire des évaluations. Il faut chercher, dans les mesures qui sont familières, des expressions identiques avec les mesures qui ne sont pas connues. Si l'on nous parle de piastres et de florins, nous demandons combien ces monnaies valent de nos livres : ailleurs on demande combien le louis vaut de florins ou de piastres.

Tout le monde fait donc des évaluations. C'est même à des évaluations que se réduisent toutes les opérations que nous avons faites, et que nous ferons. Quand on fait une addition, c'est qu'on ne voit pas ce que valent en total plusieurs nombres exprimés séparément : on le voit dans la somme qui les comprend tous dans une seule expression. La somme est donc une évaluation faite. De même quand on fait une soustraction, on voit, dans le reste, ce que vaut le plus grand nombre après qu'on a soustrait le plus petit. Or, puisqu'on évalue lorsqu'on additionne et qu'on soustrait, on évalue donc encore lorsqu'on multiplie et qu'on divise. En un mot, calculer n'est autre chose qu'évaluer.

Si on ne regarde pas toutes ces opérations comme autant d'évaluations, c'est que nous sommes portés à voir des choses différentes dans des noms différents : mais il faut que les commençants sachent qu'ils n'ont fait jusqu'ici que des évaluations ; car pour leur apprendre comment elles se font, je ne sais rien de mieux que de leur faire remarquer qu'ils en ont fait. Il ne restera plus qu'à lever les difficultés qui se rencontrent lorsqu'il s'agit d'évaluer des fractions. Commençons par un exemple qui n'en souffre pas.

Si l'on vous demande quelle est la valeur de $\frac{cinq}{six}$ d'une toise, vous répondez cinq pieds, parce que vous savez que $\frac{cinq}{six}$ d'une toise est $\frac{cinq}{six}$ de six pieds.

Mais quoique vous sachiez qu'une livre vaut vingt sous, vous ne voyez pas avec la même facilité quelle est la valeur de $\frac{cinq}{six}$ d'une livre ; et vous avez besoin de transformer cette fraction, jusqu'à ce que vous arriviez à une fraction qui exprime en parties connues la valeur que vous cherchez.

Or $\frac{cinq}{six}$ d'un entier qui vaut vingt $= \frac{un}{six}$ de cinq entiers qui vaudraient vingt chacun ; ou, en d'autres termes, $= \frac{un}{six}$ de cent, et $\frac{un}{six}$ de cent $= \frac{cent}{six}$. Après avoir fait cette suite de propositions identiques, vous n'avez plus qu'à diviser *cent* par *six*, et vous trouverez, pour la valeur de $\frac{cinq}{six}$ d'une livre, seize sous plus $\frac{quatre}{six}$ d'un sou.

Il reste à évaluer cette dernière fraction, et vous

ferez, comme vous venez de faire, une suite de propositions identiques. Vous direz donc $\frac{quatre}{six}$ d'un sou $= \frac{quatre}{six}$ de douze deniers $= \frac{un}{six}$ de quarante-huit $= \frac{quarante\text{-}huit}{six} =$ huit. Vous avez donc en parties connues, dans *seize sous huit deniers*, la valeur de $\frac{cinq}{six}$ d'une livre.

Ces opérations, quoique longues, s'abrégeront naturellement, parce que l'habitude du calcul apprendra bientôt à franchir plusieurs propositions identiques. On se fera donc des méthodes abrégées dont on se rendra raison, et on aura l'avantage de ne pas calculer par routine.

En effet, quand on se rappellera que vingt peut s'exprimer par $\frac{vingt}{un}$, on verra bientôt que tous les raisonnements que nous venons de faire se réduisent à chercher l'évaluation de $\frac{cinq}{six}$ de vingt, en multipliant l'une par l'autre les fractions $\frac{cinq}{six}$ et $\frac{vingt}{un}$, dont le produit $\frac{cent}{six}$ ne laisse plus qu'une division à faire.

Cette opération ayant été abrégée, nous saurons évaluer une fraction de fraction, telle que $\frac{deux}{trois}$ de $\frac{trois}{quatre}$; car il ne faudra que multiplier ces deux fractions l'une par l'autre, comme nous avons multiplié l'une par l'autre $\frac{cinq}{six}$ et $\frac{vingt}{un}$. En effet, prendre les deux tiers de trois quarts, c'est prendre deux fois trois quarts divisés par trois. Or $\frac{trois}{quatre}$: trois $= \frac{trois}{douze}$) et $\frac{trois}{douze} \times deux = \frac{six}{douze} = \frac{un}{deux}$. L'évaluation de fraction de fraction se réduit donc à une multiplication.

Il arrive souvent que la difficulté que nous avons à juger de la valeur d'une fraction vient uniquement de ce qu'elle a pour numérateur et pour dénominateur de trop grands nombres. Par exemple, si l'on vous demandait la valeur de la fraction $\frac{quatre\text{-}vingt\text{-}seize}{cent\;quatre\text{-}vingt\text{-}douze}$ d'une livre, vous pourriez ne pas voir d'abord que cette fraction est la même que $\frac{un}{deux}$.

Vous jugerez donc que, pour évaluer des fractions, il suffira souvent de substituer à leurs termes trop composés, des termes plus simples. Quand même cette substitution ne suffirait pas, vous concevez qu'elle est au moins un préliminaire : car plus les expressions seront simples, plus il sera facile d'en saisir la valeur. Il s'agit donc d'apprendre à substituer, à une fraction dont les termes sont trop composés, une fraction identique dont les termes soient aussi simples qu'il est possible : c'est ce qu'on appelle réduire une fraction à ses moindres termes.

Nous avons déjà fait de ces réductions, parce que tout le monde les sait faire lorsque les termes sont peu composés. Il n'y a personne qui ne voie que la fraction $\frac{\text{seize}}{\text{trente-deux}}$ devient successivement $\frac{\text{huit}}{\text{seize}}$, $\frac{\text{quatre}}{\text{huit}}$, $\frac{\text{deux}}{\text{quatre}}$, et que $\frac{\text{un}}{\text{deux}}$ en est l'expression la plus simple.

Vous n'avez fait passer cette fraction par tant de transformations, que parce qu'à chaque fois vous n'avez divisé les deux termes que par *deux* : vous l'auriez fait passer par un moindre nombre, si vous aviez divisé par *quatre*; et, en divisant par *seize*, vous seriez arrivé du premier coup à l'expression la plus simple. Vous jugerez donc que le plus grand commun diviseur est le plus propre pour réduire une fraction à ses moindres termes, et par conséquent il s'agit de le savoir trouver.

Soit, par exemple, $\frac{\text{quatre-vingt-seize}}{\text{cent-quatre-vingts}}$. Les deux termes de cette fraction ne peuvent pas avoir de plus grand commun diviseur que le numérateur *quatre-vingt-seize*; mais la division a pour reste *quatre-vingt-quatre*, et par conséquent *quatre-vingt-seize* n'est pas le diviseur que vous cherchez.

Cependant considérez que si le reste *quatre-vingt-quatre* divisait sans reste *quatre-vingt-seize*, il diviserait également sans reste les deux termes de la fraction $\frac{\text{quatre-vingt-seize}}{\text{cent-quatre-vingts}}$. Mais, parce que la division a un reste encore, et que ce reste est *douze*, vous répétez le même raisonnement, et vous dites : si *douze* divise *quatre-vingt-quatre* sans reste, il divisera également ment sans reste *quatre-vingt-seize* et *cent quatre-vingts*. Or cette division se fait sans reste. *Douze* est donc le plus grand commun diviseur des deux termes de $\frac{\text{quatre-vingt-seize}}{\text{cent-quatre-vingts}}$. Vous diviserez et vous réduirez cette fraction à $\frac{\text{huit}}{\text{quinze}}$ qui en est l'expression la plus simple.

Vous comprenez qu'il n'était pas bien difficile de trouver que la méthode pour avoir le plus grand commun diviseur des deux termes d'une fraction consiste à diviser d'abord par le numérateur, et ensuite par chaque reste successivement, jusqu'à ce qu'on arrive à un diviseur exact. Si l'on n'arrivait pas à une division sans reste, c'est que le numérateur et le dénominateur n'auraient que l'unité pour diviseur commun, et que par conséquent on ne les saurait réduire à une expression plus simple. Alors on dit qu'une fraction est irréductible : telle est $\frac{\text{quatre-vingt-seize}}{\text{cent quatre-vingt-un}}$.

Jusqu'ici nous avons développé dans ce premier livre toutes les notions fondamentales du calcul ; et il sera d'autant plus facile de se les rendre familières, que nous avons parlé un langage familier aux commençants : si ce langage n'est pas commode, c'est celui par où l'on a commencé, et il nous fait sentir la nécessité d'un langage plus simple.

Nous avons au moins l'avantage de n'avoir plus à trouver que de nouveaux signes pour dire dans une nouvelle langue ce que nous savons, et pour le dire de manière que nous puissions y découvrir ce que nous ne savons pas encore. Il est important, à chaque progrès que nous voulons faire, de n'avoir qu'une chose à chercher; car si nous allons de connaissance en connaissance, ce n'est qu'une à une : il est rare que nous en puissions acquérir deux à la fois, et je doute même que cela soit jamais arrivé. Ceux qui se piquent d'avancer rapidement, passent successivement partout où nous passons, nous qui ne faisons que nous traîner ; et ils ont souvent besoin de faire plusieurs pas, quand nous n'en faisons qu'un, parce qu'ils ne prennent pas toujours le plus court.

7.

CHAPITRE XIV.

DU CALCUL AVEC LES CAILLOUX.

Commencement de l'algèbre.

Nous avons vu que le calcul avec les noms devient plus facile, lorsque les dénominations, faites dans l'analogie de la numération, décomposent les nombres en unités de différents ordres : cependant, parce que nous sommes encore bien embarrassés des longues phrases, nous avons essayé, dans les chapitres précédents, d'en diminuer au moins le nombre des mots ; c'est sans doute par où l'on a commencé. Il a été naturel de chercher à abréger le discours, avant de penser à substituer, à des phrases, des signes tels que des chiffres ou des lettres. On n'est arrivé aux dernières inventions que de proche en proche ; encore sommes-nous souvent longtemps avant de saisir ce que nous avons sous la main.

Les abréviations que nous avons faites sont d'un faible secours, et elles laissent subsister toutes les difficultés, lorsqu'il s'agit d'opérer sur de grands nombres. Comment, par exemple, multiplier *trois dixaines de mille, plus deux mille, plus huit cents, plus* s pt *dixaines, plus cinq unités,* par *neuf mille, plus six cents, plus quatre dixaines, plus trois unités?* Notre mémoire nous permettra-t-elle d'employer la même méthode, que lorsque nous avons multiplié *dix plus deux* par *dix plus deux?*

Les doigts ne seraient ici d'aucun secours, parce qu'il ne leur sera pas possible d'exprimer distinctement et à la fois deux nombres aussi composés ; et cependant il faudrait que toutes les parties en fussent en même temps sous les yeux. Ce serait le seul moyen de soulager la mémoire, et tous les peuples l'ont senti. En conséquence ils ont substitué aux doigts des signes plus commodes. Tels sont les cailloux, d'où dérive le mot de *calcul.*

Mais comment les ont-ils employés ? De différentes manières sans doute ; et la meilleure aura été celle des peuples dont la langue était bien faite, parce que l'analogie, qui leur avait appris à faire avec les noms, comme ils avaient fait avec les doigts leur apprenait à faire de même avec les cailloux. Ils considérèrent que les doigts, par l'ordre dans lequel ils sont disposés, exprimaient des unités de différentes espèces, et ils distribuèrent les cailloux dans des rangs différents. Ce fut là une copie, plutôt qu'une invention. Le seul inventeur est celui qui, le premier, imagina d'exprimer avec les doigts des unités de différents ordres : encore est-ce là une invention qui paraît suggérée par la nature même.

Traçons, sur une table, une suite de lignes verticales, et plaçons des cailloux sur chacune : sur la première, qui sera le premier rang, les cailloux signifieront des unités du premier ordre ; sur la seconde, ils signifieront des unités du second ; sur la troisième, des unités du troisième, etc. Et, s'il y a des ordres d'unités qu'un nombre ne contienne pas, il y aura des rangs où on ne mettra point de cailloux. Par exemple, pour exprimer *cent deux*, on mettra deux cailloux sur la première ligne, un sur la troisième, et point sur la seconde.

Lorsque, par ce moyen, nous aurons exprimé plusieurs nombres, il sera facile d'en faire l'addition, puisque nous n'aurons qu'à faire un tas de tous les cailloux qui se trouveront dans des rangs correspondants.

La soustraction ne sera pas plus difficile : il suffira d'ôter de chaque rang du plus grand nombre autant de cailloux qu'il y en aura dans chaque rang correspondant du plus petit.

Enfin, on ne trouvera pas de grandes difficultés dans la multiplication et dans la division. Mais nous traiterons plus particulièrement de ces opérations, lorsque nous aurons substitué aux cailloux des signes plus simples encore. Il suffit pour le présent de remarquer que, lorsque nous avons décomposé les nombres en unités de différents ordres, nous pouvons achever, en plusieurs opérations, ce qu'il ne serait pas possible de faire en une. Or, avec des cailloux, les nombres se décomposent d'une manière plus commode qu'avec les doigts et qu'avec des noms; et, au lieu de longues phrases, nous avons des signes simples qui rendent la mémoire inutile, puisqu'ils sont sous les yeux.

Mais souvent on proposait des questions qu'on ne pouvait pas résoudre par les seules opérations que nous avons expliquées, parce qu'avant de calculer il fallait raisonner sur les conditions qu'elles renfermaient ; et si elles étaient fort compliquées, elles engageaient dans de longs raisonnements, dont on pouvait être fort embarrassé. Ces sortes de questions sont proprement ce que les mathématiciens nomment *problèmes*. Essayons d'en résoudre une, en exprimant avec des mots toutes les parties des raisonnements. C'est ainsi qu'on a commencé ; et cette méthode ayant été connue la première, il en faut observer les inconvénients, si nous voulons qu'elle nous prépare à découvrir des méthodes plus simples. Je prendrai, pour exemple, le problème que Clairaut propose au commencement de ses Éléments d'algèbre.

Si on partage huit cent quatre-vingt-dix livres entre trois personnes, en sorte que la première ait cent quatre-vingts livres de plus que la seconde, et la seconde cent quinze livres de plus que la troisième, quelle sera la part de chacune?

Il n'est pas douteux qu'on ne se soit proposé de bonne heure de pareils problêmes. Pour les résoudre il en fallait remplir toutes les conditions, et par conséquent les bien observer. Or celui-ci en a trois, l'une que la première personne ait *cent quatre-vingts livres* de plus que la seconde, l'autre que la seconde en ait *cent quinze* de plus que la troisième, et la dernière que les trois parts réunies fassent une somme égale à *huit cent quatre-vingt-dix*.

Ces conditions étant données, il s'agit de trouver, dans les connues qu'elles renferment, les trois parts qui nous sont inconnues. Mais la manière dont les conditions, ou, comme on parle, dont les *données* sont exprimées n'est pas propre à faire démêler ces trois parts, il faut donc traduire ces données dans un autre langage. Or, quel sera ce langage?

Celui qui démêlera la quantité qui est commune à chaque part, et la quantité par où chaque part diffère.

Mais la part de la troisième est une quantité commune aux deux autres : je puis donc exprimer cette quantité commune par *la petite part*, et je vois que je l'ai trois fois pour les trois personnes.

Alors la part de la seconde s'exprime naturellement par *la petite part plus cent quinze*; et, puisque la première doit avoir cent quatre-vingts livres de plus que la seconde, sa part s'exprimera par *la petite part plus cent quinze plus cent quatre-vingts,* ou, en additionnant les quantités connues, *la petite part plus deux cent quatre-vingt-quinze.* Or ces trois parts, par la dernière condition du problème, doivent être égales à *huit cent quatre-vingt-dix.*

Nous avons donc traduit les données dans un langage où la quantité commune aux trois personnes a une même expression dans *la petite part.* Alors nous distinguons les trois parts, et nous écrivons : *la petite part, plus la petite part plus cent quinze, plus la petite part plus deux cent quatre-vingt-quinze, font une somme égale à huit cent quatre-vingt-dix*

Nous n'avons fait que traduire dans un nouveau langage le langage dans lequel le problème avait été proposé ; et nous prévoyons que cette traduction doit nous conduire à la solution du problème.

Dans cette traduction, nous comparons l'expression des trois parts avec l'expression de la somme qu'elles doivent faire ; or c'est dans cette comparaison que nous devons trouver la valeur de chaque part.

Mais plus les expressions seront simples, plus il nous sera facile de saisir le rapport d'un membre de cette comparaison à l'autre. Vous jugez donc qu'il faut réduire ces expressions au plus petit nombre de termes possible. C'est ce que nous ferons, si nous ad-

ditionnons les quantités partielles du premier membre, et si nous écrivons, *trois fois la petite part +
quatre cent dix = huit cent quatre-vingt-dix*. Voilà le problème réduit à l'expression la plus simple : il va se résoudre de lui-même.

En effet, si vous ajoutez à chaque membre de cette comparaison — *quatre cent dix*, il est évident qu'ils continueront d'être égaux, puisque vous ajoutez à l'un et à l'autre la même quantité. Écrivez donc : *trois fois la petite part + quatre cent dix — quatre cent dix = huit cent quatre-vingt-dix — quatre cent dix.*

Le premier membre se réduit à *trois fois la petite part*, puisque *+ quatre cent dix* et *— quatre cent dix* sont des quantités qui se détruisent; et le second, après avoir soustrait *quatre cent dix* de *huit cent quatre-vingt-dix*, se réduit à *quatre cent quatre-vingts.*

Vous pouvez donc substituer l'expression *trois fois la petite part = quatre cent quatre-vingt* à l'expression *trois fois la petite part + quatre cent dix = huit cent quatre-vingt-dix.*

Si maintenant vous divisez par *trois* les deux membres de cette comparaison, vous aurez la valeur de la petite part dans *la petite part* $= \frac{\text{quatre cent quatre-vingts}}{\text{trois}} =$ *cent soixante.*

Cent soixante est donc la part de la troisième personne. Par conséquent la part de la seconde est *cent soixante + cent quinze = deux cent soixante et quinze ;* et la part de la première est *deux cent soixante-quinze plus cent quatre-vingts = quatre cent cinquante-cinq.* Mais *cent soixante + deux cent soixante et quinze + quatre cent cinquante-cinq = huit cent quatre-vingt-dix* Nous avons donc satisfait à toutes les conditions, et le problème est résolu.

Il y a deux choses à remarquer dans les raisonnements que nous venons de faire ; la première est que nous avons réduit la quantité commune aux trois parts à une seule et même expression. Par-là nous n'avons eu qu'une inconnue à chercher, au lieu de trois que le problème paraissait renfermer ; et les données, traduites dans un langage plus simple, se sont offertes à nous dans une comparaison qui nous en a fait saisir les rapports.

La première chose à faire, pour résoudre un pareil problème, est donc d'en traduire les données dans une comparaison qui en soit l'expression la plus simple ; et vous jugez qu'il faut bien concevoir le problème qu'on vous propose, puisqu'il n'en faut oublier aucune des conditions.

La seconde remarque, c'est que, lorsqu'on a traduit les données dans l'expression la plus simple, il reste à substituer des expressions identiques à des expressions identiques, pour découvrir, par une suite de comparaisons, la valeur de l'inconnue.

Car lorsque vous comparez *trois fois la petite part plus quatre cent dix* avec *huit cent quatre-vingt-dix*, vous ne voyez pas encore quelle est cette petite part. Il la faut dégager des quantités connues, avec lesquelles elle est mêlée dans le premier membre ; c'est-à-dire qu'il la faut conserver seule dans l'un des membres de la comparaison, et faire passer dans l'autre toutes les quantités connues. Voilà comment vous êtes arrivé à une dernière comparaison qui vous a donné *cent soixante* pour la valeur de la petite part.

Jusqu'à présent, je me suis servi du mot de *comparaison*, parce qu'il vous est connu, et que je crois devoir commencer par vous parler le langage que vous savez. Désormais j'emploierai, avec les mathématiciens, le mot d'*équation :* car ce qu'ils entendent par équation n'est autre chose que ce que nous entendons nous-mêmes par comparaison. Nous dirons donc que, pour résoudre un problème, il le faut traduire dans une équation simple qui en renferme toutes les conditions ; et qu'ensuite il faut procéder d'équation identique en équation identique, jusqu'à ce qu'on arrive à une dernière équation, où l'inconnue, seule dans un membre, se compare avec les connues qu'on a fait passer dans l'autre. *La petite part = cent soixante*, voilà l'équation qui est la solution de notre problème.

Au reste, quand je dis qu'il faut traduire un problème dans une équation, c'est qu'il n'en faut qu'une pour traduire celui que nous nous sommes proposé. Lorsqu'il en sera temps, nous verrons pourquoi la traduction d'un problème demande souvent plusieurs équations.

Pour contracter l'habitude du calcul, il faudrait s'exercer sur un grand nombre de problèmes. Mais on n'aurait que de la routine, et on calculerait sans savoir ce qu'on fait, si l'on se pressait d'aller de problème en problème, avant d'avoir bien compris tous les procédés de la méthode.

Or, pour bien comprendre tous ces procédés, il ne suffit pas de les avoir compris une fois ; on ne les comprendra bien, qu'autant qu'ils seront devenus familiers. Car lorsqu'il s'agit d'opérer, il ne faut pas croire qu'on sache une méthode aussitôt qu'on la conçoit : on ne la sait que lorsque, l'ayant méditée à plusieurs reprises, on s'est fait une habitude de la concevoir et de la pratiquer. Il est absolument nécessaire que tous les procédés s'offrent à nous comme d'eux-mêmes, et que nous ne soyons pas obligés de les chercher. Par cette raison, je vais m'arrêter encore sur le problème que nous avons résolu. La solution nous en étant connue, nous en observerons avec plus de facilité la méthode qui la donne ; et plus nous l'aurons observée, mieux nous la concevrons.

Le premier procédé de cette méthode est de raisonner sur les conditions du problème pour les traduire dans une équation que je nomme *fondamentale*, parce qu'elle est la première, et que c'est en raisonnant sur elle que nous arriverons à la solution du problème.

Le second procédé prend le raisonnement à l'équation fondamentale, et nous conduit, d'équation identique en équation identique, jusqu'à une équation que je nomme *finale*, parce qu'elle est la dernière. Vous voyez que nous faisons notre langue peu à peu : c'est la meilleure manière pour la bien faire et pour la savoir bien.

Si maintenant vous considérez l'identité de toutes les équations par où vous avez passé, vous reconnaîtrez dans chacune d'elles l'équation fondamentale, qui prend de l'une à l'autre différentes transformations, pour devenir l'équation finale. La solution d'un problème se réduit donc à une équation qui se transforme ou se traduit successivement dans différentes expressions. C'est cette identité qu'il faut saisir, parce que c'est dans cette identité que consiste tout l'artifice de cette méthode. N'oubliez pas que, dans chaque équation, les deux membres sont une même quantité exprimée de deux manières.

Nous avons résolu notre problème en cherchant d'abord la part de la troisième personne : nous allons le résoudre en commençant par chercher la part de la première.

Ayant considéré que ce problème a trois conditions

qu'il faut traduire dans une équation fondamentale, nous remarquerons que nous pourrons faire cette traduction lorsque nous aurons une même expression pour désigner la quantité commune aux trois parts. Car il faut qu'ayant une expression qui désigne une des trois, nous n'ayons qu'à ajouter à cette expression ou qu'à en retrancher, pour avoir deux expressions qui désignent chacune des deux autres. Alors il est évident que ces trois expressions, mises dans l'un des membres de l'équation, feront une somme qui sera la même que *huit cent quatre-vingt-dix*, qui sera dans l'autre.

Je désigne la part de la première personne par *la première*. Elle doit avoir cent quatre-vingts livres de plus que la seconde : la part de celle-ci sera donc exprimée par *la première — cent quatre-vingts*, et la part de la troisième sera *la première — cent quatre-vingts — cent quinze*, puisqu'elle doit avoir cent quinze livres de moins que la seconde.

Dès que j'ai ces trois expressions, la traduction est faite, et j'écris l'équation fondamentale : *la première +la première — cent quatre-vingts + la première — cent quatre-vingts —cent quinze = huit cent quatre-vingt-dix*. Voilà le premier procédé de la méthode. Le second doit montrer successivement toutes les transformations par où l'équation fondamentale passera pour devenir l'équation finale.

Or, en réduisant le premier membre à l'expression la plus simple, on trouve la première transformation, qui est : *trois premières — quatre cent soixante et quinze = huit cent quatre-vingt-dix*.

La seconde se trouve en faisant passer toutes les connues dans le second membre : *trois premières = huit cent quatre-vingt-dix + quatre cent soixante et quinze*.

La troisième, en additionnant les deux quantités du second membre : *trois premières = mille trois cent soixante-cinq.*

La quatrième, en indiquant la division des deux membres par *trois : la première* $= \frac{\text{mille trois cent soixante-cinq}}{\text{trois}}$.

Enfin la cinquième et dernière, en effectuant la division indiquée : *la première = quatre cent cinquante-cinq.* Il n'y a plus que des soustractions à faire, pour connaître ce qui revient à la seconde personne et à la troisième,

Si nous voulions commencer par la part qui revient à la seconde personne, l'expression commune aux trois serait *la seconde :* par conséquent l'expression de la première sera *la seconde + cent quatre-vingts;* et celle de la troisième, *la seconde — cent quinze.* Ayant alors, pour équation fondamentale, *la seconde + la seconde + cent quatre-vingts + la seconde — cent quinze = huit cent quatre-vingt-dix.* Nous n'aurions plus qu'à observer qu'elle devient :

1°. *Trois secondes + cent quatre-vingts — cent quinze = huit cent quatre-vingt-dix ;*

2°. *Trois secondes + soixante-cinq = huit cent quatre-vingt-dix :*

3°. *Trois secondes = huit cent quatre-vingt-dix — soixante-cinq ;*

4°. *Trois secondes = huit cent vingt-cinq ;*

5°. *Une seconde* $= \frac{\text{huit cent vingt-cinq}}{\text{trois}}$.

6°. *Une seconde = deux cent soixante et quinze.*

Remarquez que la première solution donne, dans la division indiquée $\frac{\text{quatre cent quatre-vingts}}{\text{trois}}$, un résultat plus simple que les deux autres, et que par conséquent c'est celle où nous avons le mieux commencé. L'expérience vous apprendra que le commencement n'est jamais une chose indifférente.

En étudiant ces trois solutions, on achèvera de comprendre, dans la seconde ou dans la troisième, ce qu'on n'aura pas assez compris dans la première; et les dernières solutions éclaireront d'autant plus, qu'on n'aura que la méthode à observer.

Alors on aura une idée exacte de ce que les mathématiciens entendent par analyse. Car leur analyse n'est autre chose que cette méthode, qui, par un premier procédé, traduit dans une équation fondamentale toutes les données d'un problème; et qui, par un second, fait prendre à cette équation une suite de transformations, jusqu'à ce qu'elle devienne l'équation finale qui renferme la solution. C'est-à-dire que l'analyse, qu'on croit n'appartenir qu'aux mathématiques, appartient à toutes les sciences; et qu'on analyse de la même manière dans toutes, si dans toutes on raisonne bien. Voyez ma logique : elle contribuera à vous rendre cette méthode plus familière, et elle vous convaincra que l'analyse n'est que l'art de raisonner.

Quoique dans les solutions précédentes nous ayons beaucoup abrégé le discours, il est vraisemblable que les personnes, qui n'ont aucune habitude du calcul auront eu quelque peine à suivre les raisonnements que nous avons faits. Elles en sentiront mieux combien il est nécessaire, dans des questions compliquées, de se débarrasser de nos longues phrases, et de trouver, pour exprimer nos raisonnements, des signes simples qui en fassent saisir toute la suite sans effort.

On se sera occupé de cette recherche beaucoup plutôt qu'on ne pense, parce que les intérêts à traiter auront donné lieu de bonne heure à des questions difficiles à résoudre; et, si l'on considère que les langues des premiers peuples savants n'ont pas été, comme les nôtres, formées par corruption d'une multitude de langues sans analogie entre elles, on jugera qu'elles auront été beaucoup plus propres au raisonnement, et que ceux qui avaient le mieux médité les procédés de l'analyse auront été capables de résoudre bien des problèmes. Il est même vraisemblable qu'ils cherchaient quelquefois ceux où ils croyaient voir de plus grandes difficultés, et qu'ils se les proposaient comme par défi.

Alors on sentit plus que jamais le besoin de soulager la mémoire, ou de la rendre même inutile ; et on reconnut que, pour y réussir, il fallait écrire les raisonnements avec des signes simples, qui, parlant aux yeux plutôt qu'aux oreilles, en rendissent la suite permanente, et fissent toujours voir ce qu'on avait fait, et ce qui restait à faire.

De tous les signes jusqu'alors connus, les cailloux paraissaient les plus propres à retracer ainsi nos raisonnements ; et je juge, par cette raison, qu'avant d'en chercher d'autres on essaya de les employer à cet usage. Il est naturel aux hommes de s'en tenir longtemps aux inventions dont ils se sont fait une habitude : il leur est même naturel de se refuser d'abord à de plus commodes.

On conçoit comment avec des cailloux, auxquels on ajouterait ou dont on retrancherait des quantités exprimées avec d'autres cailloux, on pourrait traduire dans une équation fondamentale les données d'un problème ; on conçoit encore comment, cette équation étant trouvée, on en exprimerait avec des cailloux toutes les transformations. Il n'y a qu'à imaginer des cailloux à la place des noms que nous avons employés. Peut-être aura-t-on distingué les cailloux par la forme, peut-être par la situation respective, peut-être par l'une et par l'autre : il est inutile de se perdre ici en conjectures. Mais je pense qu'on a eu occasion de résoudre des problèmes par cette voie, longtemps avant l'invention des caractères.

Lorsque, dans la suite, l'usage de quelques caractères, tels que ceux de l'alphabet, se fut introduit, on imagina vraisemblablement de s'en servir pour distinguer les cailloux ; et en conséquence on en grava sur chacun. On dit donc le caillou a, le caillou b, le caillou c : bientôt, pour abréger, on dit simplement a, b, c ; et de la sorte ayant substitué naturellement, et sans l'avoir projeté, des lettres aux cailloux, on vit qu'on pouvait résoudre des problèmes avec des caractères fort simples. Il ne resta plus qu'à substituer aux mots *plus, moins, identité*, des signes équivalents à ceux que nous avons employés. Voilà l'algèbre qui commence : si nous l'appliquons à notre problème, nous jugerons de sa simplicité.

Soit donc $a = $ *cent quinze*, $b = $ *cent quatre-vingts*, $c = $ *huit cent quatre-vingt-dix*, et nommons x l'inconnu, que je suppose être la petite part. Avec ses expressions nous écrirons l'équation fondamentale, $x + x + a + x + a + b = c$. Si nous réduisons le premier membre, elle devient *trois x + deux a + b = c* ; et elle devient *trois x = c — deux a — b*, si nous faisons passer toutes les connues du même côté : enfin lorsque nous divisons par *trois*, nous arrivons à l'équation finale, $x = \frac{c - deux\ a - b}{trois}$; substituez maintenant aux lettres a, b, c, les quantités qu'elles expriment, et vous aurez la valeur de la part x.

En substituant les lettres aux noms, on ne voulait que simplifier les raisonnements ; et on a trouvé plus qu'on ne cherchait, je veux dire, la solution de plusieurs problèmes dans la solution d'un seul. Car $x = \frac{c - deux\ a - b}{trois}$ est une expression générale qui résout tous les problèmes semblables, parce que a, b, c, peuvent exprimer toutes sortes de nombres. Nous en traiterons ailleurs.

CHAPITRE XV.

DE L'INVENTION DES CARACTÈRES DE LA NUMÉRA-
TION OU DE L'INVENTION DES CHIFFRES.

C'est la simplicité qui donne du prix à tout. Le
génie même n'est qu'un esprit simple, fort simple,
quoiqu'on ne s'en doute pas. Aussi est-il rare que
nous cherchions la simplicité. Lorsqu'on nous la
montre, nous sommes tout étonnés qu'on n'ait pas
commencé par elle, et cependant ce n'est jamais par
elle que nous commençons. L'ignorance complique
tout. Or, je distingue deux sortes d'ignorance, celle
des siècles barbares, et celle des siècles polis.

L'ignorance des siècles barbares est un état de
stupidité, où l'homme, incapable de s'instruire par
sa propre expérience, sans règles, sans invention,
sans arts, n'est mu que par ses préjugés, et ne sait
pas observer les causes qui le meuvent. Combien de
peuples paraissent condamnés à croupir dans cette
ignorance! combien de temps il a fallu pour nous en
arracher nous-mêmes, en quelque sorte malgré nous!
Enfin nous en sommes sortis, et nous voilà dans
l'ignorance des siècles polis, ou moins stupides;
nous le sommes encore à bien des égards.

En effet, si nous avons des connaissances, nous ignorons comment nous les avons acquises : nous n'en savons observer ni les commencements, ni les moyens ; et nous aimons mieux nous croire des génies inspirés, que de bons esprits qui s'instruisent naturellement par l'observation et par l'expérience. Dans nos siècles de barbarie, rien ne nous étonnait : dans nos siècles polis, nous nous étonnons nous-mêmes, et nous voulons étonner les autres.

Cependant la manie de se singulariser dénature les meilleurs esprits, parce que plus on s'écarte de la simplicité, plus on s'écarte du vrai : les règles alors nous paraissent des entraves ; nous n'en voulons point, et nous faisons comme si nous n'en avions pas.

Il semble donc que nous voulions tout ramener à ces temps grossiers, où les hommes n'avaient, pour se conduire, que des usages qui les égaraient. Nous ne voyons pas que les lumières n'ont pu se répandre, qu'autant que nous nous sommes fait des méthodes pour observer, pour parler, pour écrire, pour raisonner. Nous aimons mieux nous représenter les sciences comme une carrière qu'on a franchie au moment qu'on se présente à la barrière : car, d'après cette façon de penser, nous nous croyons instruits, sans avoir fait des études ; et c'est là le dernier terme de l'ignorance des siècles polis.

Ce n'est pas à nous à courir dans la carrière des sciences : nous sommes bien plutôt faits pour nous y traîner, comme des enfants qui apprennent à marcher, et dont les mains ont continuellement besoin d'un appui. Je préviens donc que je continuerai d'être simple, jusque-là que je marcherai, s'il le faut, avec les mains.

Si, comme je l'ai prouvé ailleurs, les langues sont autant de méthodes analytiques, la plus grande simplicité en ferait la plus grande perfection ; et nous allons voir qu'avec cette simplicité elles nous mettraient naturellement dans le chemin des découvertes.

Dans la numération, les différents ordres d'unités forment une progression décuple, c'est-à-dire, une progression où chaque ordre contient dix fois celui qui le précède immédiatement ; *dix* est décuple d'*un* ; *cent*, de *dix*, etc.

Supposons une langue formée sur ce modèle, et dans laquelle par conséquent les dénominations données aux nombres marquent cette progression décuple aussi sensiblement que la numération même. Il faudra pour cela que, dans cette langue, après avoir dit *dix plus neuf*, on dise *deux dix* ; qu'après avoir dit *deux dix plus neuf*, on dise *trois dix*, et ainsi de suite.

Il est vraisemblable, comme je l'ai déjà dit, que cette langue a existé. En effet, quand on commençait à compter avec des noms, il était naturel de suivre, dans ce langage, la même analogie qu'on avait suivie dans la numération avec les doigts. Cette analogie pouvait seule guider des hommes qui parlaient pour être entendus ; et ce n'était pas pour eux une chose arbitraire de s'en écarter, ou de s'y conformer.

Si le peuple qui parle cette langue empruntait pour le calcul les caractères d'un peuple dont la langue, toute différente, n'aurait pas la même simplicité, alors il sentirait d'autant moins cette analogie, que les caractères qu'il aurait adoptés lui seraient plus étrangers. L'art de calculer deviendrait pour lui une étude où il aurait tout à apprendre ; et il ferait bien

des efforts pour se familiariser avec une méthode
compliquée, tandis qu'il aurait pu lui-même en trouver une plus simple. Les nations s'éclairent, sans
doute, en se communiquant leurs connaissances :
elles s'éclaireraient mieux encore, si, au lieu d'a-
dopter le même langage dans les sciences et dans les
arts, chacune s'en faisait un d'après l'analogie de sa
langue. Des mots étrangers sont souvent mal entendus. Comme on en ignore la première acception,
on dispute sur ces mots en croyant disputer sur des
choses ; et on croit s'instruire, lorsqu'on ne se fait
que des idées fausses ou confuses. Voilà pourquoi
l'histoire de tous les siècles connus nous représente
les peuples dans un état pire que l'ignorance. Avant
ces siècles, il y a eu des temps, dont il ne reste aucune tradition, où l'homme était ignorant ; mais il
ne s'était pas fait encore un art de déraisonner, et la
nature pouvait au moins l'instruire, et elle l'instrui-
sait.

Je le répète : il faudrait que chaque peuple parlât
les arts et les sciences, comme il les aurait parlés
s'il les avait inventés lui-même. En effet, si le peuple
que nous supposons, au lieu d'emprunter pour le
calcul des caractères étrangers, en inventait lui-
même, il les imaginerait d'après l'analogie de sa langue, et par conséquent il les chercherait dans l'analogie même de la numération. Voyant alors que,
pour exprimer *dix*, il lui suffit de fermer le petit doigt
et de tenir ouvert le doigt suivant, il s'apercevrait
que, pour exprimer le même nombre avec des caractères, il n'a qu'à copier ceux que sa main lui offre.
Il représenterait donc un doigt ouvert par 1 ; 0, que
nous nommons *zéro*, représenterait un doigt fermé ;
et ces deux caractères, employés comme on le voit

ici, 10, signifieraient *dix*. Alors il y aurait la plus grande analogie entre la numération avec les caractères et la numération avec les doigts, puisque l'une serait la copie de l'autre, et que, dans toutes deux, les nombres croîtraient également en progression décuple : 1, 10, 100, un, dix, cent.

• Cette découverte s'offrait d'elle-même, et elle ne demandait pas de grandes recherches, puisqu'il suffisait d'observer comment on comptait avec les noms et avec les doigts. Mais aujourd'hui que nos langues nous cachent le commencement de tout, et qu'elles ne nous apprennent qu'à déraisonner, nous sommes étonnés qu'on l'ait faite ; et nous admirons d'autant plus les inventeurs, que nous croyons valoir davantage quand nous faisons connaître que nous sentons ce qu'ils valent.

Nous tenons des Arabes, les Arabes des Indiens, et peut-être les Indiens de quelque autre peuple, les dix caractères 1, 2, 3, 4, 5, 6, 7, 8, 9, 0, un, deux, trois, quatre, cinq, six, sept, huit, neuf, zéro. Sans doute ils auront été tracés, en combinant différemment le signe de l'unité 1 ; mais leur première forme ne subsiste plus.

Ces caractères se nomment *chiffres*, et l'art de les employer au calcul se nomme *arithmétique*. Ils doivent à leur simplicité des avantages que l'usage nous apprendra. Il suffit de remarquer ici qu'ils ont sur les cailloux celui de hâter les opérations, qui étaient retardées par la nécessité de compter combien il y avait de cailloux dans chaque rang.

Tout le monde connaît les caractères romains, et chacun peut éprouver combien ils sont peu commodes. C'est qu'ils n'ont pas assez d'analogie avec la manière dont se fait la numération. Il semble que

quand on les a imaginés, on cherchait moins des signes pour compter, que des abréviations pour exprimer des comptes faits.

Les Grecs calculaient avec les lettres de leur
alphabet, et ils les employaient de trois manières :
c'est une preuve qu'ils n'ont pas connu la meilleure ; ils s'y seraient tenus, et n'en auraient eu
qu'une.

Les Grecs et les Romains croyaient, comme nous,
aux génies inspirés. Voilà pourquoi les Romains
n'ont rien trouvé ; et que les Grecs, qui étaient
faits pour inventer, ont laissé des découvertes à
faire.

Les langues primitives, quoique bornées, étaient
mieux faites que les nôtres ; et elles avaient l'avantage de montrer sensiblement le commencement et
la génération des connaissances acquises. Elles met-
taient donc sur la voie de l'invention. Les peuples
inventeurs, en réfléchissant sur leurs langues,
voyaient dans l'analogie comment ils s'étaient instruits, et comment ils pouvaient s'instruire encore.
Mais où et quand ont existé ces peuples ?

L'arithmétique dont nous nous servons n'est pas
fort ancienne en Europe : elle n'y est connue que
depuis la fin du dixième siècle. Les Européens
n'étaient pas capables de faire cette découverte,
parce qu'en aucun temps, les langues qu'ils ont par-
lées ne les y conduisaient.

Il faut donc, pour inventer les meilleures méthodes,
que la langue qu'on parle soit une bonne méthode
elle-même ; ou du moins il en faut connaître les dé-
fauts, et savoir y suppléer : c'est à quoi l'on ne réussira qu'avec le secours d'une excellente métaphysique. Mais malheureusement, quand les langues sont

compliquées, la métaphysique se complique : et cependant la plus grande simplicité, à laquelle si peu
d'esprits sont capables d'atteindre, en faisait toute
la perfection, comme elle en fait toute la difficulté.

CHAPITRE XVI.

OBSERVATIONS SUR LES MÉTHODES QUE NOUS AVONS TROUVÉES.

Je l'ai déjà répété, et je le répéterai encore, c'est
· la nature qui est notre premier maître. D'où je con-
clurai que l'unique moyen d'inventer est de faire
comme elle nous apprend à faire.

La première méthode du calcul est dans les doigts
de nos mains : toutes les autres méthodes viennent
de celle-là ; ou plutôt elles ne sont que cette première
méthode, qui se transforme pour devenir successivement chacune d'elles. Car, si les signes changent,
l'analyse est toujours la même, et elle se fait avec
des chiffres et avec des lettres, comme elle se fait
avec les doigts. Mais, parce que les signes différents
ont été trouvés dans des temps différents, on traite
les méthodes qui se font avec différents signes, comme
si elles étaient autant de méthodes tout à fait différentes. On ne voit donc plus d'analogie entre elles,
et voilà pourquoi nos livres élémentaires paraissent
si souvent faits de pièces et de morceaux.

En effet, quand on ne voit pas cette transformation
dont je parle, chaque méthode nouvelle paraît plus

nouvelle qu'elle ne l'est. On la traite donc avec de nouveaux principes : on nous force à faire des études qui ont à peine quelques rapports avec celles que nous avons faites; et nous ne trouvons tant de difficultés à nous instruire, que parce que les maîtres en trouvent beaucoup à se faire entendre.

Alors, jugeant des méthodes par les efforts que nous faisons pour les comprendre, nous nous imaginons que les inventeurs ont fait de grands efforts eux-mêmes, et qu'ils ont eu une métaphysique fine, subtile, à laquelle il est bien difficile d'atteindre. Nous nous trompons : ils en avaient une meilleure. Elle était simple, aussi simple que celle que nous avons employée; et elle ne demandait point d'efforts, parce que la bonne métaphysique n'en demande pas. Elle ne vous apprend que ce que vous faites naturellement; et vous la sauriez mieux que Locke, si vous saviez vous observer.

Si, pour découvrir la métaphysique du calcul, j'ai commencé par observer comment nous calculons avec les doigts, c'est que j'ai pensé que le germe de la métaphysique des inventeurs est là, ne peut être que là; et c'est avec la confiance que me donne cette vérité, que j'ai osé entreprendre de les suivre dans leurs découvertes, et de les refaire d'après eux. Cette entreprise, dans laquelle je me suis engagé lorsque je n'avais encore aucune connaissance de l'algèbre, paraîtra sans doute téméraire de ma part : mais je prie le lecteur de suspendre son jugement, et d'observer la marche que je tiendrai.

Parce que nous avons dix doigts, nous comptons par dixaines. Un peuple qui en aurait six à chaque main compterait par douzaines; et il compterait par vingtaines, si à chaque main il avait dix doigts. On peut faire à ce sujet tout autant de suppositions qu'on voudra.

Mais, quelques suppositions qu'on fasse, les méthodes de calcul, toujours les mêmes au fond, ne paraîtront différentes qu'à ceux qui les observeront superficiellement. Qu'importe en effet de compter par dixaines, par douzaines, par vingtaines, si toujours, d'après les mêmes règles, on fait les mêmes opérations? Tout l'art consiste à ouvrir et à fermer les doigts dans différents ordres, ce qui s'exécute de la même manière, quel qu'en soit le nombre.

Aux doigts on substitue d'autres signes, qui étant plus simples les uns que les autres, portent la méthode à différents degrés de simplicité. Or, en considérant la méthode par rapport à ces degrés, on en distingue d'autant d'espèces, qu'on imagine de moyens propres à la simplifier de plus en plus : mais il faut toujours se souvenir que ces espèces ne sont, dans le principe, qu'une seule et même méthode.

L'invention de ces moyens, voilà donc ce qui fait toute la perfection des méthodes. Or comment les inventer? Je réponds que nous irons du connu à l'inconnu, comme nous allons dans toutes les découvertes que nous sommes capables de faire. C'est ainsi que se sont conduits les inventeurs. Ils peuvent nous cacher le chemin qu'ils ont tenu; il se peut aussi qu'ils l'aient quelquefois suivi à leur insu ; mais il n'y en a pas deux : ainsi, soit qu'ils le cachent, soit qu'ils ne sachent pas le montrer, ils ont tous suivi le même.

Donc, si nous savons observer, nous apprendrons, comme eux, à simplifier; et, en simplifiant, nous arriverons de proche en proche aux découvertes les plus éloignées. Car, et je l'ai déjà dit, l'analogie qui fait les langues, fait les méthodes; et la méthode d'invention ne peut être que l'analogie même. Il est donc évident que les moyens que la nature nous a donnés, étant les premiers connus, doivent nécessairement conduire à tous ceux qu'on a inventés, si nous raisonnons, pour trouver ceux que nous ne connaissons pas encore, comme nous avons fait pour trouver ceux que nous connaissons. Mais ce qui est bien capable de nous arrêter, c'est que nous sommes assez ignorants ou assez vains pour nous flatter, et surtout pour vouloir faire penser que nous arrivons aux découvertes en franchissant de grands intervalles; et cependant il faudrait, avec plus de jugement, avoir l'humilité de croire et de laisser croire que notre esprit ne franchit jamais rien.

Toutes les méthodes ont donc été trouvées de la même manière. La dernière qu'on découvre, nous approche d'une autre qui est à découvrir; et, par l'analogie qui est entre elles, il semble qu'on ne voie dans toutes qu'une main, dont les doigts s'ouvrent et se ferment.

On n'aura de la peine à saisir cette vérité, que parce qu'en général nous ne connaissons pas assez notre esprit. Nous n'en savons pas apprécier les forces, et nous ne nous doutons pas des moyens qui peuvent les accroître. Ce dont nous aurions surtout besoin, c'est une méthode qui nous apprît à le régler. Alors il me semble que tout ce qui nous serait possible nous deviendrait facile. Faut-il s'étonner qu'avec des télescopes on ait découvert les satellites de Jupiter? Or une bonne méthode est un télescope, avec lequel on voit ce qui échappait à l'œil nu. Voilà à quoi les inventeurs doivent tout; et c'est propre-

ment la méthode qui invente, comme ce sont les télescopes qui découvrent.

Les géomètres penseront sans doute que j'ai fait
commencer beaucoup trop tôt l'analyse et l'algèbre;
mais il est certain qu'ils les font commencer eux-
mêmes beaucoup trop tard. Ils regardent communément comme inventeurs de ces méthodes ceux qui
les premiers en ont donné des traités. Il serait tout
aussi raisonnable de penser que les premiers grammairiens ont été les inventeurs des langues.

Quoique les hommes raisonnent communément
assez mal, il faut convenir que, dans le temps même
de la plus grande ignorance, ils faisaient quelquefois
de bons raisonnements ; et, à l'origine des premières
sociétés, ils ont mieux raisonné que nous ne faisons
aujourd'hui. Premièrement, ils avaient le plus grand
intérêt à ne pas se tromper, parce que les connaissances dont ils avaient besoin, étaient pour eux de
la première nécessité. En second lieu, tout, jusqu'à
leur ignorance, leur faisait sentir que l'observation
pouvait seule leur donner ces connaissances ; et s'il
leur arrivait d'avoir observé superficiellement, l'expérience, qui les avertissait bientôt de leurs erreurs,
les ramenait à de nouvelles observations, et les for-
mait peu à peu dans l'art de raisonner. Ils apprenaient donc à résoudre des questions, et par conséquent ils apprenaient l'analyse.

Mais, dira-t-on, cela peut être vrai d'une analyse
métaphysique, et il s'agit ici d'une analyse mathématique. Je réponds que je ne connais qu'une seule
analyse ; et que je ne sais pas ce qu'on veut dire,
quand on en distingue de plusieurs espèces.

A la vérité le métaphysicien et le mathématicien
ne tiennent pas le même langage, lorsqu'ils ana-

lysent; et, parce qu'ils ne tiennent pas le même langage, on a cru qu'ils ne font pas la même chose.

Il y a, comme nous l'avons vu, deux procédés dans l'analyse mathématique : par le premier, on raisonne sur les conditions d'un problème ; on n'en oublie aucune, et on le traduit dans l'expression la plus simple : par le second, on va d'équation en équation jusqu'à la solution qu'on cherche.

Il y a également deux procédés dans l'analyse métaphysique : par le premier, on établit l'état de la question ; c'est-à-dire, en d'autres termes, qu'on raisonne sur les conditions, qu'on n'en oublie aucune, et qu'on les traduit dans l'expression la plus simple : par le second, on va de proposition identique en proposition identique jusqu'à la conclusion qui résout la question ; ce qui est encore, en d'autres termes, aller d'équation identique en équation identique jusqu'à l'équation finale.

L'analyse métaphysique et l'analyse mathématique sont donc précisément la même chose, et par conséquent elles ne sont qu'une seule et même analyse. Seulement il faut remarquer que, par la nature des idées, ou plutôt par la nature de nos langues qui, sur toute autre chose que les nombres, ne nous donnent que des notions mal déterminées, l'analyse est infiniment plus difficile en métaphysique qu'en mathématique. Mais, enfin, dans l'une et l'autre science, on fait la même chose toutes les fois qu'on analyse, si l'on analyse bien.

L'analyse est donc aussi ancienne que les commencements de l'art de raisonner : elle remonte à nos premières connaissances ; et, à proprement parler, elle n'a point eu d'inventeur, parce que c'est la nature qui nous en a donné les premières leçons.

Nous ne pouvons pas même douter qu'on ne l'ait appliquée de bonne heure à des questions purement mathématiques : car de pareilles questions s'offraient d'elles-mêmes parmi des citoyens qui avaient des intérêts à régler. Mais, parce qu'alors elle ne se faisait pas encore avec des signes algébriques, et qu'en mathématiques, comme en métaphysique, elle ne pouvait se faire qu'avec des phrases de mots ; les géomètres ne voient point d'analyse dans ces temps reculés, où ils ne voient point d'algèbre ; et l'on n'en sera pas étonné, si l'on considère qu'ils confondent volontiers ces deux choses.

Il est donc démontré que je n'ai pu faire commencer l'analyse trot tôt. L'algèbre est sans doute postérieure : cependant je la crois plus ancienne qu'on ne pense. On a dû la chercher aussitôt que des questions trop compliquées ont fait sentir le besoin de substituer, à de longues phrases, des signes simples, et propres par leur indétermination à exprimer des quantités de toute espèce. Si l'analyse n'a point eu d'inventeurs, l'algèbre en a eu plusieurs à la fois, ou en différents temps : mais parce que chacun d'eux faisait un mystère de sa méthode, il est arrivé que l'algèbre a paru récente, quoique les algébristes fussent anciens. Il ne faut donc pas croire qu'elle n'ait commencé que lorsque des traités l'ont rendue publique.

Il est vrai que c'est ainsi que nous l'avons connue, parce que nous l'avons apprise des Arabes, et que, si nous l'avons perfectionnée, nous ne l'avons pas inventée. Il paraît que, parmi les philosophes grecs, quelques-uns ne l'ignoraient pas. Ils pouvaient l'avoir trouvée, comme il est vraisemblable qu'on l'avait trouvée avant eux ; mais ils ne l'ont pas enseignée publiquement.

Au reste, l'algèbre a été dans tous les temps ce qu'elle est aujourd'hui ; je veux dire, l'art de substituer dans le calcul des signes indéterminés à de longues phrases : il ne peut pas y en avoir deux. Il est vrai que les opérations peuvent se faire avec des signes différents : mais la différence des caractères ne fait rien à la chose, c'est leur indétermination qui constitue l'algèbre.

J'ai supposé qu'on a tout à coup désigné par de pareils caractères les connues comme les inconnues, et cependant cet usage est tout-à-fait nouveau parmi nous. Mais il faut remarquer que la méthode d'invention a une marche plus rapide que les inventeurs. Pour en juger, il ne faut pas observer comment on a fait une découverte, il faut plutôt observer comment on a pu la faire. Or, dès qu'on a vu qu'on qu'on se débarrassait de longues phrases en désignant les inconnues par des signes simples, on a pu remarquer aussitôt, quoique peut-être on l'ait fait plus tard, qu'on se débarrasserait d'autres phrases encore, si l'on désignait toutes les connues par de pareils signes ; et je le suppose, parce que l'analogie conduisait naturellement de l'un à l'autre. On trouvait même dans ce nouvel usage un avantage qu'on pouvait n'avoir pas prévu : c'est qu'un seul problème résolu donnait la solution de tous les problèmes semblables.

J'ai supposé encore qu'on a su de bonne heure exprimer avec les doigts des unités de différents ordres ; et je l'ai supposé, parce que l'analogie y conduit d'elle-même. Car dès que nos dix doigts nous font contracter l'habitude de compter par dixaines, tout aussitôt ils nous font remarquer des unités de différents ordres. Or, puisque nous n'avons compté

jusqu'à dix, que parce que chaque doigt a été le signe d'une unité simple, pourquoi, lorsque nous connaissons des unités de différents ordres, chaque
doigt ne deviendrait il pas le signe d'une unité différente? pourquoi n'imaginerais-je pas d'exprimer
avec le petit doigt des unités simples, avec le suivant des unités de dixaine, et ainsi de suite? L'une
de ces inventions ne mène-t-elle pas à l'autre? Au
moins ne niera-t-on pas qu'on ait pu commencer
ainsi. Cela me suffit, et je suis en droit de le supposer : car il m'importe bien moins de connaître le
plus long chemin qu'ont pris les inventeurs, que le
plus court qu'ils auraient pu prendre.

Si les inventeurs observaient comment ils ont fait
·des découvertes, ils sauraient comment ils en peuvent faire encore. Alors ils verraient que, lorsque
l'analogie les conduit, elle les conduit bien, et que
par conséquent c'est à elle seule à les conduire.
Mais lorsqu'ils n'ont pas assez étudié cette analogie,
s'ils la suivent, c'est souvent à leur insu, et dès-lors
il est naturel qu'ils ne la suivent pas toujours. Voilà
pourquoi, après avoir avancé comme à pas de géant,
on les voit s'arrêter tout à coup, laisser échapper
des découvertes faciles, ou s'égarer dans des détours
longs et fatigants.

C'est à l'analogie à nous découvrir toutes les méthodes qu'il est possible d'inventer ; et c'est à quoi
nous ne réussirons, qu'autant que nous passerons
d'une méthode analogue à une méthode analogue,
sans nous piquer jamais d'en franchir aucune.

Or si les opérations, quand on calcule, se font sur
les idées, ce sera dans l'analogie des idées mêmes qu'il
faudra chercher les méthodes : au contraire, il faudra
chercher les méthodes dans l'analogie des signes,

si c'est sur les signes que se font les opérations.

Mais j'ai fait voir que les opérations ne se font que sur les signes ; et l'algèbre en est une preuve bien évidente. En effet qu'on nous donne une équation, telle que $x + a - b = c$; nous la transformerons, sans avoir besoin de savoir ce que signifient les lettres dont elle est formée. Si nous le savons, nous n'y penserons pas ; et ce ne sera qu'après l'opération faite que nous substituerons aux lettres leurs valeurs. Voilà pourquoi j'ai dit que toutes ces opérations sont purement mécaniques.

Il en est de même lorsque le calcul se fait avec des chiffres. Il est vrai qu'alors nous croyons, avec fondement, opérer sur autre chose que les chiffres, parce qu'en effet nous opérons en même temps sur les noms que nous avons donnés aux nombres, et auxquels nous sommes dans l'habitude de penser ; mais ces noms, comme les chiffres, ne sont que des signes.

Sans doute que, lorsque nous avons opéré sur les signes, nous avons les mêmes résultats que si nous avions opéré sur les idées mêmes ; et voilà ce qui nous fait illusion. Mais, en arithmétique comme en algèbre, nous ne pensons aux idées qu'après que le calcul est achevé. Qu'on me propose, par exemple, de partager cent livres entre dix ouvriers. Que diviserai-je ? Cent livres par dix ouvriers ? Que signifierait ce langage, *diviser des livres par des ouvriers ?* Cependant je ne me représente ici l'idée de *cent* que dans cent livres, et l'idée de *dix* que dans dix ouvriers ; et par conséquent, lorsque pour diviser je laisse les ouvriers et les livres, il ne me reste plus que les mots *cent* et *dix*. Il est vrai que, parce que ces mots sont des signes généraux, nous les appelons par extensions *idées générales* ; et cela prouve

que ce ne sont proprement que des signes. Il est
donc démontré qu'avec quelques signes que se fassent les calculs, les opérations en sont toujours mécaniques.

On concluera peut-être, et on croira me faire une
objection, que les idées générales de la métaphysique ne sont pas proprement des idées, qu'elles ne
sont que des signes, et que par conséquent les raisonnements d'un métaphysicien sont des opérations
mécaniques, comme les calculs d'un mathématicien.
Cela est vrai : personne n'est plus convaincu de cette
vérité que mon expérience me confirme tous les
jours. Je sens que, lorsque je raisonne, les mots sont
pour moi ce que sont les chiffres ou les lettres pour
un mathématicien qui calcule ; et que je suis assu-
jetti à suivre mécaniquement des règles pour parler
et pour raisonner, comme il l'est lui-même à faire
l'équation $x = b - a$, quand il a fait l'équation
$x + a = b$. Quant aux métaphysiciens qui croient
raisonner autrement, je leur accorderai volontiers
que leurs opérations ne sont pas mécaniques : mais
il faudra qu'ils conviennent avec moi qu'ils raisonnent sans règles.

Qu'on emploie à la solution d'un problème mathé-
mathique des signes algébriques, ou des mots, l'opération est toujours la même. Or, si l'opération est
mécanique dans un cas, pourquoi ne le serait-elle
pas dans l'autre? et pourquoi ne le serait-elle pas encore, lorsqu'on résout une question métaphysique?

Certainement calculer c'est raisonner, et raisonner
c'est calculer : si ce sont là deux noms, ce ne sont
pas deux opérations. Avec des signes algébriques,
le calcul et le raisonnement ne demandent presque
point de mémoire : les signes sont sous les yeux,

l'esprit conduit la plume, et la solution se trouve mécaniquement.

Lorsque les raisonnements et les calculs se font avec des mots, c'est alors surtout que la mémoire devient nécessaire; et souvent nous n'en avons pas assez. Elle ne peut offrir à la fois et distinctement tous les signes sur lesquels nous avons à opérer : elle ne les retrace que l'un après l'autre, avec plus ou moins d'efforts, suivant que les raisonnements ou les calculs sont plus ou moins compliqués; et, parce que nous faisons nous-mêmes ces efforts, nous croyons sentir que notre esprit se conduit comme il lui plaît, et nous ne sentons pas qu'il est conduit. Cependant il ne fait bien, qu'autant qu'il obéit aux lois que la nature lui prescrit.

En effet, que la mémoire retrace une longue suite d'idées, ou que l'algèbre les mette à la fois sous les yeux; raisonner, comme calculer, c'est toujours conduire son esprit d'après des méthodes données, d'après des méthodes qu'il n'est pas arbitraire de suivre ou de ne pas suivre, et par conséquent d'après des méthodes mécaniques. Voilà ce que nous ignorons : on dirait que nous voulons avoir la liberté de juger, à notre choix, qu'une chose n'est pas ; et nous n'abusons jamais plus de notre libre arbitre, que lorsque nous croyons raisonner. Nous n'en abuserions jamais, si nous raisonnions toujours bien.

J'ai traité ce premier livre en grammairien, parce que l'algèbre n'est qu'une langue; et les bons géomètres m'approuveront sans doute. Je pense encore qu'on reconnaîtra que les langues ne sont que des méthodes analytiques plus ou moins parfaites; et que, si elles étaient portées à la plus grande perfection, les sciences parfaitement analysées seraient

parfaitement connues de ceux qui en parleraient
bien les langues. Créer une science n'est donc autre
chose que faire une langue; et étudier une science
n'est autre chose qu'apprendre une langue bien faite.
La lecture de cet ouvrage convaincra sensiblement
de cette vérité : car on verra les mathématiques se
former, à mesure que la langue se formera elle-
même. Ce premier livre, où elle commence, suffirait
pour en convaincre.

En effet, ayant considéré une main dont les doigts
s'ouvrent et se ferment successivement, nous avons
substitué à ce langage les noms de *numération* et de
dénumération.

A ceux-ci nous avons substitué ceux d'*addition* et
de *soustraction*, de *multiplication* et de *division:* opérations qui sont, au fond, les mêmes que les deux premières, qui n'en diffèrent que par les différentes vues
de l'esprit.

Lorsque nous avons expliqué la formation des
puissances, l'extraction des racines, le calcul des
fractions, les propriétés des proportions et des progressions, les évaluations, nous n'avons fait que
changer de langage pour traiter, sous de nouvelles
vues, de l'addition et de la soustraction, de la multiplication et de la division.

Les noms de *produit, multiplicande, multiplicateur,*
que nous avions employés dans les multiplications,
ont été changés, dans la division, en ceux de *dividende, diviseur* et *quotient.*

Dans les fractions, le dividende est devenu un *numérateur,* et le diviseur un *dénominateur.*

Enfin, dans les proportions et progressions géométriques, le numérateur et le dénominateur sont
devenus eux-mêmes l'*antécédent* et le *conséquent,* et

le quotient est devenu la *raison*. C'est ainsi que l'art du calcul commence à se former, et on juge qu'il doit s'achever avec la langue.

Ce que nous avons observé jusqu'à présent suffit pour faire comprendre que la perfection de cette langue consiste dans la plus grande simplicité. C'est l'analogie qui nous conduit d'un langage à un autre, et elle ne nous y conduit que parce que le nouveau que nous adoptons dit au fond la même chose que l'ancien auquel nous le substituons. De même elle ne nous conduit de méthode en méthode, que parce que chacune est dans celle qui la précède, et qu'elles sont toutes dans le calcul avec les doigts. Pour en découvrir de nouvelles, nous n'aurons donc qu'à observer celles que nous avons déjà trouvées.

Ainsi le commencement de toutes les connaissances que nous pouvons acquérir est dans les notions les plus communes. C'est là que se trouve tout ce que les métaphysiciens et les mathématiciens ont découvert, et tout ce qu'ils découvriront. Ils commencent avec l'ignorance de tout le monde ; mais ils ne parlent pas comme tout le monde, et, par cette raison, ils voient ce que tout le monde ne voit pas. Voilà toute la différence entre l'ignorant et l'homme instruit ; et un philosophe serait bien savant, s'il voyait tout ce qui est dans les notions communes.

FIN DU LIVRE PREMIER.

9.

LIVRE SECOND

**Des opérations du Calcul avec les chiffres et
avec les lettres.**

CHAPITRE PREMIER.

L'ANALOGIE CONSIDÉRÉE COMME MÉTHODE D'INVENTION.

J'ai déjà observé que la méthode d'invention n'est
autre chose que l'analogie même. La méthode pour
inventer est donc la même que pour raisonner et
pour parler. Voilà le principe auquel je réduis tous
ces arts, et il est évident qu'il ne sera pas possible
d'en trouver un plus simple. Il peut paraître neuf à
tout le monde, il peut même paraître extraordinaire
ou inconcevable à bien des lecteurs : cependant je
ne l'ai point imaginé, je l'ai trouvé comme on trouve
souvent ce qu'on ne cherche pas. Ce principe a toujours été en nous : la nature l'y avait mis ; et nous
l'aurions remarqué plus tôt, si nous avions su nous

observer. Mais nous faisons les langues et les sciences sans savoir comment nous parlons, ni comment nous raisonnons : nous faisons tout à notre insu, et il semble que la méthode d'invention ne soit pas même connue des inventeurs.

Inventer, dit-on, *c'est trouver quelque chose de nouveau par la force de son imagination.* Cette définition est tout à fait mauvaise. Vous vous en convaincrez, si vous lisez cet ouvrage, où les découvertes se feront sans imagination. Quand on sait chercher, on sait où l'on trouvera, et l'on trouve sans efforts : quand on ne sait pas chercher, on fait d'autant plus d'efforts, qu'on en fait beaucoup inutilement; et si on trouve, c'est par hasard. Mais parce que nous croyons avoir une grande force d'imagination quand nous expliquons mal les découvertes les plus simples, nous en concluons qu'il a fallu une grande force d'imagination pour faire ces découvertes.

Nous sommes dans le préjugé que cette force prétendue est le partage des hommes de génie, et par cette raison nous avons la manie de vouloir qu'on nous croie de l'imagination. Un géomètre vous dira que Newton devait avoir autant d'imagination que Corneille, puisqu'il avait autant de génie; il ne voit pas que Corneille n'avait du génie lui-même que parce qu'il analysait aussi bien que Newton. L'analyse fait les poëtes, comme elle fait les mathématiciens; et quoiqu'elle leur fasse parler des langues différentes, elle est toujours la même méthode. En effet le sujet d'un drame étant donné, trouver le plan, les caractères, leur langage, sont autant de problèmes à résoudre, et tout problème se résout par l'analyse.

Qu'est-ce donc que le génie? Un esprit simple qui

trouve ce que personne n'a su trouver avant lui. La nature, qui nous met tous dans le chemin des découvertes, semble veiller sur lui pour qu'il ne s'en écarte jamais. Il commence par le commencement, et il va devant lui. Voilà tout son art; art simple, que par cette raison l'on ne lui dérobera pas.

Si les découvertes que nous jugeons difficiles nous paraissent autant de mystères, c'est que nous sommes stupides quand nous admirons; et, parce que dans notre stupidité nous ne nous faisons point d'idées, ou que nous ne nous en faisons que de bien confuses, nous n'imaginons pas que les découvertes les plus difficiles se font de la même manière que les plus faciles. En nous exagérant les obstacles que les inventeurs ont surmontés, il nous semble que nous les surmontons nous-mêmes. Nous croyons donc participer à leur génie, et nous les admirons pour nous faire admirer.

Voilà pourquoi on définit si mal le mot *inventer*, qui, si nous savions nous rendre compte de ce que nous voulons dire, n'aurait pas pour nous d'autre signification que le mot *trouver*. Mais, comme Dieu n'a créé le monde que parce qu'il ne l'a pas trouvé tout fait, nous voudrions nous persuader que les inventeurs n'ont rien trouvé, et qu'ils ont tout créé. Eux-mêmes ils nous le laissent croire, quoiqu'ils sachent bien que d'ordinaire ils n'inventent ou ne trouvent que ce qui leur tombe sous la main. Ils ont l'avantage d'avoir appris à conduire leur vue avec méthode : ils ne regardent pas au hasard, ils analysent, et, par cette raison, ils voient les premiers ce que nous ne voyons qu'après eux. C'est là tout, et c'est quelque chose.

Imaginons une langue tout à fait arbitraire, en

sorte que l'analogie n'ait déterminé ni le choix des
mots, ni leurs différentes acceptions. Cette langue
serait un jargon que personne ne pourrait apprendre : on ne pourrait donc pas raisonner dans cette
langue, moins encore inventer.

Au contraire, une langue serait de la plus grande
facilité, si l'analogie, qui l'aurait seule formée, se
montrait toujours d'une manière sensible, pour ne
jamais échapper. On raisonnerait donc comme la nature nous apprend à raisonner, et on irait sans efforts
de découverte en découverte.

Aucune des langues vulgaires connues n'a cet
avantage, parce qu'elles ne sont toutes, à bien des
égards, que le débris de plusieurs langues qu'on ne
parle plus ; et le défaut d'analogie, qui les rend difficiles, les rend peu propres au raisonnement. Il ne
peut pas être facile de parler et de raisonner avec
des langues où l'analogie manque souvent, puisqu'il
ne serait pas possible de parler et de raisonner avec
une langue où l'analogie manquerait toujours.

Il y a un choix à faire entre les analogies, et on
n'a pas toujours bien choisi. D'ailleurs quand en
français on me fait parler anglais, allemand, italien,
latin, grec, celte, etc., quelque analogie qu'on suppose aux expressions dans les langues d'où elles
sont empruntées, elles n'en ont point dans la mienne,
à laquelle elles sont étrangères; et, si l'on considère que l'analogie manquait déjà souvent dans les
langues anciennes, on jugera qu'elle doit manquer
plus souvent dans les langues modernes : elles sont
donc toutes peu propres au raisonnement, à l'analyse, à l'invention.

Cependant elles ne sont pas absolument sans analogie, parce qu'aucune langue qui se parle, n'en peut

manquer tout à fait. C'est à cette analogie qu'elles doivent tous leurs progrès. C'est elle qui a fait les Pascal, les Racine, et tous les grands écrivains. Ils l'ont aperçue, et ils l'ont prise pour règle : voilà leur génie. L'analogie ne se borne donc pas à faire ? les langues : elle fait tous les bons esprits.

La langue des calculs a cet avantage, que l'analogie n'échappe plus dès qu'une fois on l'a saisie. Elle est donc la plus parfaite et la plus facile.

On peut distinguer, dans cette langue, quatre dialectes, puisque nous avons trouvé qu'elle se parle avec quatre espèces de signes, avec les doigts, avec des noms, avec des chiffres, avec les lettres de l'alphabet. Nous lui trouverons encore un cinquième dialecte.

La nature a fait celui qui se parle avec les doigts. Elle a déterminé à prendre un doigt pour le signe de l'unité, parce qu'un doigt est un, comme tout autre objet individuel. Or, dès que ce premier signe est deviné, tous les autres le sont. Car, si dans un doigt on a *un*, dans un doigt plus un doigt on a *deux*, dans deux doigts plus un doigt on a *trois*, etc.

Les doigts étant chacun le signe de l'unité, c'est une conséquence qu'ils deviennent les signes des unités de différents ordres. Ainsi le petit doigt ayant été pris pour le signe des unités simples, le doigt suivant sera le signe des unités de dixaine, le troisième des unités de centaine, etc. Voilà le modèle d'un langage donné par la nature : l'analogie des signes est sensible, et c'est d'après eux que nous en formerons de plus propres au calcul.

Dans le second dialecte, formé de noms et de phrases de nos langues, l'analogie n'est pas sensiblement l'analogie même de la numération, et c'est

en quoi pêche ce langage, comme nous l'avons remarqué.

Mais, dans les deux autres, l'analogie, toujours
telle qu'elle doit être, se montre toujours de la manière la plus sensible. Il sera donc également facile
d'apprendre l'un et l'autre.

Parce que, dans ces deux dialectes, les quantités
s'expriment avec des signes différents, c'est-à-dire,
des chiffres et des lettres, nous les distinguerons en
quantités arithmétiques et en quantités littérales.

CHAPITRE II

DE LA NUMÉRATION DES QUANTITÉS ARITHMÉ-
TIQUE, OU DES QUANTITÉS EXPRIMÉES AVEC DES
CHIFFRES.

Lorsqu'on étudie une langue, ce n'est pas pour
apprendre à parler, dans cette langue, des choses
qu'on ne sait pas. Il est vrai que c'est de celles-là
que nous aimons surtout à parler dans les langues
qui nous sont familières. Mais personne n'imaginera
de parler de ce qu'il ne sait pas, dans une langue
qu'il ignore, parce qu'heureusement cela n'est pas
possible.

Nous devons donc commencer par apprendre à
traduire, dans les deux dialectes que nous voulons
étudier, ce que nous avons appris dans les deux
autres. Par ce moyen nous les comparerons, nous
en jugerons mieux, nous nous familiariserons de
plus en plus avec les opérations que nous avons
faites, et nous continuerons d'aller du connu à l'inconnu.

Rien n'est plus simple que de traduire en chiffres
la numération : il suffit d'écrire les chiffres dans
l'ordre dans lequel les doigts sont disposés. Dans

le premier rang comme dans le petit doigt, nous mettrons les unités simples ; dans le second rang comme dans le doigt suivant, les unités de dixaines ; dans le troisième comme dans le doigt du milieu, les unités de centaine. 462, par exemple, signifiera quatre centaines, plus six dixaines, plus deux unités simples, quatre cent soixante-deux.

Je puis ajouter un quatrième rang, un cinquième, j'en puis ajouter sans fin ; et par conséquent il n'y aura point de nombre que je ne puisse exprimer. Voilà donc une numération parfaitement analogue à la numération avec les doigts ; et cependant elle est plus commode et d'un usage infiniment plus étendu.

Dans le système de notre numération décuple, chaque nombre peut contenir jusqu'à neuf unités simples, jusqu'à neuf unités de dixaines, jusqu'à neuf unités de centaines, etc. Mais une unité ajoutée à neuf dans un rang inférieur ferait passer, dans le rang supérieur, une unité de plus ; par exemple $999 + 1 = 1000$; car $9 + 1 = 10$, et ayant écrit 0 dans le premier rang, il me reste également pour le second $9 + 1 = 10$, et j'écris par conséquent encore 0 dans ce rang. Enfin pour le troisième $9 + 1 = 10$ donne encore 0, et ayant avancé 1 dans le quatrième, j'ai $1000 = 999 + 1$.

Qu'à l'unité de mille j'ajoute neuf unités du même ordre, j'aurai une unité d'un ordre supérieur $1000 + 9000 = 10000$; qu'à 1000 on me propose d'ajouter $900 + 70 + 5$, je vois dans quels rangs doivent être les chiffres 9, 7, 5, et j'écris $1975 = 1000 + 900 + 70 + 5$. En un mot, les rangs étant donnés pour chaque espèce d'unités, l'analogie nous apprend à exprimer quelque nombre que ce soit. Ainsi ces caractères qui ne sont qu'une copie de ceux que la nature a mis dans nos mains, ont une énergie qui ne connaît point de bornes. Jamais langue n'exprimera tout ce qu'on peut écrire avec des chiffres, quoiqu'on ne puisse douter que l'usage des chiffres n'ait contribué à multiplier les dénominations des nombres.

Pour lire ces caractères, il faut juger au premier coup-d'œil du rang qu'occupe chaque chiffre, ce qui devient plus difficile, lorsque les nombres sont plus grands. Mais on facilite la chose, en séparant les chiffres par tranches composées chacune de trois rangs : en écrivant par exemple 364, 582, 999, vous avez des centaines d'unités dans la première tranche, où il n'y a que des 9, dans la suivante des centaines de mille, dans la troisième des centaines de millions, et vous lisez *trois cent soixante-quatre millions cinq cent quatre-vingt-deux mille neuf cent quatre-vingt-dix-neuf.* Au reste, il est inutile d'étudier pour apprendre à lire ces caractères, car vous les lirez fort bien lorsque vous saurez vous en servir.

Dans la numération, la suite des unités de différents ordres est une progression décuple 1, 10, 100, 1000, *un, dix, cent, mille* ; et cette progression croissante est produite par la multiplication successive de chaque terme par 10. On aurait donc l'inverse de cette progression dans une progression décroissante où chaque terme serait successivement divisé par 10 ; et cette progression, que nous nommerons *sous-décuple*, serait formée des fractions 1, $\frac{1}{10}$, $\frac{1}{100}$, $\frac{1}{1000}$, *un, un dixième, un centième, un millième.*

Mais, parce que les opérations avec les fractions deviendront souvent longues et embarrassantes, il serait avantageux de substituer à ces fractions une expression qui rendît les opérations aussi simples

avec la numération sous-décuple qu'avec la numération décuple. On juge qu'on n'y réussira qu'autant
qu'on trouvera, pour la numération sous-décuple
une expression parfaitement analogue avec la manière dont nous représentons la numération décuple.

Cette réflexion nous met sur la voie de ce que
nous cherchons : car un dixième étant l'inverse de
dix, je n'ai qu'à renverser l'expression de l'un pour
avoir l'expression de l'autre. Donc, puisque 10 signifie dix, 01 signifira un dixième; et, cette première expression étant trouvée, l'anologie donnera
$001 = \frac{1}{100}$, $0001 = \frac{1}{1000}$, $00001 = \frac{1}{10000}$. En un mot,
dans la progression sous-décuple, l'unité sera divi-
sée par 10 à chaque zéro qui la précédera, comme
dans la progression décuple elle est multipliée par
10 à chaque zéro qui la suit; et ces expressions 01
et 10, 001 et 100, étant le renversement les unes des
autres, il est évident qu'elles sont entre elles dans
la même analogie que les deux progressions.

Que l'unité soit divisée ou multipliée par 10, les
rangs qui la précèdent, comme ceux qui la suivent,
peuvent également être remplis par des chiffres. On
écrira par exemple 56423; et si cette expression
renferme des unités divisées par 10, ou, comme on
les nomme, des fractions décimales, il s'agira d'indiquer les rangs où les chiffres sont divisés par dix.
Si c'est le premier, on aura dans 3 des dixièmes ou
des fractions décimales du premier ordre ; si c'est le
second, on aura dans 2 des centièmes ou des fractions décimales du second ordre; si c'est le troisième,
on aura dans 4 des millièmes, ou des fractions dé-,
cimales du troisième ordre : ainsi de suite.

Qu'on marque donc ce rang, comme quelques-uns

par un point, ou, comme d'autre, par une virgule, on aura $5642;3 = \frac{56423}{10}$, $564,23 = \frac{56423}{100}$, $56,423 = \frac{56423}{1000}$; ainsi, en portant la virgule de rang en rang vers votre gauche, vous divise zsuccessivement par dix ; vous multipliez successivement par dix, en la reportant de rang en rang vers votre droite. Cette opération est facile à comprendre ; c'est fermer successivement les doigts après les avoir ouverts successivement. Voilà tout le mystère des parties en fractions décimales, que les commençants n'ont tant de peine à comprendre, que parce qu'on fait de grands efforts d'imagination pour les leur expliquer.

On peut mettre des zéros après un chiffre décimal, comme on en met avant : par exemple on écrira 0,30, ou 0,300. Or, que produisent ces zéros sur-ajoutés ? Il est aisé de voir qu'ils multiplient et qu'ils divisent tout à la fois par dix, et que par conséquent ils ne changent point la valeur de l'expression, quoiqu'ils en changent la forme. Ils multiplient par dix, puisqu'ils font passer le chiffre 3, d'un ordre au rang des unités d'un ordre supérieur ; et en même temps ils divisent par dix, puisqu'à chaque zéro sur-ajouté, la virgule avance d'un rang vers la gauche. En effet, lorsqu'au lieu de 0,3 vous écrivez 0,30, c'est la même chose que si vous aviez multiplié $\frac{3}{10}$ par $\frac{10}{10}$ dont le produit est $\frac{30}{100} = 0,30$: c'est la même chose que multiplier les deux termes de cette fraction par le même nombre 10, et nous savons que cette multiplication n'en change point la valeur.

Quant à la manière d'énoncer les fractions décimales, je ne sais pas pourquoi on a voulu y trouver des difficultés. Il est évident que $23,5 = \frac{235}{10}$ doit s'énoncer *deux cent trente-cinq dixièmes*, et que $2,35 =$

$\frac{235}{100}$ doit s'énoncer *deux cent trente-cinq centièmes*. Il est évident encore que si l'on veut décomposer ces expressions, on dira pour la première *vingt-trois entiers, plus cinq dixièmes*, et pour la seconde *deux entiers plus trois dixièmes plus cinq centièmes*.

CHAPITRE III.

DE L'ADDITION ET DE LA SOUSTRACTION
DES QUANTITÉS ARITHMÉTIQUES.

Lorsque deux nombres sont d'un seul chiffre chacun, il n'y a personne qui n'en sache faire l'addition, puisqu'il s'agit tout au plus d'ajouter 9 à 9, et on sait que la somme est 18.

Mais faire l'addition de deux nombres, chacun de plusieurs chiffres, c'est chercher combien ils ont à eux deux d'unités simples, d'unités de dixaines, d'unités de centaines, etc., c'est ajouter un chiffre du premier rang de l'un au chiffre du premier rang de l'autre, un chiffre du second au chiffre du second, un chiffre du troisième au chiffre du troisième, en un mot, un chiffre à un chiffre. Nous faisons donc par une suite d'additions ce que nous ne pouvons pas faire en une, et la somme totale est le résultat de plusieurs sommes partielles.

Quant à l'addition de plus de deux nombres, elle ne demande autre chose, sinon que d'ajouter un troisième chiffre à la somme de deux, un quatrième à la somme de trois, un cinquième à la somme de quatre ; et il suffit de savoir à chaque fois ce que donne une somme plus un chiffre : si nous ne le savons pas,

nous comptons par nos doigts, et nous faisons naturellement comme nous avons tous commencé.

Pour prévenir toute confusion dans la recherche
des sommes partielles, on écrit les nombres comme
dans l'exemple suivant, où, chaque ordre d'unités
formant une colonne verticale, tous les chiffres qui
sont au même rang se correspondent.

$$
\begin{array}{rr}
\text{Nombres} & 596 \\
\text{à additionner.} & 305 \\
& 720 \\
& 18 \\
\hline
\text{Somme} \ldots \ldots & 1639
\end{array}
$$

Comme chaque addition partielle peut faire passer
des unités dans l'ordre immédiatement supérieur,
on conçoit qu'il faut commencer par chercher la
somme des unités simples. Or $6 + 5 = 11$, $11 + 8$
$= 19$; et j'écris 9 au-dessous de la barre, en continuant la colonne des chiffres qui sont au premier
rang. Cette addition fait passer une unité dans l'ordre des dizaines. Ainsi $1 + 9 = 10$, $10 + 2 = 12$,
$12 + 1 = 13$; j'écris 3 et j'ai une unité de centaine.
Cette unité $+ 5 = 6$, $6 + 3 = 9$, $9 + 7 = 16$, que
j'écris. La somme totale est 1639.

Il est indifférent, dans la recherche des sommes
partielles, de commencer par le haut ou par le bas
des colonnes; mais quand on craint d'être tombé
dans quelque méprise, il est à propos de recom-
mencer par le bas, si l'on a d'abord commencé par
le haut.

Lorsqu'on sait additionner les nombres qui sont
en progression décuple, peut-on trouver quelques
difficultés à faire l'addition des nombres qui sont en

progression sous-décuple ? N'est-il pas évident qu'on doit ajouter des dixièmes à des dixièmes, des centièmes à des centièmes, de la même manière qu'on ajoute des dizaines à des dizaines, des centaines à des centaines ? Exemple :

$$42,$$
$$4,053$$
$$0,24$$
$$1,6$$

Le premier de ces nombres, en commençant par le haut, n'a point de parties décimales. Le second à des millièmes, le troisième des centièmes, le dernier des dixièmes : mais pour prévenir toute confusion, on achève la colonne avec des zéros, qui remplissent toutes les places vides. L'opération étant ainsi préparée, il est clair que la virgule n'y saurait apporter aucun changement. Il suffira de ne pas l'oublier dans la somme, et de la mettre où elle doit être. Ici ce sera, comme on le voit, entre le troisième et le quatrième rang, puisqu'il y a dans les parties décimales des $\frac{1}{1000}$:

$$42,000$$
$$4,053$$
$$0,240$$
$$1,600$$
$$\overline{}$$
$$47,893$$

En remarquant comment nous avons fait une addition avec des chiffres, nous découvrirons comment elle peut être défaite. On sait donc soustraire, quand on sait additionner.

On voit 1° que, lorsqu'on ajoute un nombre à un

10

nombre, la *somme* est la chose à découvrir : le *reste*, au contraire, est la chose à découvrir, lorsqu'on soustrait un nombre d'un nombre.

2º Que la soustraction et l'addition étant des opérations contraires, il sera naturel de commencer la première par où la seconde a fini ; c'est-à-dire qu'il faudra d'abord opérer sur les unités de l'ordre supérieur.

3º Que puisque, pour additionner, on a cherché plusieurs sommes partielles, afin d'arriver à la somme totale ; on cherchera, pour soustraire, plusieurs restes partiels, afin d'arriver à un reste total.

4º Que si, pour faire les additions partielles, nous avons dit, par exemple, $4 + 2 = 6$, nous dirons, pour faire des soustractions partielles, $4 - 2 = 2$.

5º Enfin on éprouvera que, pour faire ces opérations sans confusion, il faut écrire les nombres les uns au-dessous des autres, de manière que les unités se correspondent, ordre à ordre.

Reprenons actuellement la première addition que nous avons faites, et essayons de soustraire, de la somme totale, tous les nombres que nous avons additionnés ; la soustraction vérifiera l'addition : sur quoi il faut remarquer que ces deux opérations sont propres à se vérifier réciproquement.

$$
\begin{array}{rr}
\text{Nombres} & \left\{ \begin{array}{r} 596 \\ 305 \\ 720 \\ 18 \end{array} \right. \\
\text{à soustraire.} & \\
\hline
\text{Somme} \dots & 1639 \\
\hline
\text{Restes} \dots & \left\{ \begin{array}{r} 13 \\ 19 \\ 00 \end{array} \right.
\end{array}
$$

Dans les centaines des nombres à soustraire, j'ai
$5 + 3 + 7 = 15$: or $16 - 15 = 1$, que j'écris au-
dessous de 6, dans le rang des centaines. A côté j'a-
baisse le 3 de la somme totale, et voyant que j'ai 13
dizaines pour reste, je dis $13 - 9 - 2 - 1 = 13 -
12 = 1$, que j'écris au-dessous de 3, et j'abaisse 9 à
côté. Il ne reste donc plus de la somme totale que
19 unités simples : mais $19 - 6 - 5 - 8 = 19 - 19
= 0$. Par conséquent il ne reste rien, et l'addition
avait été bien faite.

En faisant cette soustraction, vous remarquez que
vous réservez les unités d'un ordre supérieur pour
les transporter de gauche à droite, comme, en faisant l'addition, vous en avez réservé pour les transporter de droite à gauche : et vous voyez, jusque dans
le mécanisme de ces opérations, que l'une est l'inverse de l'autre, comme fermer la main est l'inverse
de l'ouvrir.

Quand on n'a qu'un nombre à soustraire d'un
autre, il suffit d'écrire le plus petit au-dessous du
plus grand.

$$
\begin{array}{r}
6528 \\
519 \\
\hline
6009
\end{array}
$$

Dans le rang des mille du nombre à soustraire, il
n'y a point d'unités. J'ai donc $6 - 0 = 6$, et $5 - 5 = 0$:
en conséquence j'écris 60. Mais quoique $2 - 1 = 1$,
je n'écris pas 1 : car ne pouvant soustraire 9 de 8,
j'ai besoin de réserver une dizaine. J'écris donc 0.
Enfin $18 - 9 = 9$, et la soustraction est faite. Le
reste est 6009.

Je vérifierai cette soustraction si je m'assure que

$519 + 6009 = 6528$. Je ferai donc l'addition suivante :

$$
\begin{array}{r}
6009 \\
519 \\
\hline
6528
\end{array}
$$

Quoiqu'il soit plus naturel de commencer la soustraction par la gauche, il paraît qu'on est en général dans l'usage de la commencer par la droite. Alors il arrive qu'au lieu de réserver des unités, on a quelquefois besoin d'en emprunter. Par exemple :

$$
\begin{array}{r}
38 \\
19 \\
\hline
19
\end{array}
$$

9 ne pouvant se soustraire de 8, j'emprunte une dizaine du chiffre précédent, et j'ai $18 - 9 = 9$, que j'écris.

De 3 je puis retrancher l'unité empruntée ; ce qui me donnera $2 - 1 = 1$. Je puis aussi ne rien retrancher de ce 3, et ajouter l'unité empruntée au chiffre 1 du nombre à soustraire, et j'aurai le même reste, puisque $3 - 2 = 1$. Chacun peut choisir, entre ces deux manières, celle qui lui paraîtra plus commode.

Des dixièmes ont soustrait des dixièmes, de la même manière que des entiers on soustrait des entiers ; et on conçoit que les parties décimales ne changent rien à cette opération. Je ne multiplie pas les exemples, par ce que chacun peut s'en donner.

Je crois, au reste, qu'il ne serait pas inutile de s'accoutumer à faire les soustractions, en commençant indifféremment par la droite ou par la gauche : ce serait un moyen propre à les vérifier.

On commence, je crois, à comprendre comment l'analogie nous conduit de proche en proche : on le comprendra mieux encore dans la suite, et on sera bien convaincu qu'il n'y a point de saut dans l'esprit humain. Il est vrai qu'il y a eu des hommes de génie qui ont voulu paraître avoir franchi de grands intervalles, bien assurés qu'ils étonneraient d'autant plus, que nous serions moins capables de les suivre. C'est un petit charlatanisme qu'il leur faut pardonner, quand d'ailleurs ils nous éclairent. Cependant ils sont cause que d'autres font des sauts périlleux qui ne leur réussissent pas.

CHAPITRE IV.

DE LA MULTIPLICATION ET DE LA DIVISION
DES QUANTITÉS ARITHMÉTIQUES.

On fait une addition lorsqu'on dit, $6 + 6 = 12$, $12 + 6 = 18$, $18 + 6 = 24$, $24 + 6 = 30$, $30 + 6 = 36$; et lorsqu'on dit $6 \times 6 = 36$, on fait une multiplication. Il est évident que la seconde opération n'est que le souvenir de ce que nous avons appris en faisant la première. La multiplication doit donc toute sa promptitude à la mémoire ; et c'est la mémoire proprement qui fait de l'addition une multiplication.

Si vous ne savez pas les produits d'un chiffre, par un chiffre, il ne vous sera donc pas possible de faire une multiplication, et vous n'arriverez qu'après plusieurs opérations au même résultat qu'une seule vous eût donné tout à coup.

L'essentiel est par conséquent de connaître tous les produits d'un chiffre par un chiffre, et c'est aussi tout ce qu'il faut savoir. Car, quels que soient les nombres à multiplier, on n'opère jamais que par une suite de multiplications partielles, dans chacune desquelles la mémoire donne le produit d'un chiffre par un chiffre ; et lorsqu'on a écrit tous les produits partiels, il ne faut plus faire qu'une addition pour en trouver la somme, que nous nommons produit total. Ces observations suffisent pour faire comprendre comment la multiplication doit se faire. Nous la commencerons par la droite, comme l'addition, parce que les produits d'un ordre inférieur donneront souvent des unités pour un ordre supérieur.

Multiplicande. . . .	316
Multiplicateur . . .	205
Produits partiels. . . . {	1580
	63200
Produit total.	64780

Je multiplie successivement par 5 tous les chiffres du multiplicande. $6 \times 5 = 30$. J'écris 0 au rang des unités simples, et je réserve 3 pour le rang supérieur. $1 \times 5 = 5$ dizaines, et $5 + 3 = 8$, que j'écris au rang des dizaines. Enfin $3 \times 5 = 15$ centaines; et les produits par 5, mis chacun à leur place, font 1580.

Il ne reste plus qu'à multiplier par 2, puisque 0 ne peut pas être un facteur. Mais 2, qui est ici 200, ne peut produire que des centaines. Afin donc de mettre ses produits dans les rangs où ils doivent être, je remplis par des 0 celui des unités simples et celui des dizaines. Ensuite $6 \times 2 = 12$; j'écris 2 au troisième rang, et je réserve 1 pour le quatrième. $1 \times 2 = 2$, $2 + 1$ que j'ai réservé $= 3$, que j'écris. Enfin $3 \times 2 = 6$, produit qui appartient au cinquième rang. J'additionne le produit par 2 avec le produit par 5 c'est-à-dire, 63,200 avec 1580, et j'ai pour somme, ou produit total, 64780.

Lorsque les premiers rangs des facteurs sont remplis par des 0, on pourra les supprimer pour simplifier l'opération. Par exemple, on multipliera 31600 par 2050, comme nous venons de multiplier 316 par 205. Mais parce qu'alors le multiplicande 316 est cent fois plus petit que 31600, et que le multiplicateur 205 l'est dix fois plus que 2,050, il est évident que le produit 64780 sera 10 $\times$ 100 ou 1000 fois trop petit. Il faudra donc ajouter trois 0 à ce nombre, et le vrai produit sera 64780000.

Multiplicande.	5,32
Multiplicateur	2,40
	212 80
	1064 00
	1276 80
Produit	12,768

Voilà deux facteurs qui contiennent chacun des parties décimales. Faites néanmoins la multiplication comme s'il n'y avait point de virgule, et considérez qu'alors le multiplicande et le multiplicateur étant chacun cent fois trop grand, le produit total le sera de 100 $\times$ 100 = 10000. Mais si ce produit est dix mille fois trop grand, il ne le sera que mille, lorsqu'ayant supprimé le zéro qui est au premier rang vous aurez écrit 12768 ; et celui-là sera exactement le produit que vous cherchez, si vous mettez une virgule entre le troisième et le quatrième rang, puisqu'alors vous divisez par mille. Le produit que donne la multiplication précédente est donc 12,768.

La division est l'inverse de la multiplication. La manière d'opérer dans l'une sera donc l'inverse de la manière d'opérer dans l'autre, et la division commencera par où la multiplication finit, c'est-à-dire, par la gauche.

Les produits d'un chiffre par un chiffre, étant pris pour dividendes, ne peuvent avoir qu'un chiffre au quotient; et, pour faire la division, il faut connaître tous les quotients d'un seul chiffre, comme pour la multiplication, il faut connaître tous les produits d'un chiffre par un chiffre. Il faut savoir que $\frac{81}{9} = 9$, que $\frac{56}{8} = 7$, que $\frac{30}{5} = 6$, etc. Nous ne substituerons la division à la soustraction, qu'autant que la mémoire nous donnera tous ces quotients; et c'est par l'addition des quotients partiels, trouvés l'un après l'autre, que nous trouverons le quotient total. La division s'achèvera donc, comme la multiplication, par une suite d'opérations partielles.

La division défait ce que la multiplication a fait: elle décompose un produit en ses facteurs; et pour savoir décomposer un produit, il suffit d'avoir observé comment il se compose. Observons donc.

$$
\begin{array}{r}
249 \\
3 \\
\hline
747
\end{array}
$$

La multiplication de 9 par 3 produit des unités de dixaines; et celle de 4 par 3 produit des unités de centaines : il faudra donc que la division fasse évanouir les unités de centaine qui ont passé du second rang au troisième, et les unités de dixaine qui ont passé du premier au second.

$$
\begin{array}{r|l}
\text{Dividende} \ . \ . \ . \ . \ . \ 747 & 249 \ \text{Quotient.} \\
\text{Diviseur.} \ . \ . \ . \ . \ . \ \ \mathbf{3} & \\
\hline
14 & \\
\text{Diviseur} \ . \ . \ . \ \ 3 & \\
\hline
27 & \\
\text{Diviseur} \ . \ . \ . \ \ 3 & \\
\hline
00 &
\end{array}
$$

7, premier chiffre du dividende en commençant par la gauche, est le produit de 3 par un autre facteur que je cherche, et la division me donne, pour ce facteur, 2, que j'écris ; c'est là le premier quotient partiel.

$2 \times 3 = 6$. Je soustrais 6 de 7, et cette première division partielle a défait la dernière multiplication partielle.

Il me reste 1 que j'écris dans le rang des centaines au-dessous de 7 : à côté j'abaisse 4, et pour défaire la seconde multiplication partielle, j'ai à diviser 14 par 3. Or $\frac{14}{3} = 4 + \frac{2}{3}$; j'ai donc 4 pour second quotient partiel. Alors ayant multiplié 4 par 3, je soustrais 12, et le produit de la seconde multiplication partielle est défait.

Il me reste, au rang des dixaines, 2 que j'écris au-dessous de 3 : et à côté j'abaisse 7 ; et j'ai, pour troisième et dernier dividende, 27, premier produit partiel de la multiplication.

Enfin la division de 27 par 3 me donne 9 pour dernier quotient ; et le produit de 9 par 3, soustrait de 27, est $27 - 27 = 0$. La division est donc sans reste, et j'ai achevé de défaire ce que la multiplication avait fait.

Diviseur.	Dividende.	Quotient.
375	189492	505 $\frac{117}{375}$
	1875	
	1992	
	1875	
	117	

Les trois premiers chiffres du dividende ne sauraient être le produit de 375 par un autre facteur, puisque 375 n'est pas contenu dans 189 : le dernier produit partiel de la multiplication sera donc dans 1894, et par conséquent ce nombre est ici le premier dividende partiel. Sur quoi vous remarquerez qu'un dividende partiel peut avoir un chiffre de plus que le diviseur, mais vous concevez qu'il ne peut pas en avoir un de moins.

$\frac{1894}{375}$ étant la première division à faire, 375 doit être contenu dans 1894 un certain nombre de fois : mais, parce nous ne jugeons pas de ce nombre en comparant les expressions 375 et 1894, nous les pourrions décomposer ; la 'première en $300 + 75$, et la seconde et $1800 + 94$, alors nous verrions facilement que 300 est exactement 6 fois dans 1800, et que 75 n'est pas 6 fois dans 94. Donc 375 n'est pas 6 fois dans 1894.

Je suppose qu'il y est 5 fois ; et voyant que, dans cette supposition, $300 \times 5 = 1500$, et que 1500 ayant été soustrait de 1894, il reste 394, et il ne me faudra pas une grande habitude du calcul pour juger que je dois trouver 75 cinq fois dans 394, et que vraisemblablement je l'y trouverai avec un reste. J'écris donc 5 au quotient.

Au lieu de la décomposition que nous venons de faire, on peut considérer que 3 est 6 fois dans 18, et multiplier ensuite 375 par 6. Le produit plus grand que le dividende ferait connaître que 6 n'est pas le chiffre qu'on cherche.

5 ayant été trouvé, je multiplie 375 par ce nombre, et j'écris le produit 1875 au-dessous du dividende, d'où je le soustrais : il me reste 19. A côté de ce nombre, j'abaisse le chiffre 9 du dividende ; et parce que 375 n'est pas contenu dans 199, j'en conclus qu'il y avait dans le second facteur de la multiplication un chiffre qui n'a rien produit. En conséquence j'écris 0 au quotient, et j'abaisse 2 à côté de 199.

$\frac{1992}{375}$ est donc la dernière division à faire. Or $\frac{19}{3} =$ 6 : mais il ne me resterait que 192, où je vois que 75 ne peut pas se trouver six fois. Je prends 5, comme j'ai déjà fait : par ce chiffre je multiplie 375 ; je soustrais le produit, et il reste 117 ; quantité dont la division par 375 ne peut être qu'indiquée. Le quotient est 505 $\frac{117}{375}$.

J'ai fait de longs discours, afin de faire mieux appercevoir la raison de chaque opération partielle ; et je crois que, dans les commencements, on fera bien de raisonner aussi longuement que moi. A mesure qu'on s'exercera, les discours s'abrégeront naturellement, et chacun imaginera les moyens qui peuvent expédier le calcul.

On ne trouve pas toujours, du premier coup, le chiffre qui doit être au quotient ; et vous voyez que, dans l'exemple précédent, nous avons été obligés de substituer 5 à 6. Ce n'est souvent que par de semblables substitutions qu'on arrive, en tâtonnant, au vrai quotient : mais on tâtonnera moins, lorsqu'on sera plus exercé.

N'oubliez pas surtout que, lorsque le nombre, qui

résulte d'un chiffre abaissé à côté d'un reste, ne contient pas le diviseur, c'est une preuve qu'il y avait dans le facteur inconnu de la multiplication un chiffre qui n'a rien produit, et que par conséquent vous devez écrire 0 au quotient.

Souvenez-vous encore que le dividende est toujours le produit d'une multiplication qui a eu pour facteurs le diviseur et le quotient : et vous reconnaîtrez que vous saurez diviser, si vous observez comment vous multipliez ; car il n'est pas bien difficile d'apprendre à défaire ce qu'on a fait. Instruisez-vous d'après votre observation, et vous serez mieux instruit que si je vous fatiguais d'exemples.

Afin de vous conduire dans cette recherche, remarquez qu'il y a trois opérations dans la division. 1º On divise le dividende par le diviseur, c'est-à-dire par le facteur connu, pour avoir un quotient, c'est-à-dire pour trouver le second facteur inconnu ; 2º on multiplie le diviseur par le quotient pour avoir le produit que la multiplication a donné ; 3º on soustrait ce produit, pour défaire ce que la multiplication a fait.

Faut-il remarquer que les parties décimales ne changent rien à la manière de faire la division ? Qu'on ait, par exemple, 48 à diviser par 2, 35, on écrira $\frac{48,00}{2,35} = \frac{4800}{235}$.

Or il est évident que ces deux fractions ont le même quotient, et que par conséquent qui divise l'une divise l'autre.

C'est dans la division que les fractions décimales sont d'un grand usage. Par exemple, la division de 189492 par 375 nous a donné pour reste $\frac{117}{375}$, et ce reste est considérable. Cependant s'il était possible de le réduire à moins de $\frac{1}{1000}$, de $\frac{1}{10000}$, de $\frac{1}{100000}$, on le

réduirait enfin à si peu de chose, qu'il pourrait
être négligé. Or c'est à quoi on réussira par le
moyen des fractions décimales. Nous en traiterons
ailleurs.

CHAPITRE V.

CONSIDÉRATIONS SUR LA MÉTHODE QUE NOUS AVONS
SUIVIE, ET QUE NOUS SUIVRONS.

C'est à mesure que nous avancerons que ma méthode se développera, et je serai obligé d'en traiter à bien des reprises.

Pour contracter la routine du calcul, non-seulement il faudrait s'exercer sur beaucoup d'exemples, il faudrait s'exercer continuellement; autrement on oublierait bientôt tout ce qu'on croirait avoir appris.

Ce n'est donc point par la routine qu'on s'instruit, c'est par sa propre réflexion; et il est essentiel de contracter l'habitude de se rendre raison de ce qu'on fait : cette habitude s'acquiert plus facilement qu'on ne pense ; et une fois acquise, elle no se perd plus.

Ne lisez pas cet ouvrage pour prendre des leçons de moi, je n'en donne qu'à moi, qui commence comme vous : donnez-vous-en à vous-même. Ce que vous ne savez pas, apprenez-le de ce que vous savez, et que vos découvertes soient pour vous des réminiscences.

Vous l'avez vu : quand on sait la numération, que la nature enseigne à tous, on sait l'addition; quand

on sait l'addition, on sait la soustraction; enfin
quand on sait ces deux opérations, on sait la multiplication et la division. Il en sera de même de toutes
les méthodes dont nous nous proposons la recherche. Nous savons déjà en quelque sorte ce que nous
n'avons pas appris encore; et par conséquent il n'est
pas bien difficile de s'instruire.

Considérez comment nous avons été du connu à
l'inconnu; comment l'analogie, nous ayant donné
une première expression, nous en donne une seconde,
une troisième, etc.; comment, nous ayant conduits
par une suite d'expressions identiques, elle a simplifié la langue des calculs, elle l'a enrichie. Alors
vous comprendrez comment nous pouvons achever
cette langue que la nature a commencée : il semble
même que dès ce moment on voit en perspective les
progrès qu'elle doit faire.

Mais, comme je l'ai dit et je le dirai encore, il faut
saisir cette analogie. Ce qu'on a appris d'elle en me
lisant, il le faut rapprendre d'elle sans me lire. Alors
vous vous serez instruit sans moi. Songez que si,
dans ces commencements, j'ai quelque avantage sur
vous, c'est que je n'ai pour maîtres que la nature et
l'analogie : apprenez à vous passer de tout autre.

Ne vous plaignez pas que je donne trop peu
d'exemples. C'est à vous à vous en donner: proposez-
vous des questions : cherchez dans ce que vous savez la raison de ce que vous ne savez pas. Pour apprendre, par exemple, à diviser, multipliez, et observez les procédés de la multiplication. Voyez, en un
mot, comment vous vous êtes instruit, et vous apprendrez comment vous pouvez vous instruire encore.

A quoi se réduisent tous les procédés de l'analyse ?

À des compositions et à des décompositions. On fait pour défaire, et on défait pour refaire. Voilà tout l'artifice : il est simple. Car si vous savez faire, vous savez défaire; et si vous savez défaire, vous savez refaire.

Un exemple suffit donc pour donner la raison de chaque opération de quelque espèce qu'elle soit. Si vous avez besoin de plusieurs, ce n'est pas pour apprendre à opérer : c'est seulement pour opérer avec plus de facilité et de promptitude; et avec quelque lenteur que vous procédiez, vous savez faire, si vous savez ce que vous faites. Exercez-vous donc sans maître. Ne le pouvez-vous pas? restez dans l'ignorance : c'est un *oreiller* assez doux pour bien des têtes.

CHAPITRE VI.

DES QUATRE OPÉRATIONS SUR LES QUANTITÉS LITTÉRALES, LORSQUE CES QUANTITÉS N'ONT QU'UN TERME.

On a vu de quel usage sont les lettres dans la solution d'un problème. Par leur moyen, nous avons à la fois sous les yeux plusieurs propositions que nous ne pourrions nous représenter que par une longue suite de phrases, et nous raisonnons sans avoir besoin de mémoire.

Mais tous les problèmes ne sont pas aussi simples que celui que nous avons résolu; et lorsqu'ils se compliquent, comment les résoudre, si nous ne savons pas faire avec les lettres des combinaisons de toute espèce; c'est-à-dire des additions, des soustractions, des multiplications, des divisions? il faut donc rechercher comment ces opérations doivent se faire.

Le chiffre 1, avec lequel nous exprimons l'unité, est, comme l'unité, tout à fait indéterminé. Il peut être une unité simple, une dizaine, une centaine, un dixième, un centième, un quart, etc. Cependant il a par lui-même une signification.

Les lettres sont des signes plus indéterminés encore, parce qu'elles ne signifient rien par elles-mêmes, elles peuvent chacune signifier telle quantité que nous voulons; mais, lorsque nous nous proposons de nous en servir, nous ne renonçons pas aux chiffres. Ces différents signes ne sont pas faits pour être employés exclusivement; ils appartiennent à la même langue. Les chiffres sont les noms particuliers, les lettres sont les noms généraux; et ce sont autant d'expressions qui entrent dans les phrases de calculs.

Ce dialecte a des règles qu'il faut connaître, et c'est une nouvelle grammaire à apprendre. Il s'agit de découvrir l'emploi de ces termes généraux, leurs différentes acceptions, et leur syntaxe.

Cette grammaire, la plus simple de toutes, sera la plus facile, si nous savons étudier. Voyez comment les enfants apprennent seuls leur langue; ils ne la sauraient jamais, s'ils ne pouvaient l'apprendre que de nous. C'est la nature qui les fait observer, analyser, qui les conduit par analogie d'expression en expression. Ce moyen est l'unique.

Comme nous avons dit $4+2$ et $b-2$, nous dirons $a+b$ et $a-b$; mais nous nous ne déterminons pas la somme que fait $a+b$, parce que a et b étant des signes indéterminés, la somme est indéterminée elle-même. Par la même raison, le reste que donne la soustraction $a-b$ est également une quantité indéterminée.

Mais si l'on déterminait la valeur de ces lettres; si, par exemple, $a=73$ et $b=5$, alors l'addition $a+b$ donnerait $a+b=73+5=78$, et la soustraction donnerait $a-b=73-5=68$.

On ne se propose donc pas d'achever avec l'algèbre la solution d'un problème : on ne fait proprement que l'indiquer. Car $a+b$ est plutôt une addition à faire, qu'une addition faite ; et le résultat sera différent, suivant la valeur des lettres. On peut même juger, d'après le problème résolu dans le premier livre, que l'objet de l'algèbre est seulement de nous approcher assez de la solution, pour que nous n'ayons plus à faire avec les chiffres que le plus petit calcul possible.

Une lettre précédée du signe $+$ indique une quantité ajoutée, une addition, et je l'appelle une *quantité en plus :* lorsqu'elle est précédée du signe $-$, je l'appelle *quantité en moins,* puisqu'elle est une quantité soustraite, une soustraction. Comme il est facile de se souvenir de ces dénominations, on ne les oubliera pas, et j'avertis qu'il est essentiel de les substituer à celles dont on se sert.

Nous avons donc une quantité en plus et une quantité en moins dans $+a-b$, ou plus brièvement dans $a-b$: car toutes les fois que la première lettre n'est précédée d'aucun signe, on sous-entend $+$.

Dans les phrases algébriques, on distingue autant de termes qu'il y a de quantités précédées de l'un des deux signes, quel que soit d'ailleurs le nombre des lettres : ainsi il n'y a que deux termes dans $abc+bd$, comme dans $a+b$. Mais, si on voulait considérer comme un seul terme une quantité composée de plusieurs, on écrirait $+(a+b-c)$. Observons d'abord comment les quatre opérations doivent se faire avec les quantités les plus simples.

On voit d'abord que l'addition de $a+a$ ne peut être autre chose que $a+a$. Cependant $1a+1a$ c'est $2a$. A l'expression $a+a$ on substituera donc comme plus simple l'expression $2a$.

A la quantité a veut-on ajouter b? On écrira $a+b$; et si on veut ajouter $-b$, on écrira $a-b$.

Remarquez que cette dernière opération est proprement, par le résultat qu'elle donne, une soustraction : mais nous lui conservons par extension le nom d'addition, parce que, quelle que soit la quantité qu'on ajoute, l'opération mécanique est toujours la même. Il importe peu que la quantité soit en plus ou en moins : car, en moins comme en plus, elle est une quantité, et nous pouvons la considérer comme ajoutée, puisqu'en écrivant $-b$ après a, nous ajoutons en effet $-b$.

La soustraction n'est pas plus difficile, quoique jusqu'à présent elle paraisse avoir souffert de grandes difficultés. D'abord si on nous propose de $+a$ de $+2a$, nous écrirons $+2a-a$, ou simplement a. Ce n'est pas là ce qui embarrasse.

Mais, s'il s'agit ensuite de soustraire $-a$ de $+a$, la soustraction donnera $a+a$ ou $2a$; et voilà un reste plus grand que la quantité d'où l'on a soustrait, ce qui est fait pour étonner les commençants. On leur prouve bien que cela doit être : mais il me semble qu'on ne leur explique pas assez comment cela se fait.

Si je disais *je ne veux pas ne pas écrire sur l'algèbre*, j'affirmerais que je veux écrire, et je l'affirmerais d'une manière plus décidée ou plus obstinée. Or dire *je ne veux pas ne pas*, c'est nier une négation : donc nier une négation c'est affirmer. Tout le monde comprend, et comment cela doit être, et comment cela se peut.

Mais $-a$ est une quantité soustraite, une soustraction; et soustraire une soustraction c'est ajouter, comme nier une négation c'est affirmer. Donc $-$

11.

a soustrait de $+ a$, c'est proprement $+ a$ ajouté $+ a$; et le reste 2 a est, dans le vrai, une somme. Mais cette somme doit se nommer *reste*, parce qu'on dit soustraire $— a$, quoiqu'on fasse une addition ; comme on dit ajouter $— a$, quoiqu'on fasse une soustraction. Plus cette explication est simple, moins il faut s'étonner qu'elle soit nouvelle (1).

On dira 1 *a*, 2 *a*, 3 *a*, comme on dit un homme, deux hommes, trois hommes. Alors cette lettre est l'unité multipliée par la suite des termes de la numération : mais, à chaque valeur qu'on lui donnera, on aura dans chacune de ces expressions des produits différents. 2 *a*, par exemple, signifiera 2 fois 2, 2 fois 3, 2 fois 4, etc., suivant que *a* vaudra 2, 3, 4, etc.

Pour multiplier une lettre par un chiffre, je n'ai donc qu'à joindre le chiffre à la lettre ; et par conséquent pour multiplier une lettre, je n'aurai qu'à joindre l'une à l'autre.

Donc $a\,a = a \times a$, $a\,a\,a = a\,a \times a$, $a\,a\,a\,a = a\,a \times a$; et ainsi de suite, aussi loin que je voudrai pousser cette multiplication ; mais il y aurait bientôt de la confusion dans la multitude de ces *a*, et j'aurais l'embarras de les compter, à chaque fois que je voudrais comparer de pareilles expressions. Il est aisé de remédier à cet inconvénient.

a, $a\,a$, $a\,a\,a$, $a\,a\,a\,a$, sont différentes puissances d'une même quantité ; et puisque dans a cette quantité est à la première, qui m'empêchera d'écrire a^1? a^2 signifiera donc que cette lettre est à la seconde puis-

(1) Les grammairiens disent que deux négations valent une affirmation. *Valent !* c'est comme si disais que deux soustractions valent une addition. Si j'avais adopté leur langage, je n'aurais pas pu expliquer comment $— a$ soustrait de $+ a$ donne pour reste 2*a*. Cet exemple fait voir ce que peut le choix des expressions.

sance, a^3 qu'elle est à la troisième, a^4 qu'elle est à la quatrième; et je vois qu'un chiffre qui m'en évitera la répétition substituera une expression commode à une expression dont j'étais embarrassé. J'écrirai donc $a^1 = a$, $a^2 = aa$, $a^3 = aaa$, $a^4 = aaaa$, et ainsi des autres puissances.

Parce que de pareils chiffres *exposent* ou expriment les puissances auxquelles la quantité a est élevée, on les nomme *exposants* des puissances de a, ou plus brièvement *exposants* de a. On juge bien que multiplier un nombre par lui-même, ce ne peut pas être la même chose que de le multiplier par tout autre, et que par conséquent il ne faut pas confondre les chiffres qu'on met après une lettre avec ceux qu'on met avant. Par exemple, si $a = 4$, nous aurons $a^2 = 16$, et $2a = 8$. Les exposants s'écrivent un peu au-dessus de la lettre et en petits caractères, pour prévenir toute confusion.

Les chiffres qui précèdent une lettre avaient besoin d'un nom comme ceux qui la suivent. Or 2 et a sont les facteurs du produit $2a$, comme 3 et a sont les facteurs du produit $3a$, et il semble que ces chiffres auraient pu être nommés co-facteurs de a : mais on a préféré de leur donner le nom de *coefficient*, qui n'est pas français. Nous préférerons donc aussi *coefficient*, puisqu'il faut se conformer à l'usage.

Actuellement, si l'on vous proposait de multiplier $2a^1$ par $3a^2$, vous jugeriez que le nom de *coefficient*, donné à 2 et 3, ne peut rien changer à la manière dont vous avez appris à faire la multiplication, et en conséquence vous direz, $2 \times 3 = 6$.

Il ne vous resterait plus qu'à multiplier a^1 par a^2 : mais vous venez de voir que $a^1 \times a^2 = a \times aa$, que $a \times aa = a^3$. Or l'exposant 3 est la somme de l'expo-

sant 1 ajouté à l'exposant 2. Donc pour avoir le produit de 2 a^1 par 3 a^2, il faut multiplier les coefficients l'un par l'autre, écrire la lettre à laquelle ils
appartiennent, et faire l'addition des exposants $2\,a^1$
$\times\,3\,a^2 = 6\,a^{1+2} = 6\,a^3$.

Vous concevez que les exposants ne doivent pas
être multipliés; car ces chiffres étant employés pour
éviter la répétition de la lettre, il suffit que l'unité
soit ajoutée autant de fois que la lettre aurait été
répétée : $aa \times aaa = aaaaa$, donc $a^2 \times a^3 = a^5$.

Vous concevez encore que, si les lettres à multiplier l'une par l'autre sont différentes, vous multiplierez les coefficients, et que vous n'additionnerez
pas les exposants. Ainsi 3 $a^2 \times 4\,b^4 = 12\,a^2\,b^4$. Vous
n'écrirez pas 12 $a^6\,b$, ni 12 $a\,b^6$: car vous abaisseriez l'une des deux lettres à la première puissance, vous élèveriez l'autre à la sixième; et ce
serait un produit bien différent de celui que vous
cherchez.

Il paraît assez indifférent d'écrire $a\,b$ ou $b\,a$, puisque, dans $b\,a$ comme dans $a\,b$, les deux lettres, également multipliées l'une par l'autre, donnent le
même produit; cependant nous nous conformerons
d'ordinaire à l'ordre de l'alphabet, comme le plus
familier. Je dis d'*ordinaire*, parce que les opérations
amèneront quelquefois un ordre différent.

Jusqu'ici nous n'avons multiplié que des quantités
en plus. Il nous reste donc à multiplier des quantités
en plus par des quantités en moins, ou, ce qui est
la même chose, des quantités en plus, et des quantités
en moins par des quantités en moins.

$- 2\,a \times + 4\,a$, ou $+ 4\,a \times - 2\,a$, est la même
chose, comme je viens de le dire. Car il importe peu
lequel des deux facteurs soit pris pour multiplica

teur, le produit sera toujours le même. Il est clair
que $a \times b = ab$, et que $b \times a = ab$.

Voyons d'abord quel sera le produit des coefficients — 2 par + 4 : car lorsque celui-là sera trouvé,
l'autre se trouvera facilement, puisque nous n'aurons qu'à écrire à la suite aa.

Multiplier — 2 par + 4, c'est prendre la soustraction — 2 autant de fois qu'il y a d'unités dans 4, c'est
ajouter quatre fois — 2. Or — 2 ajouté quatre fois,
fait — 8 : donc — $2a \times 4a = -8aa$.

Et, ce qui revient au même, multiplier + 4 par — 2,
c'est prendre 4 en moins, autant de fois qu'il y a
d'unités dans 2, c'est le prendre en moins deux fois.
Or prendre 4 deux fois en moins, c'est ajouter deux
fois la soustraction — 4, ce qui produit également
— 8.

En n'employant que des lettres comme termes généraux propres à exprimer chacune quelque nombre que ce soit, nous dirons également — $a \times b = -$
ab. Car, en écrivant le produit — ab, j'ajoute la soustraction — a, autant de fois qu'il peut y avoir d'unités dans b; comme j'ajouterais l'addition + a le
même nombre de fois, si j'écrivais + ab. En un
mot + $\times$ + = +, et — $\times$ + ou + $\times$ — = —.

Soit — $2a$ à multiplier par — $4a$. Nous savons que
$a \times a = aa = a^2$, et il ne reste qu'à trouver le produit de — 2 par — 4.

Multiplier + 2 par + 4, c'est prendre l'addition +
2 en plus, autant de fois qu'il y a d'unités dans 4, ce
qui produit + 8. Donc multiplier — 2 par — 4, ce
sera prendre la soustraction — 2 en moins, autant
de fois qu'il y a d'unités dans 4 : mais prendre une
soustraction en moins, c'est la soustraire; et soustraire une soustraction, c'est ajouter. Or dès que,

dans cette multiplication, — 2 et — 4 sont des soustractions soustraites, il est évident que — 2 se
change en + 2, et — 4 en + 4. Il n'est donc pas
étonnant que le produit de — 2 par — 4 soit + 8,
comme celui de + 2 par + 4.

En un mot, multiplier par —, c'est prendre en
moins; et par conséquent multiplier — par —, c'est
prendre moins en moins. C'est donc prendre en moins
un soustraction; la prendre en moins, c'est la soustraire; et la soustraire c'est ajouter. Donc — 2 se
change + 2, et — 4 en + 4.

Nous avons déjà rappelé bien des fois que la division se réduit à défaire ce que la multiplication a
fait. On se le rappelle encore lorsqu'on parle algèbre : car ce que les autres dialectes ont démontré,
celui-ci le démontre d'une manière plus générale et
plus sensible, parce qu'il est plus simple.

En effet si, pour multiplier a par b, nous avons
réuni ces deux lettres l'une à l'autre, nous les sépa-
rerons pour diviser, par l'une des deux, le produit
ab. Si a est le diviseur, b sera le quotient; et a sera
le quotient si b est le diviseur. Rien n'est donc plus
simple que de diviser des quantités littérales. L'opération se réduit à mettre au quotient les lettres qui
ne sont pas communes au diviseur et au dividende;
et il est facile de juger si l'on doit leur donner le
signe + ou le signe —.

Qu'on nous propose, par exemple, de diviser +
ab par — a; vous écrirez au quotient — b, parce que
vous savez que + ab ne peut avoir — a pour l'un de
ses facteurs, qu'autant que l'autre est — b. En effet,
dans cette supposition, + ab est la soustraction — a
soustraite le nombre de fois b; et elle n'a été soustraite le nombre de fois b, que parce que b étant en

moins lui-même, il a fait prendre en moins cette soustraction. Donc $\frac{+\,ab}{-\,a} = -\,b$.

De même $\frac{-\,a\,b}{+\,a} = -\,b$: car $-\,a\,b$ indique une soustraction ajoutée le nombre de fois a, et cette soustraction ne peut être que $-\,b$. Elle serait $-\,a$, si l'on avait eu à diviser $-\,a\,b$ par $+\,b$. $\frac{-\,a\,b}{+\,b} = -\,a$. Tout cela est facile à comprendre.

On additionne les exposants pour multiplier une lettre élevée à une puissance, par cette même lettre élevée à une autre puissance, ou à la même. Donc, en pareil cas, la division se fera en sonstrayant l'exposant du diviseur de l'exposant du dividende. Si vous divisez 1 a^5 par 1 a^2 vous aurez 1 a^3 au quotient : $\frac{a^5}{a^2} = a^{\,5-2} = a^3$.

Remarquez que, par cette soustraction, vous ne faites que mettre au quotient les lettres qui ne sont pas communes au diviseur et au dividende. Car diviser a^5 par a^2, c'est la même chose qu'écrire $\frac{aaaaa}{aa}$ $= aaa$, où les trois a du quotient sont autres que les deux qui sont communs au diviseur et au dividende. Ainsi la multiplication réunit les lettres, la division les sépare : la multiplication fait, la division défait.

Je n'ai rien à remarquer sur la division des coefficients, puisqu'elle n'offre que des chiffres à diviser par des chiffres, nous savons comment elle doit se faire : $\frac{12\,a^2}{3\,a^1} = 4\,a^1$.

On supprime ordinairement le chiffre 1, lorsqu'il est le coefficient ou l'exposant d'une lettre ; et c'est avec fondement, puisqu'il n'y a personne qui ne voie que 1 a, comme a^1, est la même chose que a, et que 1 $a^1 = a$. On aura donc pu être étonné qu'en pareil cas j'aie quelquefois écrit ce chiffre : mais j'ai affecté de l'écrire, parce que j'ai pensé qu'on remarquerait d'autant plus cette affectation, qu'on la jugerait plus inutile. Or il faut se souvenir que, lorsqu'on n'écrit ni le coefficient 1 ni l'exposant 1, on les sous-entend toujours; et il s'en faut souvenir, parce que nous aurons quelquefois besoin de les écrire. En voici un exemple.

Soit à diviser a^1 par a^2. Cette division ne pouvant s'effectuer, parce que le dividende est plus petit que le diviseur, vous vous bornerez à l'indiquer, et vous écrirez $\frac{a^1}{a^2}$.

Si vous voulez ensuite réduire cette fraction à l'expression la plus simple, vous supprimerez ce qui est commun aux deux termes, c'est-à-dire que vous les diviserez l'un et l'autre par a^1 : mais alors il vous restera a pour dénominateur, et vous ne voyez pas d'abord quel sera le numérateur : cependant il en faut un.

Si au contraire vous aviez écrit $\frac{1\,a^1}{a^2}$ au lieu de $\frac{a^1}{a^2}$ la fraction se serait naturellement réduite à $\frac{1}{a}$, et il ne s'agirait plus que de savoir ce que vaut a. Si, par exemple, il valait 2, $\frac{1}{a} = \frac{1}{2}$ En effet, dans cette supposition, $\frac{1\,a^1}{1\,a^2} = \frac{1 \times 2}{1 \times 4} = \frac{2}{4} = \frac{1}{2}$.

Comme on substitue aux parties décimales des expressions qui, étant analogues à la manière dont se fait la numération, ne conservent plus la forme de fraction : de même lorsque les fractions, telles que $\frac{a^3}{a^2}$, ont la même lettre pour numérateur et pour dénominateur, on fait évanouir cette forme de fraction, et on substitue une expression que l'analogie fait trouver dans la manière d'opérer sur les exposants, et fait trouver facilement. Car, lorsqu'on a remarqué qu'en pareil cas, la division se fait en soustrayant l'exposant du diviseur de l'exposant du dividende, il n'y a personne qui ne voie que $\frac{a^3}{a^1}$ peut devenir a^{3-2}.

Donc $\frac{a^1}{a^2} = a^{1-2} = a^{-1} = \frac{1}{a}$. Et, en suivant l'analogie, $a^{1-1} = \frac{a^1}{a^1} = \frac{a}{a} = 1$. Mais $a^{1-1} = a^0$, a^{1-1}, $\frac{a}{a}$, sont autant d'expressions de l'unité. Enfin de $a^{-1} = \frac{1}{a}$, nous inférons $a^{-2} = \frac{1}{a^2}$, $a^{-3} = \frac{1}{a^3}$, $a^{-4} = \frac{1}{a^4}$.

C'est ainsi que l'algèbre nous conduit, sans verbiage, du connu à l'inconnu par une suite d'expressions identiques; et on voit combien ce dialecte a d'avantages sur les longues phrases que je ferais avec mes *dire c'est dire*. Cependant je raisonnais de la même manière : mais je ne parlais pas avec la même simplicité.

Les mathématiciens font un grand usage des exposants en moins, qui, indiquant suffisamment le dénominateur et le numérateur, font cependant éviter la forme de fraction. Cette manière d'écrire simplifie le calcul ; et vous remarquerez que l'analogie conduit toujours à la plus grande uniformité. Quelque éloignées que paraissent les idées, si elles peuvent se rapprocher par quelques côtés, l'analogie les représente sous les mêmes formes : voilà surtout ce qu'il faut saisir. Familiarisez-vous donc avec toutes les expressions qu'elle vous donne. Substituez tour à tour les exposants en moins aux fractions, et les fractions aux exposants en moins. La manière de procéder en algèbre, comme dans toutes les langues, n'étant que l'art de substituer des expressions identiques à des expressions identiques, il est essentiel de contracter l'habitude de ces substitutions. Il n'y a aucune de ces expressions qui n'ait son utilité. Telle doit avoir la préférence dans un cas, telle doit l'avoir dans un autre : l'expérience vous en convaincra.

Au reste, il ne s'agit pas d'apprendre par cœur les opérations et les expressions que nous avons expliquées : la mémoire ne doit être pour rien dans cette étude.

Voyez comment 1 a^t étant donné, l'analogie donne toutes les autres expressions. Refaites ce chapitre, refaites-les tous, à mesure que vous les étudiez. Vous ne saurez cet ouvrage qu'après l'avoir refait. Moi-même, je ne le sais pas : mais je l'apprends en le faisant. Aussi je me garde bien de donner des règles : elles ne feraient que des routiniers.

CHAPITRE VII.

Ajouter une soustraction, c'est soustraire, et soustraire une soustraction, c'est ajouter. Pourquoi ce langage contradictoire auquel nous sommes forcés ? C'est que nous parlons deux langues qui sont trop différentes pour être toujours analogues entre elles.

Dans le dialecte des chiffres, comme dans les langues vulgaires, tous les nombres sont déterminés, parce que chacun a une dénomination qui lui est propre ; et c'est une conséquence que, dans le dialecte des lettres, où il n'y a de dénomination particulière pour aucun, tous soient indéterminés : aussi chaque lettre désigne-t-elle en général tous les nombres possibles.

Cette détermination d'un côté, et cette indétermination de l'autre, amènent nécessairement des expressions qui ne peuvent pas être analogues; et il n'est pas étonnant que nous tombions dans un langage contradictoire lorsque nous les voulons associer.

Dire qu'entre 6 et 4, la différence est 6 — 4, ou

qu'elle est 2, c'est la même chose. Cependant, nous n'imaginerions pas de l'exprimer en français par *six moins quatre*. Nous pouvons prononcer qu'elle est *deux*, et nous le prononcerons : c'est l'unique réponse à la chose, Donc, à parler proprement, il n'y a point de quantités en moins dans les langues vulgaires, ni même en arithmétique,

Mais en algèbre, où les signes sont indéterminés, on ne saurait prononcer la différence : on ne peut que l'indiquer, et $a - b$ ou $b - a$ est l'unique réponse à celui qui demande celle qui est entre a et b.

Ce langage une fois adopté, on ajoute a à $- b$, ce qui donne pour somme $a - b$; et on soustrait $- b$ de a, ce qui donne pour reste $a + b$. Tout cela est conséquent, et il n'y a de contradiction que dans les mots *somme* et *reste*, qui ne sont pas de l'algèbre : mais ce qui est une addition en algèbre est nommé soustraction en arithmétique, et ce qui est nommé addition en arithmétique est nommé soustraction en algèbre.

Lorsqu'on allie ces deux dialectes, il n'est donc pas possible de ne pas tomber dans des expressions contradictoires ; et cependant on ne peut pas éviter de les allier, puisque la langue du calcul se forme également de celui des chiffres et de celui des lettres.

Toute expression en moins, transportée dans l'arithmétique ou dans les langues vulgaires, doit donc faire tomber dans un langage contradictoire ; et voilà pourquoi dans les commencements nous avons quelque peine à parler algèbre. Nous voudrions y parler notre langue, comme nous la parlons dans toutes celles que nous savons mal.

Il me semble que le meilleur moyen d'apprendre

une langue étrangère, ce serait d'en observer les
tours et d'essayer de les employer dans celle qui
nous est devenue naturelle. Ce n'est pas notre langue
qu'il faudrait parler dans celle-là, c'est celle-là qu'il
faudrait parler dans la nôtre, si nous voulons nous
la rendre familière. Essayons donc de parler algèbre
en français.

En algèbre, ajouter une soustraction, c'est soustraire. Je dirai donc qu'ayant été rencontré par des
voleurs, ils m'ont fouillé, et qu'ils ont ajouté à ma
bourse une soustraction de cent louis : cela signifiera qu'ils m'ont volé cent louis.

En algèbre, soustraire une soustraction, c'est
ajouter. En conséquence, je pourrai dire qu'un ban-
quier m'a soustrait une soustraction de cent louis,
et cela signifiera qu'il m'a compté cette somme.
Voilà comment nous apprendrions l'algèbre en la
parlant dans notre langue, sans pour cela en parler
mieux français; mais l'algèbre nous étonnerait
moins, elle nous deviendrait plus familière : en remarquant comment l'association des deux langues
amène nécessairement des expressions contradictoires, nous apprendrions ce qui est particulier à
chacune, et nous les parlerions bien toutes deux.

Qu'est-ce donc que ces quantités en moins, qui
n'ont lieu qu'en algèbre? Car enfin, si ce sont des
quantités, on devrait les retrouver dans toutes les
langues.

Je réponds qu'une quantité qu'on soustrait est une
quantité comme une quantité qu'on ajoute : 2 est
également une quantité dans -2 et dans $+2$: mais
-2 est l'expression d'une opération qui soustrait
deux, comme $+2$ est l'expression d'une opération
qui l'ajoute. Il ne faut pas confondre ces choses et

prendre la soustraction d'une quantité pour une quantité. Voilà cependant ce qu'on a fait.

Lorsque je dis que les quantités sont ajoutées ou soustraites, et que conséquemment je les distingue en quantités en plus et en quantités en moins, je ne les confonds pas avec l'opération qui les ajoute ou qui les soustrait ; et on voit comment, étant les mêmes en algèbre que dans toutes les langues, il n'y a de différence que dans la manière de s'exprimer : mais quand on nomme *quantité positive* l'addition d'une quantité, et *quantité négative* la soustraction d'une quantité, on confond l'expression des quantités avec l'expression de l'opération qui les ajoute ou qui les soustrait, et un pareil langage n'est pas fait pour répandre la lumière. Aussi les *quantités négatives* ont-elles été un écueil pour tous ceux qui ont entrepris de les expliquer.

Je ne connais aucun ouvrage, dit M. d'Alembert (1), *où ce qui regarde la théorie des quantités négatives soit parfaitement éclairci.*

Il reproche (2) à ceux qui ont fait des éléments d'algèbre d'avoir regardé les quantités négatives, *les uns comme au-dessous de rien ; notion absurde en elle-même : les autres comme exprimant des dettes ; notion trop bornée, et par cela seul peu exacte : les autres comme des quantités qui doivent être prises en sens contraire aux quantités qu'on a supposées positives ; notion dont la géométrie fournit aisément des exemples, mais qui est sujette à de fréquentes exceptions.*

Cette critique ne me paraît pas aussi décisive qu'à M. d'Alembert. Il fallait remarquer que les dé-

_____

(1) *Essai sur les éléments d'algèbre*, chap. V, à la note.
(2) *Eclaircissements sur les éléments*, chap. XII.

nominations de *quantités positives* et de *quantités néga-tives* ont été mal choisies, et en donner d'autres. Quand on a mal commencé, on s'explique mal : cela est naturel, et c'est tout le tort qu'on a eu. Aussi ceux qui traitent du commencement d'un art ou d'une science devraient-ils, presque toujours, se garder de parler comme tout le monde. La dénomination, par exemple, de *quantités négatives* par opposition à celle de *quantités positives*, semble faire entendre qu'il y a des quantités qui ne sont pas des quantités, et des quantités qui sont réellement des quantités. Comme cette absurdité qu'on dit n'est pas ce qu'on veut dire, nous n'entendons pas ce qu'on ne dit pas. Mais nous achèverons d'éclairer cette théorie, lors-que nous traiterons des opérations du second degré.

CHAPITRE VIII.

DES QUATRE OPÉRATIONS SUR LES QUANTITÉS LITTÉRALES DE PLUSIEURS TERMES

On juge que la manière d'opérer sera la même dans ce chapitre que dans le précédent: mais nous répéterons plus d'une fois ce que nous aurons fait, parce qu'on ne peut pas traiter une quantité de plusieurs termes autrement que plusieurs quantités d'un seul.

$$\text{Addition} \quad \begin{array}{r} a - b + c \\ a + b - 2c \\ \hline 2a - c \end{array}$$

Comme nous ne distinguons pas en algèbre des unités de différents ordres, nous commençons toutes les opérations par la gauche, conformément à notre manière d'écrire. Ainsi $a + a = 2a$, $-b + b = o$, $+ c - 2c = -c$. La somme est donc $2a - c$.

On ne fait une addition que pour avoir l'expression abrégée de plusieurs quantités. Il n'y a donc point d'addition à faire, s'il n'est pas possible de trouver une expression plus abrégée par la suite des quantités écrites l'une après l'autre. Ne serait-ce pas une absurdité de prendre en arithmétique $2 + 4 + 8$ pour la somme de $2 + 4 + 8$? On serait donc absurde en algèbre, si l'on croyait avoir trouvé la somme d'une addition lorsqu'on aurait écrit.

$$a + b + c$$
$$d - f - g$$
$$\overline{a + b + c + d - f - g}$$

L'expression plus abrégée qu'on nomme *somme* suppose donc que plusieurs termes semblables se réunissent en un seul, comme $a + a = 2\,a$, ou que des termes se détruisent par l'opposition des signes, comme $+ b - b = o$.

Soustraction
$$4a - 2b + 6c$$
$$3a - 4b + 8c$$
$$\overline{a + 2b - 2c}$$

$4\,a - 3\,a = a$, premier reste partiel: mais ce reste est trop petit, puisque la quantité à soustraire est $3\,a - 4\,b$: c'est pourquoi nous avons à soustraire la soustraction $- 4\,b$. Or $- 4\,b$ soustrait de $- {}^{1}2\,b = - 2\,b + 4b = 2\,b$, second reste partiel, qui rajoute ce que j'avais retranché de trop. Enfin $6\,c - 8\,c = -2\,c$. Le reste total est donc $a + 2\,b - 2\,c$.

Multiplications.

$$1^{re} \quad a + b \qquad 2^{e} \quad a - b \qquad 3^{e} \quad a - b$$
$$\underline{a} \qquad\qquad \underline{a} \qquad\qquad \underline{- a}$$
$$aa + ab \qquad aa - ab \qquad - aa + ab$$

Ce sont là trois exemples qui comprennent toutes les observations qu'on peut faire sur les produits partiels. Dans le premier chaque produit est exact

12

par lui-même : quand on a multiplié *a* par *a*, tout est fait à cet égard ; il ne faut ni ajouter, ni retrancher, et on multiplie *a* par *b*.

Dans le second exemple, *aa* est un produit trop grand de la quantité *a b* : car ce n'est pas *a* que vous aviez à multiplier par *a*, mais *a — b*. Le produit — *a b* est donc probablement une soustraction, et vous défaites ce que vous avez fait de trop.

Dans le troisième exemple, — *a a* est une soustraction trop grande, et comme nous venons de retrancher *a b* de —+ *a a*, il faut ici ajouter *a b* à — *a a* parce qu'il faut remettre ce qu'on a ôté de trop.

Ces additions et ces soustractions, qui sont de trop dans un premier produit, n'embarrassant les commençants que parce qu'ils ne remarquent pas qu'elles sont de trop. S'ils le remarquaient, ils verroient qu'ils doivent retrancher, lorsqu'ils ont trop ajouté, et qu'ils doivent ajouter, lorsqu'ils ont trop retranché. Accoutumez-vous à raisonner vos opérations, et vous raisonnerez d'un clin-d'œil : mais gardez-vous surtout de chercher des règles. La routine des livres élémentaires n'est propre qu'à dégoûter les meilleurs esprits. Exerçons-nous sur deux exemples qui donneront lieu à quelques observations.

$$
\begin{array}{r}
a + b - c \\
x - d + y \\
\hline
ax + bx - cx \\
- ad - bd + cd \\
ay + by - cy \\
\hline
ax + bx - cx - ad - bd + cd + ay + by - cy
\end{array}
$$

$a \times x = a\,x$ et $b \times x = b\,x$, produit trop grand de la quantité $c\,x$: aussi le troisième produit de — c par x donne-t-il la soustraction — $c\,x$.

Mais $a\,x$ est encore un produit trop grand, quoique nous ne l'ayons pas remarqué ; puisque ce n'est pas par toute la quantité x que nous devions multiplier a, mais par la quantité $x - d$, $a\,d$ est donc de trop dans ax, et c'est pourquoi le produit de a par $- d$ donne la soustraction $- a\,d$. Par la même raison bx est également un trop grand produit, et nous soustrayons $- b\,d$.

Cependant, après avoir trop ajouté, nous retranchons trop. Car la soustraction $- b\,d$ est trop grande de la quantité $c\,d$, puisque ce n'est pas la quantité entière b qui devrait être multipliée par $- d$, mais la quantité $b - c$. Aussi le produit de $- c$ par $- d$ donne-t-il l'addition $+ c\,d$. Enfin parce que les deux premiers produits par y, c'est-à-dire, $a\,y + b\,y$, sont trop grands de la quantité $c\,y$, le troisième est la soustraction $- c\,y$.

La multiplication raisonnée que nous venons de faire, confirme toutes nos observations sur la multiplication de $+$ par $+$, de $+$ par $-$ et de $-$ par $-$; et l'on sent que, si l'on a bien compris ces observations, on pourra désormais s'épargner tous ces longs raisonnements : mais je n'ai pas cru inutile de vous les faire faire une fois. Il fallait vous faire remarquer que, lorsque dans l'un des facteurs ou dans tous les deux il y a des termes en plus et des termes en moins, les premiers produits sont toujours trop grands ou trop petits, et que par conséquent il faut que les autres soient des soustractions ou des additions.

Notre multiplication a pour résultat trois produits partiels : mais elle n'a pas de produit total. Il ne serait pas plus raisonnable en algèbre qu'en arithmétique, de croire avoir trouvé un produit total, parce qu'on aurait transcrit, comme j'ai fait, tous les produits partiels sur une même ligne. Il n'y a proprement de produit total que lorsqu'aux produits partiels on peut substituer une expression plus abrégée. La multiplication suivante en donne un exemple.

$$
\begin{array}{l}
a + b - c \\
a - b + c \\
\hline
aa + ab - ac \\
\quad - ab - bb + bc \\
\qquad + ac + bc - cc \\
\hline
aa - bb + 2bc - cc
\end{array}
$$

Vous remarquerez que, pour réduire plus facilement les trois produits partiels à l'expression la plus abrégée, j'ai écrit les termes du second produit sous les termes semblables du premier, et et ceux du troisième sous les termes semblables des deux autres.

Mais, pour faire une observation plus importante‘ supposons $a = 8, b = 4, c = 2$, et voyons quel serait en chiffres le produit des deux quantités littérales que nous venons de multiplier.

Chercher ce produit dans le résultat $aa - bb + 2bc - cc$, ce serait le chercher dans $8 \times 8 - 4 \times 4 + 2 \times 4 \times 2 - 2 \times 2$, et l'opération serait longue. Au contraire elle s'abrégera, si, sans nous occuper du résultat donné par la multiplication littérale, nous substituons aux termes des deux quantités à multiplier, la valeur en chiffres de chaque lettre : car d'un côté nous aurons $8 + 4 - 2 = 10$, et de l'autre $8 - 4 + 2 = 6$, c'est-à-dire, $10 \times 6 = 60$.

Vous concevez donc qu'on ne doit effectuer les

multiplications algébriques, qu'autant qu'on y est forcé par la suite des opérations. Dans tout autre cas, on ne ferait que compliquer le calcul. Il faut se souvenir que tout résultat algébrique n'étant qu'une quantité indiquée, on doit s'arrêter à celui qui laisse le moins de calcul à faire avec les chiffres. C'est pourquoi, au lieu d'effectuer les multiplications, on se contente souvent de les indiquer ainsi, $\overline{a + b - c}$ $\times \overline{a - b + c}$, ou encore $(a + b - c)\ (a - b + c)$. L'algèbre ne tolère pas, comme les autres langues, des discours inutiles.

Nous savons que, pour faire une division, il faut séparer les lettres que la multiplication a réunies, ou mettre au quotient celles qui ne sont pas communes au dividende et au diviseur. Nous savons encore que, pour être assuré d'avoir défait tout ce que la multiplication a fait, il faut retrouver tous les produits partiels qu'elle a donnés, et les soustraire l'un après l'autre. Cependant nous serions embarrassés à faire la division indiquée $\frac{2ab^3 - 3a^2b + ab^3 + a^3 - b^4}{b^3 - 2ab + a^2}$.

Or d'où peut venir notre embarras, sinon du désordre où sont les termes du dividende et du diviseur ? En effet, puisque la division doit défaire ce que la multiplication a fait, chacun sent qu'on ne divisera facilement, qu'autant qu'on verra les termes dans l'ordre où la multiplication est censée les avoir mis. Il s'agit donc d'observer cet ordre. Soit à cet effet la multiplication suivante :

$$a^2 - 2ab + b^3$$
$$a - b$$
$$\overline{}$$
$$a^3 - 2a^2b + ab^3$$
$$ - a^2b + 2ab^2 - b^4$$
$$\overline{}$$
$$a^3 - 3a^2b + ab^3 + 2ab^2 - b^4$$

Nous pourrions avoir le même produit dans un ordre inverse, en renversant le multiplicande et le multiplicateur :

$$b^3 - 2ab + a^2$$
$$- b + a$$
$$\overline{\quad - b^4 + 2ab^2 - a^2b \quad}$$
$$+ ab^3 - 2a^2b + a^3$$
$$\overline{- b^4 + ab^3 + 2ab^2 - 3a^2b + a^3}$$

Dans le produit de la première multiplication, l'ordre des exposants de a est 3, 2, 1; et dans celui de la seconde, l'ordre des exposants de b est 4, 3, 2, 1. Voilà l'ordre qu'il faut rétablir pour faire une division, et c'est ce qu'on appelle *ordonner* le dividende.

On peut ordonner la dividende par rapport à la lettre b, comme par rapport à la lettre a; cela est assez indifférent : mais, parce qu'on évite volontiers de commencer les opérations sur une quantité en moins, nous l'ordonnerons par rapport à la lettre a.

Dividende. $\quad a^3 - 3a^2b + ab^3 + 2ab^2 - b^4 \,\big|\, a^2 - 2ab + b^3$
$$\underline{\qquad - a^3 + 2a^2b - ab^3 \qquad\qquad}\ \big|\ a - b \ \text{quotient}$$
$$o - a^2b + 2ab^2 - b^4$$
$$+ a^2b - 2ab^2 + b^4$$
$$\overline{\qquad o \qquad o \qquad o \qquad}$$

$\frac{a^3}{a^2} = a$. J'écris donc a au quotient; et parce que $a^2 \times a$ est un produit à défaire, j'écris $- a^3$ au-dessous du premier terme du dividende ; et les deux se détruisant par l'opposition des signes, j'aurai pour reste 0. Cette première division partielle a donc défait ce qu'avait fait la première multiplication partielle.

a, premier terme du quotient, a multiplié les deux autres termes du diviseur, et a fait des produits qu'il faut défaire encore. Or $-2\,a\,b\times a = -2\,a^2\,b$. Voilà donc une soustraction à soustraire, et en conséquence j'écris $+2\,a^2\,b$ au-dessous du second terme du dividende : mais $a\,b^3$, produit de b^3 par a, est une addition à soustraire ; et, par cette raison, j'écris $-a\,b^3$ au-dessous du troisième terme.

Les termes qui se détruisent ayant défait, par cette première division partielle, les produits des trois termes du diviseur par le premier terme du quotient, il nous reste, pour second dividende partiel, $-a^2\,b + 2\,a\,b^2 - b^4$.

$\frac{-a^2b}{a^2} = -b$, second terme du quotient. Par $-b$ je multiplie tous les termes du diviseur, et je continue à défaire ce que la multiplication a fait. Le produit $-a^2\,b$ est une soustraction à soustraire, et j'écris au-dessous du dividende $+a^2\,b$: le second, $2\,a\,b^2$, est une addition à soustraire, et j'écris $-2\,a\,b^2$; enfin le troisième est une soustraction à soustraire, et j'écris $+b^4$. Alors tous les termes se détruisent par l'opposition des signes : le quotient est donc sans reste $a - b$.

Il y a des divisions qui peuvent embarrasser les commençants, lorsqu'ils n'ont pas assez observé encore la multiplication. Par exemple, ils seront étonnés que $x^4 - a^4$, divisé par $x + a$, ait pour quotient $x^3 - a\,x^2 + a^2\,x - a^3$; parce qu'ils n'imaginent pas que ce quotient et ce diviseur, pris pour les deux facteurs d'une multiplication, puissent ne produire que $x^4 - a^4$. Qu'ils comparent donc cette multiplication et cette division, et qu'ils en observent les produits partiels.

Multiplication. $x^3 - ax^2 + a^2x - a^3$

$$x + a$$

$$x^4 - ax^3 + a^2x^2 - a^3x$$
$$+ ax^3 - a^2x^2 + a^3x - a^4$$

$$x^4 \qquad 0 \qquad 0 \qquad 0 - a^4$$

Division. $x^4 \ldots \ldots - a^4 \big|\underline{x + a}$

$$\underline{- x^4 - ax^3} \qquad \big| x^3 - ax^2 + a^2x - a^3$$

$$0 - ax^3$$

$$\underline{+ ax^3 + a^2x^2}$$

$$0 + a^2x^2$$

$$\underline{- a^2x^2 - a^3x}$$

$$0 - a^3x - a^4$$

$$\underline{+ a^3x + a^4}$$

$$0 \qquad 0$$

CHAPITRE IX.

DES QUATRE OPÉRATIONS SUR LES FRACTIONS LIT-
TÉRALES, ET SUR LES FRACTIONS ARITHMÉTI-
QUES.

Dans le premier livre, nous avons fait toutes les
opérations avec les noms des nombres : mais les longues phrases, qui demandaient des efforts de mémoire, étaient en quelque sorte des entraves pour
nous, et nous n'avons pas pu faire de grands progrès. Cependant le dialecte des noms nous préparait
à des dialectes plus simples : il nous mettait sur la
découverte de l'arithmétique et de l'algèbre ; et aujourd'hui nous pouvons faire, à peu de frais, ce qui
auparavant nous coûtait beaucoup. Voilà le premier
fruit des études bien faites.

Ce n'est pas à l'arithmétique à nous préparer à
l'algèbre : c'est plutôt à l'algèbre à nous préparer à
l'arithmétique, parce qu'elle est plus simple. Il est
vrai qu'étant plus nouvelle pour nous, on suppose
qu'elle est plus difficile; on le croit même, tant on
est éloigné d'imaginer combien ce que nous ignorons
ressemble à ce que nous savons. Effrayé d'une langue qui n'offre que des signes indéterminés, on de-

manderait volontiers, que signifie $\frac{a}{b}$, ou toute autre expression pareille? A cette question, je réponds par une autre : *que signifie le mot être ?*

On me donnera la réponse que je dois faire. Comme *être* se dit de tout ce qui existe, $\frac{a}{b}$ se dit de toutes les fractions possibles. Pourquoi donc se faire un monstre des termes généraux? Peut-il exister une langue où il n'y en ait point? et pourrait-on, sans leur moyen, développer le plus petit raisonnement ?

Quand les fractions sont au même dénominateur, l'addition et la soustraction ne souffrent aucune difficulté. Pour ajouter $\frac{a}{b}$ à $\frac{c}{b}$ on écrira $\frac{c+a}{b}$; et, pour soustraire $-\frac{a}{b}$ de $\frac{c}{b}$, on écrira de même $\frac{c+a}{b}$, parce que $-(-)=+$, parce que soustraire une soustraction, c'est ajouter.

L'addition de $-\frac{a}{b}$ à $\frac{c}{b}$ est $\frac{c-a}{b}$; et la soustraction $+\frac{a}{b}$ de $\frac{c}{b}$ est également $\frac{c-a}{b}$; parce que $+(-) = -$, parce qu'ajouter une soustraction, c'est soustraire.

Faut-il réduire au même dénominateur deux fractions, telles que $\frac{a}{c}$, $\frac{b}{d}$? Multipliez la première par $\frac{d}{d}$ et la seconde par $\frac{c}{c}$, c'est-à-dire, écrivez $\frac{ad}{cd}$, $\frac{bc}{dc}$. En faut-il réduire trois $\frac{a}{b}$, $\frac{c}{d}$, $\frac{e}{f}$? Multipliez la première par $\frac{df}{df}$, la seconde par $\frac{bf}{bf}$, la troisième par $\frac{bd}{bd}$, et vous aurez $\frac{adf}{bdf} = \frac{a}{b}$, $\frac{ebd}{dbf} = \frac{e}{f}$.

On conçoit qu'en quelque nombre que soient les fractions, cette réduction se fera toujours de la même manière, et avec la même facilité : elle ne sera pas même embarrassante, lorsque les numérateurs et les dénominateurs seront composés de plusieurs termes; parce qu'alors, au lieu de faire les multiplications, on se contente de les indiquer. Par exemple, aux fractions $\frac{a-b}{b+c}$ et $\frac{g+h}{f+e}$, on ne substituera pas

$\frac{af-bf+ae-be}{bf+be+cf+ce}$ et $\frac{bg+bh+cg+ch}{bf+be+cf+ce}$. Ces expressions ne seraient pas les plus simples, et on écrira $\frac{\overline{a-b}\times\overline{f+e}}{\overline{b+c}\times\overline{f+e}}$ et $\frac{\overline{g+h}\times\overline{b+c}}{\overline{b+c}\times\overline{f+e}}$, ou $\frac{(a-b)\,(f+e)}{(b+c)\,(f+e)}$ et $\frac{(g+h)\,(b+c)}{(b+cc)\,(f+e)}$.

L'addition et la soustraction des fractions réduites au même dénominateur, donnent souvent des résultats dont l'expression pourrait être plus simple, et il ne faut pas oublier de chercher cette expression. Par exemple, $\frac{b\,b}{a+b}$ et $\frac{a-b}{1}$, réduites au même dénominateur, deviennent $\frac{b\,b}{a+b}$, $\frac{aa-bb}{a+b}$. L'addition sera donc $\frac{bb+aa-bb}{a+b}=\frac{a\,a}{a+b}$; et la soustraction, en retranchant la seconde de la première, sera $\frac{bb-aa+bb}{a+b}$ $=\frac{-aa+2bb}{a+b}$.

Nous avons vu que la multiplication et la division des fractions demandent chacune deux opérations. Si je veux multiplier $\frac{a}{c}$ par $\frac{b}{d}$, il faut que je multiplie a par b, et que je le divise par d; $\frac{a}{c}\times\frac{b}{d}=\frac{ab}{cd}$. De même je ferai deux opérations pour diviser $\frac{a}{c}$ par $\frac{b}{d}$; mais elles seront l'inverse de celles que j'ai faites pour multiplier; car je diviserai a par b, et je multiplierai par d. $\frac{a}{c}:\frac{b}{d}=\frac{a}{c}\times\frac{d}{b}=\frac{ad}{bc}$.

On se rappelle sans doute que, lorsqu'on a multiplié par b, on a trop multiplié de la quantité d, et que par conséquent il faut diviser a par d; on se souvient aussi que, lorsqu'on a divisé par b, on a trop divisé de la quantité d, et que par conséquent il faut multiplier a par d.

Nous pouvons par $\frac{a}{b}$ désigner en général toutes les fractions possibles; et certainement cette expression ne sera pas plus difficile à comprendre que le mot *fraction*, qui en est le synonyme.

Or, sous ce terme général, nous distinguerons des

fractions de trois espèces. Les premières seront celles dont les deux termes a et b sont égaux, les secondes celles dont le numérateur a sera plus petit que le dénominateur b, et les troisièmes celles dont le numérateur a sera plus grand que le dénominateur b.

Si $a = b$, multiplier ou diviser par $\frac{a}{b}$, c'est multiplier ou diviser par 1. Il n'y a donc, à proprement parler, ni multiplication, ni division; et c'est par extension qu'on dit multiplier ou diviser.

Si a est plus petit que b, la multiplication par $\frac{a}{b}$ ne sera une multiplication que de nom, et sera une division de fait : au contraire, la division par $\frac{a}{b}$ ne sera une division que de nom, et sera de fait une multiplication.

Enfin si a est plus grand que b, les multiplications et les divisions par $\frac{a}{b}$, seront, de fait comme de nom, des multiplications et des divisions.

En employant le terme général $\frac{a}{b}$, nous pouvons donc nous représenter toutes les espèces de multiplications et de divisions qu'on peut faire avec quelque fraction que ce soit; et, si nous prenons un second terme général, tel que $\frac{c}{d}$, nous pouvons également nous représenter toutes les opérations qu'il est possible de faire avec deux fractions, ou même avec un plus grand nombre. Or ce que nous aurons dit en algèbre, nous pourrons le traduire en arithmétique. Il ne reste donc qu'à le répéter, et je laisse ce chapitre à finir aux commençants.

CHAPITRE X.

DES QUATRE OPÉRATIONS SUR LES QUANTITÉS
DE DIFFÉRENTES DÉNOMINATIONS.

Nous avons remarqué que toute quantité peut être considérée comme un nombre entier ou comme un nombre rompu. Un sou, nombre entier par rapport au denier, est un nombre rompu par rapport à la livre ; un pied, nombre entier par rapport au pouce, est un nombre rompu par rapport à la toise. Dans tout cela, il n'y a que des rapports, et nous ne saurions nous faire l'idée d'un entier absolu, c'est-à-dire, d'un nombre qui ne soit pas partie d'un plus grand.

Il n'y a donc pas proprement un seul entier qui puisse être nommé ; et c'est précisément par cette raison que, dans les langues vulgaires, on a nommé toutes les mesures, comme si elles étaient chacune autant d'entiers ; en sorte que les dénominations qu'on leur a données semblent cacher qu'elles sont des fractions. De la pistole au denier, par exemple, il y a une suite de fractions : cependant on dit un denier, comme on dit une pistole ; et il n'y a rien

13

dans ces dénominations qui puisse faire juger qu'aucune de ces quantités soit des fractions.

Dans nos livres élémentaires, on nomme *incomplexes* les quantités qu'on prend pour des nombres entiers, et *complexes* celles qui sont composées de nombres entiers et de nombres rompus. 2#, par exemple, est une quantité incomplexe, et 2# 3♪ 6𝒳 est une quantité complexe. Nous ne ferons aucun usage de ces dénominations, qui ne paraissent avoir été choisies que pour embarrasser les commençants. Etrangères à notre langue, comme la plupart de nos termes d'art et de science, elles ont encore le défaut de n'avoir aucune analogie avec le calcul. Est-il raisonnable, pour apprendre à faire une chose, de commencer par s'exprimer d'une manière qui ne ressemble point à celle dont il faut opérer? Nous parlons mal. Voilà pourquoi nous avons tant de peine à faire des livres élémentaires.

Si toutes les mesures avaient été divisées en parties décimales, on aurait vu, dans les dénominations de chacune, comment on en doit faire le calcul, et cette découverte eût été à la portée de tout homme intelligent. 1, $\frac{1}{10}$, $\frac{1}{100}$, $\frac{1}{1000}$, sont des dénominations qui ne confondent pas les nombres entiers avec les nombres rompus, et on apprendrait de la langue même la manière d'opérer sur toutes ces quantités.

C'est donc parce que notre langue est mal faite que nous ne voyons pas dans le calcul des fractions celui des quantités de différentes dénominations : les difficultés que les commençants trouvent dans ce calcul s'evanouiraient bientôt s'ils faisaient attention que ces quantités ne sauraient avoir lieu en arithmétique. Il n'y a dans ce dialecte que des termes **abstraits,** et ces termes ne signifient et ne peuvent signifier que des unités de différentes espèces, des collections de ces unités, ou des fractions. En un mot, il ne faut voir en arithmétique que des nombres entiers et des nombres rompus : c'est une précaution absolument nécessaire, si l'on veut se rendre raison des opérations ; et on brouillera tout, quand on cherchera, dans ce dialecte, quelque chose de semblable aux dénominations mal faites de nos langues.

Il n'y a donc en arithmétique ni livre, ni sou, ni denier : mais il y a $\frac{20}{20}$, $\frac{1}{20}$, et $\frac{1}{12}$ de $\frac{1}{20}$ ou $\frac{1}{240}$. Vous n'avez donc pas besoin de distinguer des quantités complexes et des quantités incomplexes. Ce sont là des fractions ; et puisque vous savez comment on les traite, faites comme vous avez fait. Réduisez-les au même dénominateur, si vous voulez les multiplier ou les diviser ; et, quand vous aurez achevé votre opération, il vous sera facile de trouver dans le résultat des $\frac{20}{20}$, des $\frac{1}{20}$ et des $\frac{1}{240}$, que vous nommerez livres, sous, deniers, ou tout autrement.

Je dis *dans le résultat*, parce que, dans le cours des opérations, vous ne verrez que des termes abstraits, qui expriment des nombres entiers et des nombres rompus ; ce sont nos langues qui nous portent à croire que nous opérons sur les mesures qu'on nomme livres, sous, etc. Voilà ce qui a trompé tous ceux qui ont voulu faire des éléments d'arithmétique. Ils semblent ne pas savoir de quelle espèce sont les nombres qu'on calcule. Ils en distinguent de deux espèces, les *abstraits*, les *concrets*, et ils disent que les concrets sont ceux qu'on applique à quelque objet; comme si dans 1 écu, 2 écus, 3 écus, 1, 2 et 3 étaient autre chose que 1, 2 et 3. Cette distinction est tout à fait inutile ; et *concret* sera pour nous un mot barbare de moins.

1 est en arithmétique le terme général de tous les entiers ; et les différentes expressions de l'unité sont autant de termes abstraits qui désignent des entiers de différentes espèces. $\frac{20}{20}$ est l'entier que nous nommons *livre*, $\frac{6}{6}$ est l'entier que nous nommons *toise*, ainsi des autres. Il faudrait traduire dans le dialecte des chiffres toute question de calcul qu'on nous propose en langue vulgaire : alors vous ne parleriez que le langage que vous devez parler : vous seriez convaincu que les calculs ne se font que sur des termes abstraits, et vous n'y trouveriez pas les difficultés que vous y mettez vous même en voulant parler à la fois deux langages trop peu analogues l'un à l'autre.

Remarquons cependant, pour ne pas allonger inutilement les opérations, qu'il n'est pas toujours nécessaire de traduire tous les termes des quantités de différentes dénominations. Qu'à 3# 18ſ 9𝔩, par exemple, on vous propose d'ajouter 5# 6ſ 4𝔩 ; vous ne traduirez pas 3 en $\frac{60}{20}$ ni 5 en $\frac{100}{20}$, vous écrirez seulement $3\frac{20}{20}$, afin de donner, à l'entier que nous nommons livre, la dénomination qui lui est propre en arithmétique. La traduction ne sera donc nécessaire, que pour les deux autres termes. Alors, considérant que 3# $= 3\frac{20}{20}$ et 1ſ $= \frac{1}{20}$, vous traduirez 18ſ par $\frac{18}{20}$. De même vous traduirez 9𝔩 par $\frac{9}{12}$, parce que le sou est un entier dont, en arithmétique, l'expression est $\frac{12}{12}$. Vous écrirez donc :

$$3\,\frac{20}{20} + \frac{18}{20} + \frac{9}{12}$$
$$5\phantom{\,\frac{20}{20}} + \frac{6}{20} + \frac{4}{12}$$

$$\overline{9\#5ſ1𝔩}$$

Vous comprenez que nous devons commencer l'opération par la droite. $\frac{9}{12} + \frac{4}{12} = \frac{12}{12} + \frac{1}{12}$. J'écris 1 à la somme, et je laisse le dénominateur dont je n'ai plus besoin, $\frac{12}{12}$ est une unité qui doit passer dans l'ordre supérieur. Or $\frac{12}{12}$ ou $\frac{1}{20} + \frac{18}{20} + \frac{6}{20} = \frac{20}{20} + \frac{5}{20}$; j'écris 5 à la somme, et je retiens $\frac{20}{20}$. Enfin $\frac{20}{20} = 1$; et $1 + 3 + 5 = 9$, que j'écris. La somme est donc 9# 5ʃ 1ꝶ.

Cette addition, faite par le moyen d'une traduction arithmétique, développe sensiblement tous les procédés de l'opération, et fait voir qu'en additionnant des quantités de différentes dénominations, nous ne faisons rien que nous n'ayons déjà fait. Mais faudra-t-il toujours faire cette traduction ? Je réponds qu'il ne la faudra pas toujours écrire, et c'est ce qui abrégera bientôt le calcul. Faisons une soustraction d'après la même méthode.

$$9 \, \tfrac{20}{20} + \tfrac{5}{20} + \tfrac{1}{12}$$
$$5 \quad + \tfrac{6}{20} + \tfrac{4}{12}$$
$$\overline{\quad 3\# \qquad 18ʃ \quad 9ꝶ \quad}$$

Pour soustraire $\frac{4}{12}$ de $\frac{1}{12}$ j'emprunte $\frac{12}{12}$. Or $\frac{13}{12} - \frac{4}{12} = \frac{9}{12}$, et cette première soustraction donne 9 pour premier reste.

Maintenant j'ai à soustraire $\frac{6}{20}$, non de $\frac{5}{20}$, mais de $\frac{4}{20}$, soustraction qui ne se fait qu'après avoir emprunté $\frac{20}{20}$. Mais $\frac{24}{20} - \frac{6}{20} = \frac{18}{20}$, et la seconde soustraction donne 18 pour second reste. Enfin 9, d'où j'ai emprunté $\frac{20}{20} = 1$, devient 8, et $8 - 5 = 3$. Le reste total est donc 3# 18ʃ 9ꝶ.

Le prix d'un ouvrage ayant été fait à 34# 10ʃ 2ꝶ

la toise, on demande combien on doit pour 17t. 3p. 2p.

Cette question, traduite en arithmétique, aurait pour multiplicande $34 \frac{20}{20} + \frac{10}{20} + \frac{2}{12}$ de $\frac{1}{20}$ ou $\frac{2}{240}$, et pour multiplicateur $17 \frac{6}{6} + \frac{3}{6} + \frac{2}{12}$ de $\frac{1}{6}$ ou $\frac{2}{72}$. Cependant le calcul serait long si, pour préparer la multiplication des deux facteurs, il fallait réduire toutes les fractions du premier au dénominateur 240, et toutes celles du second au dénominateur 72. Il est vrai que les arithméticiens l'abrègent par le moyen de ce qu'ils appellent les parties *aliquotes* et les parties *aliquantes :* mais ceux qui ont imaginé les parties *aliquotes* et les parties *aliquantes* ne peuvent pas être soupçonnés d'avoir voulu parler français; et il y a lieu de croire que nous serions plus clairs, si nous renoncions à ce langage. Essayons. J'écris ici d'abord les résultats que nous trouverons.

$$
\begin{array}{llr}
\text{17 T. à 34}\# & \ldots\ldots\ldots & \text{578}\# \\
\text{à 10}\int & \ldots\ldots\ldots & \text{8 10}\int \\
\text{à 2}\lambda & \ldots\ldots\ldots & \text{2}\int \text{ 10}\lambda \\
\end{array}
$$

à 34# 10∫ 2λ la toise,

$$
\begin{array}{llr}
\text{Les 3 pieds} & \ldots\ldots\ldots & \text{17 5 1}\lambda \\
\text{Les 2 pouces} & \ldots\ldots\ldots & \text{19 2 }\frac{1}{18} \\
\hline
& & \text{604}\# \text{ 17}\int \text{ 1}\lambda \text{ }\frac{1}{18}
\end{array}
$$

Lorsqu'on propose une question d'arithmétique, si elle a pour objet des nombres déterminés, c'est une nécessité de le dire, et par conséquent il faut alors faire usage des dénominations qui déterminent l'espèce d'entier dont il s'agit : on dira, par exemple, 34 livres à multiplier par 17 toises. Mais quand on vient à la multiplication, on ne voit plus ni livres, ni toises : on ne voit que les entiers 34, 17 ; on les multiplie l'un par l'autre, et on ne vient aux dénominateurs que lorsqu'il faut faire l'application du résultat de la multiplication.

Je ne vois que des entiers dans 34 et dans 17. Je multiplie donc ces deux nombres l'un par l'autre, et le produit 578 me donne le prix de 17, à raison de 34# la toise.

Au lieu de ne voir dans la livre que des vingtièmes, j'y verrai des demi, des quarts, des cinquièmes, et je me représenterai $10\int = \frac{1}{2}$, $4\int = \frac{1}{5}$, $5\int = \frac{1}{4}$; alors je pourrai faire usage du mot livre, et je parlerai en arithmétique, un langage qui m'est familier. Donc 17 $\times 10\int = 17 \times \frac{1}{2} = \frac{17\#}{2} = 8\# \; 10\int$.

Après avoir trouvé ce premier résultat, je considère le sou comme un entier dont 2λ sont $\frac{1}{6}$, et je dis : à $1\int$ la toise, les 17 vaudraient $17\int$; 2λ sont le sixième d'un sou; donc $17 \times 2\lambda = \frac{17\int}{6} = 2\int \frac{5}{6}$. Enfin $\frac{5\int}{6}, = \frac{60\lambda}{6} = 10\lambda$.

Je ne conserve point à la livre et au sou les dénominations arithmétiques $\frac{20}{20}$, $\frac{12}{12}$, parce qu'au lieu de faire les opérations d'après ces divisions, je les ferai d'après des $\frac{1}{2}$, $\frac{1}{3}$, $\frac{1}{4}$, ou toute autre, choisissant toujours les plus commodes. Alors il n'y a point d'inconvénient à conserver aux entiers les noms de livres et de sous.

Quant à la valeur de trois pieds deux pouces, je n'ai pas besoin de la chercher dans des nombres abstraits, elle est dans les termes qui ont établi l'état de la question : c'est là que je la trouverai. En effet, puisque la toise coûte 34# $10\int$ 2λ, nous aurons pour 3 pieds $\frac{34\# \; 10\int \; 2\lambda}{2} = 17\# \; 5\int \; 1\lambda$; et cette valeur nous ayant donné pour un pied $\dfrac{17\text{#}\ \ ^{5}\!\int\ ^{1}\!\lambda}{3} = 5\text{#}\ 15\!\int\ \frac{1\lambda}{3}$, nous

trouverons pour 2 pouces $\dfrac{5\text{#}\ ^{15}\!\lambda\ \frac{1d}{3}}{6} = \dfrac{115\!\int}{6} + \dfrac{1\lambda}{18} =$

$19\!\int 2\ \frac{1\lambda}{18}$.

Pour la division, nous pourrions prendre l'inverse de la question que nous venons de faire. Supposez qu'on a payé, pour 17 toises 3 pieds 2 pouces, 604# $17\!\int 1\lambda\ \frac{1\lambda}{18}$, et qu'on demande à combien revient la toise. C'est ce que nous ferons : mais il faut commencer par une question plus simple.

En supprimant les pieds et les pouces dans la multiplication précédente, nous aurions trouvé qu'à raison de 34# $10\!\int 2\lambda$ la toise, les 17 reviendraient à 586# $12\!\int 10\lambda$. Je suppose maintenant qu'on sait que les 17 reviennent à 586# $12\!\int 10\lambda$, et qu'on cherche ce qu'une toise a coûté. Si je propose, pour la division, l'inverse de la question que j'ai proposée pour la multiplication, c'est afin qu'on puisse facilement comparer les procédés de l'une avec les procédés de l'autre : car enfin c'est en comparant les choses qu'on s'en fait des idées.

Pour avoir le produit qui est devenu notre dividende, nous avons fait trois multiplications par 17, celle de 34#, celle de $10\!\int$, celle de 2λ : maintenant le multiplicateur 17 devient notre diviseur, et nous ferons trois divisions.

La première division $\frac{586}{17}$, donne au quotient 34#, et il me reste $\frac{8\text{#}}{17}$ ou $\frac{160\!\int}{17}$, que je dois ajouter à $12\!\int$, mon second dividende. La seconde division sera donc $\frac{172}{17} = 10\!\int$, avec $\frac{2\!\int}{17}$ ou $\frac{24}{17}$. Le dernier dividende est donc $24 + 10 = 34$. Or, la troisième division $\frac{34}{17}$

$= 2\lambda$, et j'ai trouvé pour la valeur de la toise, 34#, 10ſ 2.

On voit que la division est bien simple, lorsque le diviseur ne contient point de nombre rompu : si elle en contenait, elle serait plus longue à faire; mais elle ne serait pas plus difficile à comprendre. Prenons donc maintenant pour diviseur 17 toises 3 pieds 2 pouces.

Nous avons dans notre dividende trois dividendes partiels : le premier est dans 604, et nous prévoyons que la division donnera un reste qui, joint à 17ſ, formera le second dividende partiel. Le troisième sera également formé d'un reste ajouté à 1 $\frac{19\lambda}{18}$.

Lorsque nous avons fait notre multiplication, nous avons jugé de la valeur des pouces par celle du pied, et de la valeur du pied par celle de la toise ; c'est donc dans la toise proprement que nous avons trouvé le produit. Or, puisque nous devons faire le contraire en divisant, nous chercherons le quotient dans les pouces, et par conséquent nous réduirons en pouces tous les termes du diviseur.

Le pied contient 12 pouces et la toise 72, donc 17 toises 3 pieds 2 pouces = 1,262 pouces. Cependant, afin que la division me donne tout de suite des toises, je ne prendrai pas 1,262 pour diviseur, mais $\frac{1262}{72}$. On voit même que nous ne pourrions diviser par 1,262, qu'après avoir réduit au même dénominateur tous les termes du dividende ; ce qui allongerait d'autant plus le calcul, qu'il les faudrait tous réduire en $\frac{1}{18}$ de denier.

Nous avons donc à diviser 604# 17ſ $\frac{19\lambda}{18}$ par $\frac{1262}{72}$: or,

604# 17ſ $\frac{19\lambda}{18}$: $\frac{1262}{72}$ = 604# 17ſ $\frac{19\lambda}{18}$ × $\frac{72}{1262}$, et par

13.

conséquent cette division s'offre sous la forme de trois multiplications à faire. C'était une condition nécessaire de déterminer, en proposant la question, les espèces de nombres entiers et rompus dont le multiplicande est formé, et je les détermine en les nommant #. $\int$, λ. Mais, parce que ces dénominations ne sont point du tout nécessaires pour multiplier, je ne me les rappellerai que lorsqu'il faudra les appliquer au résultat des multiplications.

Ce calcul paraîtra long : mais il ne faut pas confondre long et difficile, lorsqu'une chose n'est longue à faire, que parce qu'il faut répéter une opération simple, qui se fait à chaque fois facilement. La difficulté est donc uniquement à n'oublier aucune des opérations. Or je n'en oublierai aucune, si je les ai toujours sous les yeux. J'écris donc :

$$\text{I}^{\text{re}}\ 604 \times \tfrac{72}{1262}.\quad \text{II}^{\text{e}}\ 17 \times \tfrac{72}{1262}.\quad \text{III}^{\text{e}}\ \tfrac{19}{18} \times \tfrac{72}{1262}.$$

Voilà trois opérations. Elles comprennent chacune une multiplication et une division, qu'il faut faire l'une après l'autre.

Multiplication.	604	Division.	43488	34	$\frac{580\#}{1262}$
	72		1262		
	1208		5628		
	4228		1262		
	43488		580		

Le reste 580 doit être joint au dividende, lorsque j'en serai à la division de la seconde opération ; et puisqu'alors je n'aurai que des sous à diviser, il faut que je réduise ce reste en sous, et que par conséquent je le multiplie par 20.

$$580$$
$$20$$
$$\overline{11600}$$

Pour la seconde opération, la multiplication est :

$$17$$
$$72$$
$$\overline{34}$$
$$119$$
$$\overline{1224}$$

Au produit, il faut que j'ajoute ce qui m'est resté de la première opération, c'est-à-dire 11600, et que je divise la somme... 12824 par 1262.

Division. $\dfrac{12824}{1262}$ | 10 $\dfrac{204}{1262}$

$$204$$
$$1262$$

Il faut réduire en deniers le reste de cette dernière division, et par conséquent multiplier 204 par 12 :

$$204$$
$$12$$
$$\overline{408}$$
$$204$$
$$\overline{2448}$$

Mais mon troisième dividende ne contient que des $\frac{1}{18}$ de denier, j'ai donc à multiplier encore par 18 le produit 2448 :

Multiplication.
$$
\begin{array}{r}
2448 \\
18 \\
\hline
19584 \\
2448 \\
\hline
44064
\end{array}
$$

Maintenant je viens à la troisième opération, et je multiplie 19 par 72 :

Multiplication.
$$
\begin{array}{r}
19 \\
72 \\
\hline
38 \\
133 \\
\hline
1368
\end{array}
$$

A ce produit j'ajoute le reste 44064 de la dernière division.

Addition.
$$
\begin{array}{r}
44064 \\
1368 \\
\hline
45032
\end{array}
$$

Et je divise la somme 45432 par 1262.

Division.
$$
\begin{array}{r|l}
45432 & 36 \\
1262 & \\
\hline
757\text{?} & \\
1262 & \\
\hline
0000 &
\end{array}
$$

Le quotient est donc 36 dix-huitièmes de denier, c'est-à-dire $2\partial\!\lambda$, puisque $\frac{36}{18} = 2\partial\!\lambda$; nous avons donc retrouvé, pour la valeur de la toise, 34# 10ſ 2$\partial\!\lambda$.

Ce long calcul s'abrégera à mesure qu'on sera plus assuré de sa mémoire. Ce sont les efforts de mémoire, comme nous l'avons remarqué, qui rendent le calcul difficile avec les noms : ce sont ces mêmes efforts qui le rendent difficile avec les chiffres ; et toute la difficulté, réduite à ce qu'elle est, se borne à ne rien oublier de ce qu'on doit faire. Il n'y a point d'instruction à donner à ceux qui semblent ne jamais savoir où ils en sont, et qui n'y voudront suppléer par aucun moyen. Voyez donc comment vous pourriez calculer en faisant de votre mémoire le plus petit usage possible, et vous en calculerez plus sûrement et plus promptement ; l'algèbre vous en donnera la preuve sensible.

Les commençants qui trouveront dans ce chapitre de quoi s'exercer, remarqueront que j'ai eu raison de ne pas multiplier d'abord les exemples ; et c'est ainsi que je continuerai : en effet, les exemples se présenteront assez souvent. Lorsque nous ne reviendrons aux opérations que parce que nous y serons ramenés par un objet, nous les apprendrons mieux, parce que nous en contracterons l'habitude avec moins de dégoût.

CHAPITRE XI.

DES ÉVALUATIONS AVEC LES CHIFFRES ET AVEC LES LETTRES.

Quand une chose est évidente, elle ne saurait être plus évidente : mais l'évidence en peut être saisie plus promptement et plus sensiblement, et cela arrive toutes les fois que nous parlons un langage plus simple. Je répète cette observation, et je ne la saurais trop répéter, parce que c'est d'elle que nous apprendrons à nous élever de connaissance en connaissance. Par exemple, nous avons démontré, en parlant le dialecte des noms, que seize sous quatre sixièmes sont en sous l'évaluation de cinq sixièmes d'une livre : nous le démontrerons plus promptement et plus sensiblement avec le dialecte plus simple des chiffres ; car $\frac{5}{6}$ de $\frac{20}{1} = \frac{1}{6}$ de $\frac{100}{1} = \frac{100}{6}$ 16 $\frac{4 \int}{6}$.

Si nous faisons $a = 5, b = 6, c = 20, d = 1$, nous dirons la même chose avec le dialecte des lettres, et nous verrons aussitôt qu'en général toute fraction de fraction s'évalue en multipliant numérateur par numérateur et dénominateur par dénominateur. $\frac{a}{b}$ de $\frac{c}{d} = \frac{ac}{bd}$; il n'y a plus qu'à donner à ces lettres différentes valeurs, pour trouver dans cette formule l'évaluation de toute autre fraction de fraction. Par exemple, si $a = 2$, $b = 3$, $c = 12$, $d = 1$, cette formule donnera l'évaluation de deux tiers d'un pied, $\frac{ac}{bd} = \frac{\times 12}{3} = \frac{24}{3} = 8$ pouces.

Evaluer, c'est réduire une expression trop peu familière, ou trop compliquée, à une expression plus familière ou plus simple. Les monnaies étrangères, dont nous n'avons pas l'usage, nous les réduisons en livres de France; et une fraction, telle que $\frac{12}{96}$, nous la réduisons à $\frac{1}{8}$. Nous saisissons plus facilement une valeur dans une expression simple, comme nous la saisissions plus facilement dans une expression familière. Aussi cherchons-nous naturellement ces expressions, et il n'y a personne qui n'en sache trouver. Or, quand on en a trouvé une, on en doit savoir trouver d'autres, puisqu'il n'y a qu'à faire comme on a fait.

La méthode la plus courte pour évaluer une fraction, c'est d'en diviser les deux termes par le plus grand commun diviseur. Nous l'avons expliqué; nous avons remarqué que ce diviseur ne peut être plus grand que le plus petit des deux termes, et que par conséquent ce plus petit terme est le plus grand diviseur commun s'il divise sans reste; que si, au contraire, il y a un reste, il faut avec ce reste diviser le terme qui a été diviseur; que si l'on trouve encore un nouveau reste, il faut avec ce dernier diviser le premier, jusqu'à ce qu'on arrive à une division exacte.

Voilà un long discours que l'arithmétique développerait d'un trait de plume, et mettrait tout entier sous les yeux. Observez l'opération suivante que je fais pour trouver le plus grand commun diviseur des deux termes de $\frac{216}{576}$.

$$
\begin{array}{r|l}
576 & \\
216 & 2 \\
\hline
144 & 1 \\
\hline
72 & 2 \\
\hline
00 &
\end{array}
$$

Il est évident que ce diviseur ne saurait être plus grand que 216, et je fais la division $\frac{576}{216}$, qui me donne 144 pour reste. Alors je redis ce que j'ai déjà dit : car il faut bien répéter les mêmes discours, quand on ne parle que pour faire répéter les mêmes opérations. Je répète donc : *le diviseur commun de* 144 *et de 216 ne peut être plus grand que* 144, et je fais la division $\frac{216}{144}$, qui me donne aussi un reste 72, et qui me force encore à répéter le même raisonnement : *le diviseur de* 72 *et de* 144 *ne saurait être plus grand que* 72. Heureusement la division $\frac{144}{72}$ se fait sans reste : car, si j'avais eu d'autres divisions à faire, je me serais répété encore ; mais plus vous serez frappé de mes répétitions, mieux vous apprendrez comment on trouve le plus grand commun diviseur. Remarquez, au reste, que ces raisonnements si répétés se développent clairement et sans verbiage dans l'opération arithmétique, où chaque diviseur se trouve naturellement au-dessous de son dividende. 72 au-dessous de 144, 144 au-dessous de 216, et 216 au-dessous de 576 ; et vous voyez que, comme 72 est le plus grand commun diviseur de 144 et de 216, il l'est encore de 216 et de 576. En effet, $\frac{216 : 72}{576 : 72} = \frac{3}{8}$, et cette fraction est évaluée ou réduite à ses moindres termes.

On juge sans doute que la substitution des lettres aux chiffres ne peut rien changer à cette méthode. Cependant l'algèbre aura l'avantage de représenter, d'une manière générale, ce que les chiffres n'appliquent qu'à des cas particuliers. Soient $\frac{a}{b} = \frac{216}{576}$, $c = 144$, $d = 72$: les trois divisions que nous avons faites deviendront Ire $\frac{b}{a} + c$, IIe $\frac{a}{c} + d$, IIIe $\frac{c}{d}$ sans reste. Si ensuite nous oublions les valeurs en chiffres que nous avons données à ces lettres, aussitôt a, b, c, d, deviendront des termes généraux, et ce que nous aurons remarqué sur la fraction $\frac{a}{b}$, se trouvera démontré de toute fraction réductible à de moindres termes. Ainsi cette méthode que le dialecte des chiffres développait mieux que celui des noms, l'algèbre la développe mieux encore. Quelque nombre de divisions qu'il faille faire pour trouver le plus grand diviseur commun, vous les voyez toutes dans une suite de fractions, qui se forment chacune de la même manière : $\frac{b}{a} + c$, $\frac{a}{c} + d$, $\frac{c}{d} + e$, $\frac{d}{e} + f$, $\frac{e}{f} + g$, et ainsi jusqu'à ce qu'on arrive à une division sans reste.

C'est afin de développer cette méthode d'une manière aussi simple que générale, que j'ai pris pour exemple la fraction $\frac{a}{b}$, qui est réduite à l'expression la plus simple : mais il faut savoir évaluer aussi les fractions algébriques, lorsque le numérateur et le dénominateur sont composés de plusieurs termes. Sans doute que cette évaluation ne se fera pas autrement que celle des fractions arithmétiques. Cependant il arrivera souvent que nous ne pourrons appliquer la même méthode, qu'après quelques préparations : c'est ce qu'il faut expliquer.

Soit à réduire aux moindres termes la fraction

$\frac{4\,aa - 5\,ba + bb}{3\,a^3 - 3\,baa + bba - b^3}$: parce qu'il faut diviser la plus grande quantité par la plus petite, le dénominateur par le numérateur, j'écrirai $\frac{3\,a^3 - 3\,baa + bba - b^3}{4\,aa - 5\,ba + bb}$. Mais je me trouve tout-à-coup arrêté : cette division ne paraît pas pouvoir se faire, puisque 3, coefficient du premier et du second terme du dividende, et 1, coefficient du troisième, ne contiennent pas 4, coefficient du premier terme du diviseur, ni 5, coefficient du second. Elle se ferait cependant, si je multipliais par 4 tous les termes du dividende ; et je juge que je puis faire cette multiplication, parce qu'elle ne change rien au commun diviseur. Il n'est pas bien difficile de comprendre qu'il y a des multiplications et des divisions qui ne le changeront pas, comme il y en a qui le changeront.

Si je multipliais, par exemple, la fraction $\frac{ab}{ac}$ par c, elle deviendrait $\frac{abc}{ac}$; et, si je la divisais par b, elle deviendrait $\frac{ab}{abc}$. Dans l'un et l'autre cas, le premier diviseur serait changé, puisqu'au lieu d'être a, il serait ab ou ac. Si, au contraire, je multipliais ou divisais par d cette même fraction, a, diviseur commun de ces deux termes, le serait encore des deux termes des fractions $\frac{abd}{ac}$, $\frac{ab}{acd}$. Donc on ne change point le diviseur commun de deux quantités, lorsqu'on multiplie ou qu'on divise l'une par une quantité qui ne multiplie ni ne divise l'autre.

Or, 4 ne multiplie pas la quantité $4\,aa - 5\,ba + bb$, puisqu'il n'en multiplie que le premier terme : donc en multipliant par 4 la quantité $3a^3 - 3baa + bba - b^3$, je ne changerai point le commun diviseur des deux. Donc je trouverai dans ce diviseur le commun diviseur des deux termes de la fraction proposée.

Cette multiplication par 4 donne $12a^3 - 12aab + 4abb$ $- 4b^3$, quantité divisible par $4aa - 5ab + b^2$.

$$
\begin{array}{l|l}
\text{Dividende } b. & \text{Diviseur } a. \\
12a^3 - 12aab + 4abb - 4b^3 & 4aa - 5ab + b^2 \\
\underline{- 12a^3 + 15aab - 3abb} & \overline{} \\
\text{Reste } c.\ \ 0 + 3aab + abb - 4b^3 & 3a \quad \text{Quotient.}
\end{array}
$$

La formule $\frac{b}{a} + c$, est le modèle de cette première division : c'est pourquoi j'ai écrit *dividende* b, *diviseur* a, *reste* c. Mais, parce que je suppose qu'on se rappelle la raison de tous les procédés de cette division, je me borne à la faire.

La seconde division $\frac{a}{c}$ est $\frac{4aa - 5ab + b^2}{3aab + abb - 4b^3}$: elle a besoin d'être préparée.

b, commun facteur de tous les termes du dénominateur, ne l'est pas de tous ceux du numérateur, puisqu'il ne se trouve pas dans $4aa$. Je ne changerai donc pas le commun diviseur, en divisant par b tous les termes du dénominateur. Je fais cette division, et la fraction $\frac{a}{c}$ devient $\frac{4aa - 5ab + b^2}{3aa + ab - 4b^2}$; cependant cette première préparation ne suffit pas, puisque les coefficients 4, 5 et 1 ne sont pas divisibles par 3.

Mais, parce que 3 ne multiplie pas tous les termes du dénominateur, je multiplierai, par ce même 3, tous ceux du numérateur, bien assuré de ne point changer le commun diviseur. Or, par cette multiplication, la fraction $\frac{a}{c}$ devient $\frac{12aa - 15ab + 3bb}{3aa \times ab - 4bb}$, dont voici la division.

$$
\begin{array}{l|l}
\text{Dividende } a. & \text{Diviseur } c. \\
12aa - 15ab + 3b^2 & 3aa + ab - 4bb \\
\underline{- 12aa - 4ab + 16b^2} & \overline{} \\
\text{Reste } d.\ \ 0 - 19ab + 19b^2 & 4 \quad \text{Quotient.}
\end{array}
$$

Nous sommes à la division dont le modèle est $\frac{c}{d}$, et qui est par conséquent $\frac{3\,aa + ab - 4b^2}{-19\,ab + 19\,b^2}$.

$19b$, qui multiplie les deux termes du nouveau diviseur, ne multiplie pas ceux du nouveau dividende. Cette quantité ne fait donc pas partie du commun diviseur : je la supprime, et j'ai pour dernière division :

$$
\begin{array}{l|l}
\textit{Dividende c.} & \textit{Diviseur d.} \\
3\,aa + ab - 4b^2 & -a + b \\
\underline{-3\,aa + 3\,ab} & \overline{-3a - 4b} \\
0 + 4\,ab - 4\,b^2 & \\
-4\,ab + 4\,b^2 & \\
\text{Sans reste...} \quad 0 \qquad 0 &
\end{array}
$$

Cette dernière division étant sans reste, il est évident que $-a + b$ est le plus grand commun diviseur de $\frac{3\,aa + ab - 4\,bb}{-19\,ab + 19\,bb}$.

Cette même quantité l'est donc successivement de $\frac{12\,aa - 15\,ab + 3\,b^2}{3\,aa + ab - 4b^2}$, de $\frac{4\,aa - 5\,ab + bb}{3\,aab + abb - 4b^3}$, de $\frac{12\,a^2 - 12\,aab + 4\,abb - 4b^3}{4\,aa - 5\,ab + b^2}$.

Donc enfin $-a + b$ est le plus grand commun diviseur des deux termes de la fraction proposée $\frac{4\,aa - 5\,ba + bb}{3\,a^3 - 3\,aab + abb - b^3}$; et par conséquent nous réduirons cette fraction à l'expression la plus simple, si nous divisons son numérateur et son dénominateur par $-a + b$.

Division du numérateur.

$$
\begin{array}{l|l}
4\,aa - 5\,ab + bb & -a + b \\
\underline{-4\,aa + 4\,ab} & \overline{-4a + b} \\
0 - ab + bb & \\
\underline{+ ab - bb} & \\
0 \qquad 0 &
\end{array}
$$

Division du dénominateur.

$$
\begin{array}{r|l}
3a^3 - 3aab + abb - b^3 & -a + b \\
\underline{-3a^3 + 3aab} & \overline{-3a^2 - bb} \\
\end{array}
$$

$$
0 \qquad 0 + abb - b^3
$$
$$
\underline{-abb + b^3}
$$
$$
0 \qquad 0
$$

La fraction proposée, réduite à l'expression la plus simple, est donc $\frac{-4a + b}{-3aa - bb}$.

J'ai fait toutes les divisions, afin que les commençants puissent me suivre avec plus de facilité. Je leur ai donné peu d'exemples dans ces deux livres; et comme je suppose que beaucoup n'y auront pas suppléé, il faut bien que j'y supplée quelquefois moi-même. Je leur dirai même que la meilleure manière d'apprendre le calcul n'est pas de s'obstiner à répéter chaque opération malgré le dégoût qu'on y trouve : on apprend mal quand l'étude ennuie. Il suffit d'abord de bien saisir l'esprit de chaque méthode : quant à l'habitude, il ne faut pas compter la contracter aussi vite; on l'acquerra peu à peu. On s'essaiera à chaque fois qu'une occasion fera sentir le besoin de s'essayer; et parce qu'alors on aura quelque intérêt à savoir faire, on fera mieux. Voilà un conseil qui ne sera pas désagréable aux paresseux, et qui sera utile à tous.

Ce que la recherche du plus grand diviseur commun à deux quantités algébriques a de particulier, c'est qu'on a souvent besoin de préparer les divisions. D'ailleurs la méthode est absolument la même. On divise le plus grand terme par le plus petit, le plus petit par le premier reste, le premier reste par le second, le second par le troisième, et ainsi de suite;

c'est ce que vous dit, avec plus de précision, la formule $\frac{b}{a} + c$, $\frac{a}{c} + d$, $\frac{c}{d}$, etc.

Ces réductions ne sont pas proprement des évaluations, puisqu'elles ne donnent pour résultats que
des signes généraux, susceptibles de différentes valeurs. Cependant on est fondé à regarder une expression algébrique, lorsqu'elle est simple, comme
l'évaluation d'une expression plus composée, et on
l'est d'autant plus, qu'elle indique mieux ce qui reste
à faire, pour évaluer en chiffres avec aussi peu de
calcul qu'il est possible.

Il est vrai que, dans l'évaluation des quantités
arithmétiques, il n'est pas toujours possible d'arriver
à une division sans reste : mais on n'a pas besoin
d'avoir appris l'arithmétique pour juger ce qu'on doit
faire en pareil cas. Tout le monde le sait. Si vous
avez, par exemple, à diviser 13# en 9 personnes, il
ne vous sera pas difficile de trouver qu'il revient à
chacune 1 $\frac{4\#}{9}$; et il ne vous le sera pas plus d'imagi-
ner la substitution de $\frac{80\int}{20}$ ou de 80$\int$ à 4#. Or, $\frac{80}{9} = \frac{8\ 8\int}{9}$
et vous avez dans 1# 8 $\frac{8\int}{9}$ le neuvième de 13#, à moins
d'un sou près : mais, puisque le sou vaut 12 deniers,
vous imaginerez également de substituer au numérateur 8$\int$ le produit de 8 par 12, c'est-à-dire 96. Or,
$\frac{96}{9} = 10\ \frac{6\partial}{9}$. Donc $\frac{13\#}{9} = 1\#\ 8\int\ 10\ \frac{6\partial}{9}$, et cette fraction
est évaluée à moins d'un denier. Certainement il n'y a
personne qui, avant d'avoir étudié l'arithmétique,
n'ait eu occasion de faire de pareilles évaluations,
et qui par conséquent ne sache évaluer une somme à
moins de $\frac{1}{20}$ ou de $\frac{1}{240}$: mais si cela est, on doit savoir évaluer à moins de $\frac{1}{1000}$, de $\frac{1}{10000}$, $\frac{1}{100000}$, etc.
L'opération est la même. En effet, comme pour éva-

luer la livre à moins d'un sou, à moins d'un denier, vous la représentez par $\frac{20}{20}$, par $\frac{240}{240}$; de même, pour l'évaluer à moins de $\frac{1}{1000}$, de $\frac{1}{10000}$, de $\frac{1}{100000}$, vous la représentez par $\frac{1000}{1000}$, $\frac{10000}{10000}$, $\frac{100000}{100000}$; et, dans chacun de ces cas, vous ne ferez que ce que vous êtes dans l'usage de faire, lorsque vous l'évaluez en sous ou en deniers. Le calcul sera seulement plus long.

$\frac{47}{7}$ est une fraction qui n'a point de quotient rigoureusement vrai, ou dont on ne saurait avoir la valeur exacte : mais vous l'assignerez à moins d'un millième, si à cette fraction vous substituez l'expression identique $\frac{47000}{7000}$, dont le quotient est $\frac{6714}{1000} + \frac{2}{7000}$. Il ne s'en faut pas d'un millième que ce quotient ne soit exact : car il serait trop grand, si, au lieu de $\frac{2}{7000}$, on écrivait $\frac{3}{7000}$.

C'est dans ces sortes d'évaluations que le calcul avec les parties décimales est surtout en usage, et nous avons promis de faire voir comment on l'emploie : reprenons à cet effet la fraction $\frac{47}{7}$:

$$
\begin{array}{c|l}
47,000 & 6,714 + \frac{2}{7000} \\
\underline{7} & \\
5,0 & \\
\underline{7} & \\
10 & \\
\underline{7} & \\
30 & \\
\underline{7} & \\
2 &
\end{array}
$$

Vous pouvez, dans le cours de l'opération, supprimer la virgule, si elle vous embarrasse : mais vous jugez que le dividende 47000 étant alors mille

fois trop grand, le quotient 6714 le sera par conséquent mille fois trop lui-même. Vous replacerez donc
la virgule entre le troisième et le quatrième rang,
et vous écrirez $6,714 + \frac{2}{7000}$.

En avançant la virgule du côté des rangs supérieurs, vous représenterez des fractions décimales
de différents ordres.

Par exemple : $\frac{4,7000}{7} = 0,6714 + \frac{2}{70000}$:
$$\frac{0,47000}{7} = 0,06714 + \frac{2}{700000}.$$

Sans rien changer au premier dividende 47,000, vous
pourriez mettre le diviseur en 7 parties décimales
Par exemple : $\frac{47,000}{0,7} = 67,14 + \frac{2}{700}$, $\frac{47,000}{0,07} = 671,4 + \frac{2}{70}$:

Car dans toute division où le dividende reste le
même, le quotient suit la raison inverse du diviseur.
Il faut bien que, dans tous les changements qui leur
peuvent arriver, le quotient soit toujours plus grand,
dans la même raison que le diviseur est plus petit,
puisqu'ils sont les deux facteurs qui, dans tous les
cas, doivent produire le même dividende. Le quo-
tient de $\frac{47000}{0,7}$ est $67142 + \frac{6}{7}$, et celui de $\frac{47000}{00,7}$ est 671428
$+ \frac{4}{7}$.

Je vous fais remarquer ces résultats, afin que
vous compreniez comment la division se fait toujours
de la même manière, de quelque espèce que soient
les dividendes et les diviseurs.

Quoique par cette méthode on ne puisse pas trouver un quotient rigoureux qui n'existe pas, cependant les évaluations qu'elle donne par approximation
peuvent être supposées exactes, lorsque la différence entre le quotient qu'on trouve et celui qui
échappe est si petite, qu'on la peut regarder comme
nulle : mais il arrive que les résultats renferment

quelquefois un si grand nombre de parties décimales, qu'on est obligé d'abandonner ces expressions, et d'en chercher de plus simples parmi celles qui en approchent. Par exemple , la fraction $\frac{10000000000}{31415926535}$ exprime, par approximation, le rapport du diamètre du cercle à la circonférence, et on demande une expression plus simple qui exprime, à peu de chose près, le même rapport avec la même exactitude. C'est ce qu'on trouve par le moyen des fractions continues, **qui** sont l'objet du chapitre suivant.

CHAPITRE XII.

DES FRACTIONS CONTINUES.

Lorsqu'on évalue des expressions, il y a trois cas à distinguer : le premier, où les évaluations peuvent s'exprimer par des nombres entiers; le second, où elles ne peuvent s'exprimer que par des fractions; et le dernier, où elles ne peuvent s'exprimer ni par des nombres entiers, ni par des fractions, c'est-à-dire, celui où l'on ne peut les exprimer qu'à peu près, ou par approximation : $\frac{25\#}{8} = 3\# 2\smallint 6\lambda = 750\lambda$, est une évaluation en deniers, et par conséquent en nombres entiers : $\frac{12}{96} = \frac{1}{8}$ est une évaluation en nombres rompus : et $\frac{47}{7} = 6{,}714$ est une évaluation approchée.

Cette dernière est à moins de $\frac{1}{1000}$: par la même méthode on en pourrait trouver à moins de $\frac{1}{10000}$, à moins de $\frac{1}{100000}$, etc. Il suffirait pour cela d'ajouter de nouveaux zéros à 47,000, et de continuer ensuite la division par 7 : mais, quoique toutes plus approchées les unes que les autres, ces évaluations ne seront jamais que des approximations, et il ne sera pas possible de les exprimer ni en nombres entiers, ni en nombres rompus.

Lorsque les évaluations sont dans les deux premiers cas, les quantités qu'on évalue, se nomment *rationnelles* ou *commensurables : rationnelles*, parce qu'on voit, dans les nombres entiers ou dans les nombres rompus, la raison de ces quantités à l'unité ; *commensurables,* parce que l'unité en est la mesure exacte : on ne devrait pas les employer indifféremment.

Par opposition à ces dénominations, les mathématiciens nomment *irrationnelles* ou *incommensurables* les quantités qu'on ne peut évaluer que par approximation. En effet ces quantités n'ont avec l'unité aucun rapport qu'il soit possible d'assigner ; ou, pour s'exprimer autrement, l'unité n'en saurait être la mesure exacte. Les quantités irrationnelles ou incommensurables, se nomment encore figurément *quantités sourdes.* Cette dénomination me paraît la plus propre et la plus heureuse ; elle représente les quantités irrationnelles comme des quantités qui nous échappent, comme des quantités que nous ne pouvons assigner. En effet c'est là le caractère qui les distingue. Nous aurons occasion de nous servir de cette dénomination.

Les fractions continues se présentent naturellement toutes les fois qu'il s'agit d'évaluer des quantités fractionnaires ou des quantités sourdes. J'entends ici par *quantités fractionnaires,* non-seulement les fractions proprement dites, mais toute quantité qu'on ne saurait exprimer par des nombres entiers : telle est $\frac{11}{8}$, quantité formée d'un entier et d'une fraction.

La réflexion qui s'offre la première, lorsqu'on veut

évaluer $\frac{11}{8}$, c'est que cette quantité, plus grande que 1, plus petite que 2, se trouve entre ces deux limites, de manière qu'elle est, de l'une et de l'autre, à une distance moindre que l'unité.

Les premières valeurs approchées sont par conséquent ces limites mêmes, et c'est en partant de l'une des deux que nous trouverons entre elles une suite de valeurs toujours approchées. En partant de 1, je décompose $\frac{11}{8}$ en $1 + \frac{3}{8}$; et, en partant de 2, je le décompose en $2 - \frac{5}{8}$. Par le moyen de cette décomposition, j'ai, dans 1 ou 2, une valeur approchée de $\frac{11}{8}$; comme j'en ai la valeur exacte dans $1 + \frac{3}{8}$ ou dans $2 - \frac{5}{8}$.

Pour évaluer de la manière la plus simple une quantité plus grande que l'unité, mais inexprimable par un nombre entier, il n'y a donc qu'à la décomposer en deux parties, dont l'une soit un entier, tel que $\frac{8}{8} = 1$, et l'autre une fraction, telle que $\frac{3}{8}$. La première partie sera la valeur approchée, puisqu'elle sera l'entier qui en approche davantage; la seconde sera une quantité moindre que l'unité : donc le rapport de l'unité à cette quantité, et, par conséquent, l'unité divisée par cette quantité, sera une nouvelle quantité plus grande que l'unité, et inexprimable par un nombre entier; quantité qu'il faudra, comme la première, décomposer en deux parties, dont l'une sera encore l'entier qui en est le plus près, et l'autre une nouvelle fraction. Il est évident que, de décomposition en décomposition, nous irons de valeur approchée en valeur approchée.

Représentons généralement par n toute quantité plus grande que l'unité, et inexprimable par un nombre entier : nous aurons n entre deux valeurs approchées, l'une qui est **au-dessous**, l'autre qui est au-dessus, entre a, par exemple, et $a+1$; en sorte que $n = a +$ une fraction, ou $n = a + 1 -$ une fraction, suivant que a sera l'entier au-dessous ou l'entier au-dessus. Mais, pour nous conformer à l'usage, et ne pas compliquer cette recherche, nous ne prendrons que l'entier qui est au-dessous de n.

Ainsi $n - a$ sera une quantité moindre que l'unité ; et par conséquent $\frac{1}{n-a}$ est une quantité plus grande que je désignerai par p, et qui sera décomposable en un entier plus une fraction. De cette manière on aura $\frac{1}{n-a} = p$, et par conséquent $n - a = \frac{1}{p}$, $n = a + \frac{1}{p}$.

A présent, si nous nommons b l'entier qui approche le plus de p, nous aurons $p = b +$ une fraction, et nous trouverons, par un raisonnement semblable, $p = b + \frac{1}{q}$, q étant de nouveau une quantité plus grande que l'unité. Ainsi on aura $n = a + \frac{1}{b} + \frac{1}{q}$.

Pour continuer cette suite, q est la quantité qu'il faut décomposer en un entier plus une fraction. Or il est évident que cette décomposition se fera de la même manière que celle de p. Nous répéterons donc ce que nous avons dit, parce que nous referons ce que nous avons fait.

Soit donc c l'entier qui approche le plus de q ; on trouvera $q = c + \frac{1}{r}$, r étant une nouvelle quantité plus grande que l'unité ; et notre suite deviendra $n = a + \frac{1}{b} + \frac{1}{c + \frac{1}{r}}$.

Je continue de la même manière. Je décompose r, je nomme d l'entier qui en approche davantage, et la valeur approchée de **n** est exprimée par la suite

$$n = a + \cfrac{1}{b + \cfrac{1}{c + \cfrac{1}{d}}}.$$

C'est ainsi qu'en répétant la même opération nous aurons une suite de résultats qui donneront chacun une valeur plus approchée. Le premier est une valeur exacte où a, comme 1 dans $\frac{11}{8} = 1 + \frac{3}{8}$, n'approche pas assez; nous avons donc substitué à p sa valeur approchée b plus la fraction $\frac{1}{q}$; et, par cette décomposition, nous avons eu pour second résultat

$$n = a + \cfrac{1}{b + \cfrac{1}{q}}.$$

La décomposition de q en $c + \frac{1}{r}$ a donné le troisième, $n = a + \cfrac{1}{b + \cfrac{1}{c + \cfrac{1}{r}}}$; et la décomposition de r en d plus une fraction, que nous désignerions si nous voulions ajouter de nouveaux termes, a donné le quatrième résultat $n = a + \cfrac{1}{b + \cfrac{1}{c + \cfrac{1}{d}}}$. La continuité qu'on aperçoit d'une fraction à l'autre a fait nommer cette suite *fraction continue*. On la continuera autant qu'on voudra, si l'on écrit $+ \cfrac{1}{e + \cfrac{1}{f + \cfrac{1}{g}}}$, etc.

Quoique les fractions continues, exprimées en quantités algébriques, se trouvent par un procédé bien simple, peut-être ne verra-t-on pas d'abord comment on pourrait appliquer le même procédé à des quantités arithmétiques : mais, si nous observons ces fractions, nous nous apercevrons bientôt qu'elles se forment par une méthode qui nous est connue; et cette méthode est celle que nous avons employée pour trouver le plus grand diviseur commun à deux quantités. Il faut seulement remarquer qu'une fraction continue se forme des quotients que nous négligions lorsque nous cherchions le plus grand commun diviseur.

La décomposition de n en un entier plus une fraction nous a donné $n = a + \frac{1}{p}$, d'où $n - a = \frac{1}{p}$; et puisque nous pouvons prendre $\frac{A}{B}$, comme n, pour l'expression générale de toute quantité inexprimable par un nombre entier, il est évident que la décomposition de $\frac{A}{B}$ en un entier plus une fraction doit donner le même résultat, c'est-à-dire $\frac{A}{B} - a = \frac{1}{p}$.

Or, chercher le nombre entier qui approche le plus de $\frac{A}{B}$, ou chercher le quotient de A divisé par B, c'est certainement la même chose. Donc si nous nommons a ce quotient et C le reste, nous aurons $\frac{A}{B} = a + \frac{C}{B}$, d'où $\frac{A}{B} - a = \frac{C}{B}$. Donc $p = \frac{B}{C}$, c'est-à-dire, que p est égal au premier diviseur B divisé par le premier reste C. En effet, $\frac{C}{B} = 1 : \frac{B}{C}$; et vous voyez que la fraction dont le numérateur est 1 et le dénominateur $\frac{B}{C}$, est évidemment la fraction $\frac{1}{p}$.

Puisque $p = \frac{B}{C}$, prendre pour la valeur de p l'entier qui en approche davantage plus une fraction, c'est la même chose que prendre le quotient de $\frac{B}{C}$ plus un reste, que je nommerai D, et qui sera divisé par C. Soit donc b le quotient de $\frac{B}{C}$, nous aurons $p = b + \frac{D}{C}$. Ainsi nous trouvons $\frac{A}{B} = a + \frac{1}{b} + \frac{D}{C}$.

Mais $\frac{D}{C} = 1 : \frac{C}{D} = \frac{1}{q}$, et $q = \frac{C}{D}$. Nous trouverons donc la valeur de q dans le quotient du premier reste C, divisé par le second reste D, plus un nouveau reste E, divisé par D; et, par conséquent, si nous nommons c le quotient de $\frac{C}{D}$, la suite deviendra $\frac{A}{B} = a + \dfrac{1}{b + \dfrac{1}{c + \dfrac{E}{D}}}$.

Il est évident qu'en continuant de diviser chaque reste par le reste qui le suit, nous retrouvons la même fraction continue que nous avons trouvée lorsque nous décomposions la quantité n en deux parties, dont l'une était l'entier qui en approchait davantage, et l'autre une fraction. En un mot, ces deux méthodes ne diffèrent que par la manière de s'exprimer.

Ainsi pour réduire en fraction continue, par exemple, $\frac{1103}{887}$, nous diviserons le premier diviseur 887 par le premier reste, chaque reste par le reste qui le suit; et les quotients, que nous négligions lorsque nous ne cherchions que le plus grand diviseur commun, nous les prendrons pour dénominateurs d'autant de fractions qui auront chacune l'unité pour numérateur. Mettons cette opération sous les yeux : car c'est à eux que parle la langue des calculs, bien plus qu'à l'oreille, et nous ne saurions trop abréger les discours.

$$\frac{1103}{887} = 1 + \cfrac{1}{4 + \cfrac{1}{9 + \cfrac{1}{2 + \cfrac{1}{1 + \cfrac{1}{1 + \cfrac{1}{4}}}}}}$$

216 . . . .
23 . . . . . .
9 . . . .
5 . . . .
4 . . . .
1 . . . .

1, 1er terme de la fraction continue, est la première valeur approchée : $1 + \frac{1}{4} = \frac{5}{4}$ approcherait davantage, mais l'expression en est moins simple;

et si nous prenions un plus grand nombre de termes,
l'expression, toujours plus rapprochée, serait aussi
plus compliquée.

Cette fraction continue a un dernier terme, parce
que le dernier diviseur 1 divise 4 sans reste; et vous
concevez que cela doit arriver toutes les fois que la
quantité à évaluer **a** l'unité pour mesure, puisqu'avoir l'unité pour mesure ou être divisé sans
reste par l'unité, c'est la même chose. Nous avons
vu qu'une pareille quantité se nomme *commensurable*
ou *rationnelle*. Mais, lorsque les quantités à évaluer
sont sourdes, incommensurables, c'est-à-dire, lorsqu'elles n'ont pas l'unité pour mesure, quelques
divisions qu'on fasse, il restera toujours une fraction
de l'unité : il ne sera donc pas possible d'arriver à
une division sans reste, et par conséquent la fraction continue ne se terminera point.

Comme l'expression des quantités sourdes en parties décimales se complique d'autant plus qu'on veut
approcher davantage, on substitue aux décimales,
des fractions continues qui donnent, en expressions
plus simples, des valeurs équivalentes, à peu de
chose près. Par exemple, à 31,415,926,535, on substi-
tuera $\frac{31415926535}{10000000000} = 3 + \cfrac{1}{7 + \cfrac{1}{15 + \cfrac{1}{1 + \cfrac{1}{192 + \cfrac{1}{1, \text{ etc.}}}}}}$

Dans cette expression du rapport de la circonférence du cercle au diamètre, la circonférence est
exprimée par onze caractères. Or il faut remarquer
qu'en augmentant d'une unité le onzième caractère,
nous aurons deux limites, 5 et 6, entre lesquelles
doit se trouver la valeur la plus approchée de ce
rapport. Pour ne pas sortir de ces limites, il ne suf-

fira donc pas de faire le calcul sur la fraction dont le dernier caractère est 5, il le faudra faire encore sur cette même fraction, lorsque le dernier caractère aura été augmenté d'une unité. Si, croyant abréger, on se bornait aux fractions $\frac{314159}{100000}$, $\frac{314160}{100000}$, les quotients de la première seraient 3, 7, 15, 1, et ceux de la seconde 3, 7, 16 : le troisième quotient serait donc incertain, et l'on ne saurait lequel prendre. Si l'on veut donc qu'une fraction continue ait plus de trois termes, il faut adopter pour la circonférence une expression qui ait plus de six caractères. *Ludolph* en a donné une de trente-cinq, que nous ne calculerons pas. Observons plutôt, d'une manière générale, les propriétés des fractions continues.

La fraction continue $n = a + \frac{1}{b} + \cfrac{1}{c + \frac{1}{d}}$ nous a

donné quatre valeurs approchées, dont les expressions réduites en fractions ordinaires, deviennent :

I° $n = \frac{a}{1}$. II° $n = \frac{ab + 1}{b}$. III° $\frac{(ab + 1)\, c + a}{bc + 1}$. IV° $n = \frac{((ab + 1)\, c + a)\, d + ab + 1}{(bc + 1)\, d + b}$.

Lorsque vous considérez combien ces expressions se compliquent, vous sentez la nécessité de les simplifier. Or toute suite dont les termes se forment par une même loi peut être représentée par A, B, C, D, etc. Les quatre approximations précédentes seront donc $\frac{A}{A'}$, $\frac{B}{B'}$, $\frac{C}{C'}$, $\frac{D}{D'}$; et par conséquent nous ferons :

$A = a$ et $A' = 1$; d'où $\frac{A}{A'} = \frac{a}{1}$.

$B = b\,A + 1$ et $B' = b$; d'où $\frac{B}{B'} = \frac{ab + 1}{b}$. $C = c\,B$ $+ A$ et $C' = c\,B + A'$; d'où $\frac{C}{C'} = \frac{(ab + 1)\, c + a}{bc + 1}$. $D =$ $d\,C + B$ et $D' = d\,C' + B'$; d'où $\frac{D}{D'} = \frac{((ab + 1)\, c + a)\, d + ab + 1}{(bc + 1)\, d + b}$.

Les quatre termes $\frac{A}{A'}$, $\frac{B}{B'}$, $\frac{C}{C'}$, $\frac{D}{D'}$, ayant été déterminés, d'autres se détermineront de la même manière. On fera, par exemple :

$$E = e\,D + C \text{ et } E' = e\,D' + C',$$
$$F = f\,E + D \text{ et } F' = f\,E' + C'.$$

Si n a l'unité pour mesure, cette suite aura nécessairement un dernier terme $\frac{V}{V'}$: au contraire elle aura toujours une fraction pour reste, et par conséquent elle pourra être continue sans fin, si n ne peut pas être mesurée par l'unité.

Notre fraction continue étant réduite à des termes aussi simples, il sera plus facile d'en observer les propriétés. Voyons d'abord quelle sera l'expression de la différence d'un terme à l'autre.

Si nous multiplions en croix le numérateur du premier terme par le dénominateur du second, et le numérateur du second par le dénominateur du premier, nous aurons les produits A B′, A′ B, dont la différence sera $A'\,B - A\,B' = a\,b + 1 - a\,b = 1$; et, multipliant les dénominateurs l'un par l'autre, nous aurons les fractions $\frac{A}{A'}$, $\frac{B}{B'}$, réduites à la même dénomination $\frac{AB'}{A'B'}$, $\frac{A'B}{A'B'}$.

Si nous continuons de la même manière, nous trouverons B′ C — B C′ = A B′ — B A′ = — 1, D C′ C D′ = B C′ — C B′ = 1, et E D′ — D E′ = C D′ — D C′ = — 1. Nous avons donc :

$$BA' - AB' = 1,$$
$$CB' - BC' = -1,$$
$$DC' - CD' = 1,$$
$$ED' - DE' = -1.$$

Les différences qui sont en + 1 et — 1 démontrent

que les fractions $\frac{A}{A'}$, $\frac{B}{B'}$, $\frac{C}{C'}$, etc., sont réduites à leurs moindres termes ; car si C et C', par exemple, avaient un commun diviseur, autre que l'unité, C B' — B C' serait aussi divisible par ce même diviseur. Mais cela ne se peut, parce que C B' — B C' $= -1$. Nous aurons donc :

$$\frac{A'B - AB'}{A' \ B'} = \frac{B}{B'} - \frac{A}{A'} = \frac{I}{A'B'},$$

$$\frac{B'C - BC'}{B' \ C'} = \frac{C}{C'} - \frac{B}{B'} = -\frac{I}{C' B'},$$

$$\frac{C'D - CD'}{C' \ D'} = \frac{D}{D'} - \frac{C}{C'} = \frac{I}{D'C'},$$

$$\frac{D'E - DE'}{D' \ E'} = \frac{E}{E'} - \frac{D}{D'} = -\frac{I}{E'D'}.$$

B' > A', C' > B' etc., comme B > A, C > B etc. Les dénominateurs croissent donc d'un terme à l'autre ; le numérateur I, étant toujours le même, chaque fraction qui suit est une valeur plus approchée que la fraction qui précède. Mais elles sont alternativement en plus et en moins, parce qu'elles sont alternativement au-dessous et au-dessus de la valeur de n.

$n = a + \frac{1}{p}$ donne $n = \frac{ap + 1}{p} = \frac{Ap + 1}{A'p} = \frac{A}{A'} + \frac{I}{A'p}$.

$n = a + \frac{1}{b} + \frac{1}{q}$ donne $n = \frac{(ab + 1)q + a}{bq + 1} = \frac{Bq + A}{B'q + A'}$.

On trouverait de même $n = \frac{Cr + B}{C'r + B'}$, $n = \frac{Ds + C}{D's + C'}$, etc.

$n = \frac{A}{A'} + \frac{I}{A'p}$ démontre que la valeur approchée $\frac{A}{A'}$ est au-dessous de n, et qu'il s'en faut de $\frac{I}{A'p}$ qu'elle ne soit la même.

Quant à $\frac{B}{B'}$, pour connaître si cette expression est au-dessus ou au-dessous de la quantité n, et de combien elle en approche, il est évident qu'il faut chercher la différence qui est entre n et cette fraction, en prenant pour la valeur de n l'expression que nous venons de trouver $\frac{Bq + A}{B'q + A'}$. Nous ferons donc :

$$n - \frac{B}{B'} = \frac{Bq + A}{B'q + A'} - \frac{B}{B'} = \frac{B'Bq + AB' - B'Bq - BA'}{B'(B'q + A')} = \frac{AB' - B'A}{B'(B'q + A')}$$

mais nous savons que $AB' - BA' = -1$: donc n

$$= \frac{B}{B'} - \frac{1}{B'(B'q + A')}.$$

La valeur approchée $\frac{B}{B'}$ est donc au-dessus de n : elle la surpasse de la quantité $\frac{1}{B'(B'q + A')}$.

On trouvera de la même manière $n = \frac{C}{C'} + \frac{1}{C'(C'r + B')}$, où $\frac{C}{C'}$ est au-dessous de la valeur de n ; et $n = \frac{D}{D'} - \frac{1}{D'(D's + C')}$ où $\frac{D}{D'}$ est au-dessus. Vous voyez qu'on n'aurait plus besoin de calcul pour évaluer les termes suivants. Il est donc démontré que $\frac{A}{A'} < n$, $\frac{B}{B'} > n$, $\frac{C}{C'} < n$, $\frac{D}{D'} > n$; et cette alternative aura lieu dans toute la suite.

Il est démontré encore que la différence entre les fractions est aussi petite qu'elle puisse l'être, et que par conséquent il ne sera pas possible d'insérer entre deux fractions consécutives une fraction dont le dénominateur tombe entre ceux de ces deux fractions. Car, si $\frac{M}{N}$ était cette fraction qu'on supposerait, par exemple, entre $\frac{C}{C'}$ et $\frac{D}{D'}$, le dénominateur N étant entre C et D', il faudrait que la différence entre $\frac{C}{C'}$ et $\frac{M}{N}$ fut plus petite que la différence entre $\frac{C}{C'}$ et $\frac{D}{D'}$. Mais la première de ces différences est exprimée par $\frac{M}{N} - \frac{C}{C'} = \frac{MC' - NC}{C'N}$, et la seconde l'est par $\frac{D}{D'} - \frac{C}{C'} = \frac{DC' - CD'}{C'D'} = \frac{1}{C'D'}$: or, le numérateur $MC' - NC$, étant, par sa nature, un nombre entier, ne peut être moindre que l'unité, et le dénominateur $C'N$ est nécessairement moindre que le dénominateur $C'D'$, puisque N est moindre que D' par l'hypothèse : donc

15

il est impossible que la première différence soit moindre que la seconde.

Les fractions $\frac{A}{A'}$, $\frac{B}{B'}$, $\frac{C}{C'}$, $\frac{D}{D'}$, etc., étant alternativement trop petites et trop grandes, rien n'empêche d'en former les deux suites.

$$\frac{A}{A'}, \quad \frac{C}{C'}, \quad \frac{E}{E'}, \quad \text{etc.}$$

$$\frac{B}{B'}, \quad \frac{D}{D'}, \quad \frac{F}{F'}, \quad \text{etc.}$$

Dans la première, les fractions, toutes plus petites que n, iront en augmentant vers cette quantité : dans la seconde, toutes plus grandes, elles s'en approcheront en diminuant.

En les traitant l'une et l'autre comme nous avons fait $\frac{A}{A'}$, $\frac{B}{B'}$, $\frac{C}{C'}$, on trouvera pour la première :

$$\frac{C}{C'} - \frac{A}{A'} = \frac{c}{A'C'},$$

$$\frac{E}{E'} - \frac{C}{C'} = \frac{e}{E'C'}, \quad \text{etc.}$$

Et pour la seconde :

$$\frac{B}{B'} - \frac{D}{D'} = \frac{d}{B'D'},$$

$$\frac{D}{D'} - \frac{F}{F'} = \frac{f}{D'F'}.$$

Si les numérateurs c, d, e, f étaient égaux à l'unité, on appliquerait ici le raisonnement que nous avons fait, et on prouverait qu'il est impossible d'insérer une fraction entre deux fractions consécutives de l'une ou de l'autre suite : mais, puisqu'avant de séparer ces deux suites, chaque fraction de la seconde était entre deux de la première, nous sommes fondés à supposer que tous ces numérateurs, ou plusieurs au moins, sont composés de plusieurs unités. Or, dans ce cas, il est évident que les fractions intermédiaires auront lieu. Si $c = 4$, on en pourra insérer trois; quatre, si $c = 5$; cinq, si $c = 6$; en un mot, un nombre égal à $c - 1$.

Si, après avoir inséré toutes les fractions possibles entre $\frac{A}{A'}$ et $\frac{C}{C'}$ entre $\frac{C}{C'}$ et $\frac{E}{E'}$, etc., on veut avoir la différence entre deux fractions consécutives, on la trouvera en procédant comme nous avons déjà fait; et à l'unité, qui sera le numérateur de chacune, on jugera qu'il ne sera plus possible d'insérer aucune fraction intermédiaire.

Dans cette suite, qui est toujours au-dessous de la quantité n, on remarquera que chaque fraction intermédiaire approche plus de cette quantité que la fraction $\frac{B}{B'}$; et on le démontrera, si l'on prend la différence entre $\frac{B}{B'}$ et chaque fraction intermédiaire.

On fera sur la seconde suite $\frac{B}{B'}$, $\frac{D}{D'}$, $\frac{F}{F'}$, etc., qui est toujours au-dessus de la quantité n, des calculs semblables à ceux qu'on aura faits sur la première, et on lui trouvera les mêmes propriétés.

Aucune de ces suites ne sera terminée, si n est une incommensurable : car cette quantité n'ayant pas l'unité pour mesure, c'est une conséquence que les divisions, quel qu'en soit le nombre, donnent chacune un entier plus une fraction, et qu'elles puissent être continuées sans fin.

Si n est commensurable, si elle peut être mesurée exactement par l'unité, l'une des deux suites sera nécessairement terminée. Mais il faut remarquer que l'autre ne pourra pas l'être : car, dans la supposition que la suite des fractions plus grandes se termine, par exemple, à $\frac{D}{D'}$, la suite des fractions plus petites, arrivée à $\frac{C}{C'}$, ne pourra être continuée qu'en insérant entre $\frac{C}{C'}$ et $\frac{E}{E'}$ des fractions intermédiaires, qui approcheront continuellement de $\frac{D}{D'}$, et qui n'y arriveront jamais. Mais faisons une application de cette théorie.

Suivant les observations de l'abbé de la Caille, la différence de l'année commune à l'année tropique ou solaire est de 5ʰ 48' 49". On juge donc que le commencement de l'une ne pourra répondre exactement au commencement de l'autre, que lorsqu'après un certain nombre d'années communes on intercalera un certain nombre de jours. Si la différence de ces deux sortes d'années était exactement de six heures, on trouverait le rapport de six heures à vingt-quatre dans la fraction $\frac{24}{6} = 4$, et on saurait qu'on doit intercaler un jour dans quatre ans : mais ce rapport étant de $\frac{24h}{5h\ 48'\ 49''}$, on juge qu'il ne peut être exprimé que par une grande fraction : en effet, cette fraction est $\frac{86400}{20929}$. C'est-à-dire qu'après 86400 années communes il faudrait intercaler 20929 jours.

Pendant tout cet intervalle, le calendrier serait dans un grand désordre. Il s'agit donc d'exprimer ce rapport d'une manière plus simple, afin que les intercalations rapprochent, à peu de chose près, et le plus souvent qu'il est possible, le commencement de l'année commune du commencement de l'année tropique. Il suffit pour cela de réduire en fraction continue la fraction $\frac{86400}{20929}$. . . . .

```
20929|86400|4 = a
      |83716|
      ──────
       2684|20929|7 = b
            |18788|
            ──────
             2141|2684|1 = c
                  |2141|
                  ─────
                   523|2141|3 = d
                       |1629|
                       ─────
                        512|543|1 = e
                           |512|
                           ────
                            31|512|16 = f
                               |496|
                               ────
                                16|31|1 = g
                                  |16|
                                  ───
                                  25|16|1 = h
                                    |15|
                                    ───
                                     1|15|15 = i
                                      |15|
                                      ───
                                       0|
```

Cette division se fait sans reste, parce que la
quantité est commensurable. La suite des fractions
aura donc un dernier terme $\frac{V}{V'}$; et j'écris cette suite
en plaçant au-dessous de chaque fraction, le quotient que chaque division m'a donné :

$$\frac{A}{A'}, \ \frac{B}{B'}, \ \frac{C}{C'}, \ \frac{D}{D'}, \ \frac{E}{E'}, \ \frac{F}{F'}, \ \frac{G}{G'}, \ \frac{H}{H'}, \ \frac{V}{V'},$$

$$4, \ 7, \ 1, \ 3, \ 1, \ 16, \ 1, \ 1, \ 15,$$

$$\frac{4}{1}, \ \frac{29}{7}, \ \frac{23}{8}, \ \frac{128}{31}, \ \frac{161}{39}, \ \frac{2074}{655}, \ \frac{2865}{694}, \ \frac{5569}{1349}, \ \frac{86400}{20929}.$$

Maintenant, pour trouver les fractions arithmétiques, il suffira de se rappeler comment les termes
$\frac{A}{A'}, \frac{B}{B'}$, etc., se déterminent. Cherchons d'abord les
numérateurs.

A = a = 4 : c'est-à-dire, que 4 est le numérateur
de la première fraction.

$B = b A + 1$: le numérateur de la seconde est égal au produit du second quotient par le numérateur de la première plus l'unité.

$B = 7. 4 + 1 + 29.$

$C = c B + A$: le numérateur de la troisième est égal au produit du troisième quotient par le numérateur de la seconde plus le numérateur de la première.

$C = 1. 29 + 4 = 33.$

On trouvera donc le numérateur de la quatrième en multipliant le quatrième quotient par le numérateur de la troisième, et en ajoutant au produit le numérateur de la seconde. $D = 3. 33 + 29 = 128.$

On trouvera le numérateur de la cinquième en multipliant le cinquième quotient par le numérateur de la quatrième, et en ajoutant au produit le numérateur de la troisième, et ainsi de suite. Dès que vous connaissez la loi suivant laquelle se forment ces numérateurs, il vous est facile de les trouver. Venons aux dénominateurs.

$A' = 1$: l'unité est donc le dénominateur de la première fraction.

$B' = b = 7$: le dénominateur de la seconde est le second quotient.

$C' = c B' + A$: le dénominateur de la troisième est le produit du troisième quotient par le dénominateur de la seconde, plus le dénominateur de la première.

$C' = 1. 7 + 1 = 8.$

$D' = d C' + B'$: le dénominateur de la quatrième est le produit du quatrième quotient par le dénominateur de la troisième, plus le dénominateur de la seconde.

$D' = 3. 8 + 7 = 31.$ Vous trouverez facilement

tous les autres dénominateurs, car vous voyez qu'ils suivent, dans leur formation, la même loi que les numérateurs.

Puisque d'un terme à l'autre cette suite approche toujours de la quantité proposée que vous savez être commensurable, vous ne devez pas être étonné qu'elle la reproduise dans le dernier. Vous jugez aussi qu'elle ne la reproduirait pas, si la quantité était incommensurable; parce qu'elle en approcherait toujours, sans pouvoir être jamais terminée.

D'après la fraction $\frac{4}{1}$, l'intercalation la plus simple est d'un jour dans quatre années communes. Plus exacte d'après $\frac{29}{7}$ et $\frac{33}{8}$, elle serait de 7 sur 29, et de 8 sur 33. Cependant, comme ces intercalations sont alternativement plus grandes et plus petites que $\frac{86400}{20929}$, on voit que l'intercalation d'un jour sur quatre années est trop forte, celle de 7 sur 29 trop faible, celle de 8 sur 33 trop forte, et ainsi de suite. Cependant chacune de ces intercalations sera toujours la plus exacte dans le même espace de temps.

Mais nous pouvons ici, comme dans la formule générale, distinguer deux suites, l'une formée des fractions trop grandes; et, par ce moyen, nous trouverons de nouvelles approximations, puisque nous pourrons insérer des intermédiaires dans chacune des deux suites. Écrivons-les.

Fractions croissantes.

$$1 \quad 1 \quad 1 \quad 15$$
$$\frac{4}{1}, \quad \frac{33}{8}, \quad \frac{161}{39}, \quad \frac{2865}{694}, \quad \frac{86400}{20929}.$$

Fractions décroissantes.

$$7 \quad 3 \quad 16 \quad 1$$
$$\frac{29}{7}, \quad \frac{128}{31}, \quad \frac{2074}{655}, \quad \frac{5569}{1349}.$$

La première suite se termine à la quantité proposée, qu'elle reproduit : la seconde n'y peut arriver, parce qu'elle ne saurait avoir un dernier terme.

Au quotient 1, qui est au-dessus des fractions seconde, troisième et quatrième de la première suite, on juge qu'il n'est pas possible d'insérer entr'elles aucune fraction intermédiaire : mais le nombre 15, qui est au-dessus de la cinquième, fait voir qu'entre elle et la précédente on en peut insérer 14.

La seconde suite pourrait avoir 6 fractions avant la première, 2 entre la première et la seconde, et 15 entre la seconde et la troisième. Mais en voilà assez pour l'objet que je me propose. C'est dans M. de la Grange qu'il faut étudier la théorie des fractions continues et leur usage. Aussi est-ce la source où j'ai puisé.

CHAPITRE XIII.

DE LA FORMATION DES PUISSANCES ET DE L'EXTRACTION DES RACINES DANS LE DIALECTE DES LETTRES, LORSQUE LES QUANTITÉS SONT D'UN SEUL TERME.

Une méthode plus parfaite, je ne saurais trop le faire remarquer, n'est qu'une langue plus simple, substituée à une langue plus compliquée. Une pareille langue, en nous apprenant à dire avec précision ce que nous savons, nous apprend plus encore : elle fait voir, dans ce qu'on sait, ce qu'on paraissait ignorer avant de la parler ; et il semble qu'elle conduise à des découvertes, moins parce qu'elle apprend quelque chose de nouveau, que parce qu'elle apprend à dire ce qu'on ne savait pas dire auparavant. Par exemple, en matière de goût, combien de choses que nous ne paraissons ignorer que parce que nous manquons d'expressions pour les rendre ? Cependant nous ne les ignorons pas absolument, puisque nous les sentons. Le plus difficile n'est donc pas toujours d'apprendre les choses, souvent c'est plutôt d'en parler ; et les plus grands mathématiciens n'ont

d'autre avantage, que de savoir la langue la plus
simple, et par cette raison la plus exacte. Vous venez
de voir, dans le chapitre précédent, jusqu'où la simplicité des expressions nous a conduits; et, si vous
étudiez les fractions continues dans M. de la Grange,
cette simplicité vous mènera bien plus loin. On ne
sera donc pas étonné que je traite d'abord de la formation des puissances et de l'extraction des racines
dans le dialecte des lettres: puisqu'il est plus simple, il nous en fera parler avec plus de facilité, et
il nous apprendra comment nous en devons parler dans le dialecte des chiffres.

$$a^1, \ a^2, \ a^3, \ a^4 \ . \ . \ . \ . \ . \ . \ a^n.$$

Voilà une progression dont je ne connais pas le
nombre des termes; et, par cette raison, je donne
au dernier ⁀pour exposant le signe général n, qui
peut être dit de tout nombre.

Ces premières expressions étant trouvées, l'analogie, qui nous en donnera d'autres, nous apprendra
bientôt à dire ce que nous ne savons pas dire encore,
et nous nous instruirons d'après ce que nous savons.

En observant la progression précédente, vous
voyez que la quantité a est élevée à sa seconde
puissance, quand on double son exposant; à sa troisième, quand on le triple; à sa quatrième, quand on
le quadruple; à sa puissance n, quand on le prend
autant de fois qu'il y a d'unités dans n. En général,
élever une quantité à une puissance, c'est multiplier
son exposant par le nombre qui indique la puissance
même. La cinquième de a^2 est $a^{2.5} = a^{10}$.

Or, l'extraction des racines est l'inverse de l'élé-
vation aux puissances, comme diviser est l'inverse
de multiplier. On aura donc la racine seconde d'une

quantité, en divisant son exposant par 2 ; la racine troisième, en le divisant par 3 ; la racine quatrième, en le divisant par 4, etc. Par conséquent, à l'expression a^4, racine quatrième de a^4, je puis substituer $a^{\frac{4}{4}}$; à a^3, racine troisième de a^9, je puis substituer $a^{\frac{9}{3}}$; et à a^2, racine seconde de a^4, je puis substituer $a^{\frac{4}{2}}$.

Ces exposants fractionnaires se nomment encore *fractions exponentielles*. Mais nous n'avons pas besoin de cette dernière dénomination, et nous la rejetterons d'autant plus volontiers qu'elle n'est pas française. Les grammairiens disent qu'il n'y a pas deux mots parfaitement synonymes. Ce n'est pas qu'ils soient sûrs de cette observation ; mais ils la supposent vraie, parce qu'elle devrait l'être, parce que les langues vulgaires, auxquelles la nature a la plus grande part, semblent ne devoir adopter que les mots dont nous avons besoin. Il n'en est pas de même des langues des sciences, que chaque philosophe veut faire à sa manière ; elles sont souvent des jargons, et il faut commencer par les débarrasser de tous leurs mots inutiles, au hasard d'en paraître moins savant.

En nous apprenant à dire d'une nouvelle manière ce que nous savions déjà dire d'une autre, les exposants fractionnaires nous apprennent des choses qui ne nous étaient inconnues, que parce que nous n'en connaissions pas le langage ; nous n'aurions su que répondre, si on nous eût demandé quelle est la racine carrée ou cube de a, ou ce que signifient $a^{\frac{1}{2}}$, $a^{\frac{1}{3}}$: actuellement l'analogie nous fait voir que, comme $a^{\frac{4}{2}}$ est la racine carrée de a^4, de même $a^{\frac{1}{2}}$ est la racine **carrée de** a, et $a^{\frac{1}{3}}$ en est la racine cube. En effet, $a^{\frac{1}{2}} \times a^{\frac{1}{2}} = a^{\frac{1}{2} + \frac{1}{2}} = a^{\frac{2}{2}} = a$, et $a^{\frac{1}{3}} \times a^{\frac{1}{3}} \times a^{\frac{1}{3}} = a^{\frac{1}{3} + \frac{1}{3} + \frac{1}{3}} = a^{\frac{3}{3}} = a$. C'est ainsi qu'en passant d'expressions qui semblent ne rien apprendre, en expressions qui semblent ne rien apprendre, nous apprenons néanmoins à parler, et nous nous confirmons que l'étude des mathématiques n'est autre chose que l'étude d'une langue.

Si une puissance avait pour exposant un signe général et indéterminé, tel que n, et qu'on nous proposât d'élever une pareille quantité à d'autres puissances, ou d'en extraire differentes racines, nous saurions de l'analogie comment nous devons opérer, puisque nous n'aurions qu'à faire sur ces exposants ce que nous avons fait sur les autres.

Le carré de a^n sera donc a^{n+n} ou a^{2n}, et le cube a^{n+n+n} ou a^{3n}, etc. La racine carrée sera $a^{\frac{n}{2}}$, la racine cube $a^{\frac{n}{3}}$, la racine quatrième $a^{\frac{n}{4}}$, etc.

Les racines sont de même ordre, ou d'ordre différent. Si elles sont toutes de même ordre, c'est-à-dire, si elles sont toutes, par exemple, carrées ou cubes, elles ont toutes le même dénominateur à leurs exposants fractionnaires : car tous ceux qui expriment des racines carrées ont 2 pour dénominateur, et ceux qui expriment des racines cubes ont 3, etc. On juge donc qu'en pareil cas, pour faire la multiplication des deux racines, il faut ajouter numérateur à numérateur; et pour en faire la division, il faut soustraire le numérateur d'un exposant, du numérateur de l'autre. Ainsi $a^{\frac{1}{2}} \times a^{\frac{1}{2}} = a^{\frac{1}{2} + \frac{1}{2}} = a^{\frac{2}{2}} = a$; et $a^{\frac{1}{2}} : a^{\frac{1}{2}}$ ou $\dfrac{a^{\frac{1}{2}}}{a^{\frac{1}{2}}} = a^{\frac{1}{2} - \frac{1}{2}} = a^0 = \dfrac{a}{a} = 1$.

Si les racines sont d'ordres différents, les unes, par exemple, des racines carrées, les autres des racines cubes, on jugera, d'après ce que nous avons dit sur les fractions, qu'il faut ramener les exposants au même dénominateur : on multipliera donc les deux termes du premier par le dénominateur du second, et les deux termes du second par le dénominateur du premier. Alors à $a^{\frac{1}{2}}$ et à $a^{\frac{1}{3}}$ qu'on voudrait multiplier ou diviser l'un par l'autre, on substituera $a^{\frac{3}{6}}$ et $a^{\frac{2}{6}}$: la multiplication donnera donc $a^{\frac{3}{6}+\frac{2}{6}} = a^{\frac{5}{6}}$, et la division donnera $a^{\frac{3}{6}-\frac{2}{6}} = a^{\frac{1}{6}}$.

Maintenant, si nous voulons élever de pareilles quantités à une puissance quelconque, ou si, les considérant comme puissance, nous en voulons extraire les racines, nous savons ce que nous devons faire. Dans le premier cas, nous multiplierons l'exposant par celui de la puissance ; dans le second, nous le diviserons par celui de la racine. Ainsi $a^{\frac{1}{6}}$ aura pour carré $a^{\frac{2}{6}} = a^{\frac{1}{3}}$, produit qui est le même que celui de $a^{\frac{1}{6}} \times a^{\frac{1}{6}} = a^{\frac{1}{6}+\frac{1}{6}} = a^{\frac{2}{6}} = a^{\frac{1}{3}}$. De même la racine carrée de $a^{\frac{1}{6}}$ sera $a^{\frac{1}{12}}$: car $a^{\frac{1}{12}} \times a^{\frac{1}{12}} = a^{\frac{1}{12}+\frac{1}{12}} = a^{\frac{2}{12}} = a^{\frac{1}{6}}$.

Faut-il remarquer que la réduction au même dénominateur n'est nécessaire, que lorsque les quantités sont désignées par les mêmes lettres? On jugera sans doute que le produit de $a^{\frac{1}{2}}$ par $-b^{\frac{2}{3}}$ est $-a^{\frac{1}{2}}b^{\frac{2}{3}}$. Il est vrai qu'en substituant $-a^{\frac{3}{6}}b^{\frac{4}{6}}$, on dirait la même chose; mais on n'a pas besoin de faire cette substitution. Quant au quotient que donneraient de pareilles quantités divisées l'une par l'autre, on ne ne pourrait que l'indiquer en écrivant —

$$\frac{a^{\frac{1}{2}}}{b^{\frac{2}{3}}} \text{ ou } - a^{\frac{1}{2}} : b^{\frac{2}{3}}.$$

Quoique les exposants fractionnaires soient d'une grande utilité, ils ne sont pas toujours nécessaires, et souvent on se contente d'indiquer les racines par la lettre *r*, dont on a fait $\sqrt{\ }$, qu'on nomme le *signe radical*. Cette expression étant plus simple, on la préfère toutes les fois qu'elle suffit, parce que l'élégance de l'algèbre consiste à ne pas embarrasser le calcul de résultats inutiles.

Au-dessus du signe radical on écrit l'exposant de la puissance dont on veut indiquer la racine. 2 est l'exposant du carré, et $\sqrt[2]{\ }$ indique une racine carrée ; mais, parce que ce chiffre peut être sous-entendu, on est dans l'usage de le supprimer, et on écrit $\sqrt{a}$. $\sqrt[3]{\ }$ indique une racine cube, $\sqrt[4]{\ }$ une racine quatrième, etc. $\sqrt{a}$ et $a^{\frac{1}{2}}$, $\sqrt[3]{a}$ et $a^{\frac{1}{3}}$, sont donc des expressions identiques qui ont chacune leur usage.

Les quantités qui sont sous le radical s'additionnent, se soustraient, se multiplient et se divisent de la même manière que les autres : on conçoit que le radical n'y peut rien changer. Pour l'addition, par exemple, $\sqrt{a}, + \sqrt{a} = 2\sqrt{a}, \sqrt{a} - \sqrt{a} = 0$. Pour la soustraction,

$$4 - \sqrt{2} + 2\sqrt{3} - 3\sqrt{5} + 4\sqrt{6}$$
$$1 + 2\sqrt{2} - 2\sqrt{3} - 5\sqrt{5} + 6\sqrt{6}$$

Reste. $3 - 3\sqrt{2} + 4\sqrt{3} + 2\sqrt{5} - 2\sqrt{6}$

Pour la multiplication et pour la division,

$\sqrt{a}\ \sqrt{a} = \sqrt{aa} = a$, $\sqrt{a}\ \sqrt{b} = \sqrt{ab}$, $\dfrac{\sqrt{a}}{\sqrt{a}} = \sqrt{\dfrac{a}{a}} = 1$,

$\dfrac{\sqrt{a}}{\sqrt{b}} = \sqrt{\dfrac{a}{b}}$; et avec des chiffres $\sqrt{8}\ \sqrt{2} = \sqrt{16} = 4$, $\sqrt{18}$

$\sqrt{2} = \sqrt{36}, = 6$, $\dfrac{\sqrt{8}}{\sqrt{2}} = \sqrt{\dfrac{8}{2}} = \sqrt{4} = 2$, $\dfrac{\sqrt{18}}{\sqrt{2}} = \sqrt{9} = 3$,

$\dfrac{\sqrt{12}}{\sqrt{3}} = \sqrt{\dfrac{12}{3}} = \sqrt{4} = 2$. Ou encore $\dfrac{2}{\sqrt{2}} = \dfrac{\sqrt{4}}{\sqrt{2}} = \sqrt{\dfrac{4}{2}} = \sqrt{2}$,

$\dfrac{3}{\sqrt{3}} = \dfrac{\sqrt{9}}{\sqrt{3}} = \sqrt{\dfrac{9}{3}} = \sqrt{3}$, $\dfrac{12}{\sqrt{6}} = \dfrac{\sqrt{144}}{\sqrt{6}} = \sqrt{\dfrac{144}{6}} = \sqrt{24} = \sqrt{6.4}$

$= 2\ \sqrt{6}$.

Mais il faut remarquer que, lorsque le signe radical ne permet pas d'effectuer les opérations, on lui
substitue les exposants fractionnaires. Par exemple,
$\sqrt[2]{a}\ \sqrt[3]{a}$, n'est que le produit indiqué de la multiplication de $\sqrt{a}$ par $\sqrt[3]{a}$. Pour effectuer cette multipli-
tion, autant qu'elle peut l'être en algèbre, il faudrait
substituer les exposants fractionnaires $a^{\frac{1}{2}}$ et $a^{\frac{1}{3}}$, les
réduire au même dénominateur, et les ajouter l'un
à l'autre.

Le signe radical se met surtout devant les quantités que nous avons nommées irrationnelles, incommensurables, sourdes ; et ce signe leur a fait donner
une nouvelle dénomination, celle de *quantités radicales*. Voilà quatre synonymes qui ne devraient pas
être employés indifféremment, puisque ce sont differentes vues de l'esprit qui en ont introduit l'usage.
Lorsque le rapport d'une quantité avec l'unité est
tel que nous pouvons le déterminer exactement,
nous disons qu'elle est rationnelle ; et, lorsque nous
ne pouvons pas le déterminer exactement, nous
disons qu'elle est irrationnelle. Si une quantité
est mesurée exactement par l'unité, elle est commensurable ; et elle est incommensurable, si elle
n'est pas mesurée exactement. Enfin, quand nous
n'avons pas pour une quantité une expression
exacte, nous la nommons sourde, parce qu'alors elle

échappe comme un bruit sourd qu'on distingue mal.

Une quantité sourde est donc proprement une quantité inassignable, c'est-à-dire, une quantité qu'on ne peut exprimer exactement par aucun signe. Ainsi assignable, ou quantité qu'on peut exprimer exactement par un signe, sera l'opposé de quantité inassignable ou sourde, comme rationnelle est l'opposé d'irrationnelle, commensurable d'incommensurable.

La dénomination de quantité sourde appartient, ce me semble, plus particulièrement aux quantités qui sont sous le radical ; et celle de quantité radicale, qui en est le synonyme, n'en diffère que parce que nous sommes portés à lui donner plus d'étendue. Car, quoiqu'à proprement parler quantité radicale et quantité sourde soient la même chose, cependant nous nommons, par extension, quantités radicales toutes celles qui sont sous le radical. Par exemple, $\sqrt{50a^2}$ est une quantité radicale qui comprend une quantité sourde ou inassignable et une quantité assignable. Car 50 est le produit de 25 par 2, et 25 est le carré de 5 : donc $\sqrt{50a^2} = 5\,a\,\sqrt{2}$ où vous voyez que $5\,a$ est une quantité assignable, et que $\sqrt{2}$ est une quantité inassignable ou sourde. Remarquons encore que, pour abréger, au lieu de dire *quantité radicale*, on dit un *radical, multiplier, diviser des radicaux.*

Il est très-essentiel de savoir décomposer les radicaux, parce qu'il est nécessaire de démêler dans une quantité ce qu'elle a d'assignable et ce qu'elle a d'inassignable ; mais cette décomposition s'apprendra facilement, elle ne demande qu'un peu d'exercice, et il ne faut pas un grand effort d'imagination pour juger comment elle doit se faire. Supposons qu'on vous propose de décomposer $\sqrt{48aabc}$, afin de ne laisser sous le signe que la quantité sourde. Vous remarquerez d'abord que $\sqrt{48aabc} = \sqrt{aa}\,\sqrt{48bc}$: or, $\sqrt{aa} = a$: donc $\sqrt{48aabc} = a\sqrt{48bc}$. Vous remarquerez ensuite que 48 contient les carrés 4, 9, 16, 25, 36 ; et que ce nombre peut être décomposé, s'il a pour facteurs quelques-uns de ces carrés : or, $4 \times 12 = 48$; 2, racine carrée de 4, peut donc être mis devant le signe, et par conséquent $a\sqrt{48bc} = 2\,a\sqrt{12bc}$. Mais nous avons encore $3 \times 16 = 48$, et 4 est la racine de 16 : donc $a\sqrt{48bc} = 4\,a\sqrt{3bc}$. Les autres carrés n'étant pas des facteurs de 48, vous voyez que 3 bc est la quantité sourde qui doit rester sous le signe radical. Si vous vouliez faire repasser 4 a sous le signe, vous élèveriez cette quantité au carré, et vous auriez $\sqrt{16aa}$. 3 $bc = \sqrt{48aabc}$. Des exemples plus simples pourraient rendre cette décomposition plus familière, et voici les plus simples :

$$\sqrt{8} = \sqrt{2.4} = 2\sqrt{2}, \sqrt{24} = \sqrt{6.4} = 2\sqrt{6}$$
$$\sqrt{12} = \sqrt{3.4} = 2\sqrt{3}, \sqrt{32} = \sqrt{2.16} = 4\sqrt{2}$$
$$\sqrt{18} = \sqrt{2.9} = 3\sqrt{2}, \sqrt{75} = \sqrt{3.25} = 5\sqrt{3}$$

Nous aurons occasion de nous exercer à ces sortes de décompositions, lorsque nous traiterons des équations du second degré, et c'est assez pour le présent de connaître comment elles se font. Je préviendrai seulement que les quantités radicales ne sont quelquefois sourdes qu'en apparence, par exemple, $\sqrt{\frac{18}{8}} = \sqrt{\frac{9}{4}} = \frac{3}{2}$.

Il y a une observation à faire sur les puissances et sur les racines ; ou plutôt il faut nous rappeler une chose que nous savons, et, en observant ce qu'elle renferme, en remarquer une que nous devrions savoir.

Nous n'ignorons pas que aa peut avoir également pour racines $-a$ et $+a$, car $-a \times -a = aa$, comme $+a \times +a = aa$.

Nous n'ignorons pas non plus que si $-a$ est la racine de aa, le cube sera $-a^3$; puisqu'il sera le produit de $-a$ par $+a^2$; que la quatrième puissance, produit de $-a^3$ par $-a$, sera $+a^4$; que la cinquième, produit de $+a^4$ par $-a$, sera $-a^5$, et ainsi de suite, en sorte que les puissances seront alternativement en plus et en moins.

Nous savons tout cela : nous savons donc encore, ce qui est la même chose en d'autres termes, que toutes les fois que la première puissance est en moins, la seconde, la quatrième, la sixième, en un mot toutes les puissances paires, sont en plus; et qu'au contraire, toutes les puissances impaires sont en moins.

Donc le signe —, devant une puissance impaire, est une preuve que la première est en moins ; et $+$, devant une pareille puissance, est une preuve que la première est en plus. Donc $+$, devant une puissance paire, ne détermine pas si la première est en plus ou en moins ; et, parce qu'alors la racine peut être double, on l'indique par $\pm \sqrt{}$.

Toute puissance paire étant nécessairement en plus, une quantité en moins ne saurait être un carré, ni aucune puissance d'un degré pair ; et par conséquent $\sqrt{-aa}$, $\sqrt{-4}$, $\sqrt{-a^4}$, $\sqrt{-16}$, etc., ne sont pas des racines carrées ou des racines quatrièmes : cependant on croit voir dans ces expressions des quantités qu'on nomme *imaginaires*; et on croit avoir une idée de ces prétendues quantités, parce qu'un signe paraît supposer une idée. Qu'est-ce donc qu'une chose qui implique contradiction ? Si elle n'est rien, l'unique idée qu'on puisse en avoir, c'est qu'élle n'est rien. La dénomination de *quantités imaginaires* a été mal choisie : il fallait dire *expressions imaginaires* ; expressions, parce qu'elles ressemblent aux expressions qui signifient quelque chose ; et imaginaires, parce que dans le vrai elles ne signifient rien. Ce ne sont des expressions qu'improprement et par extension. Il y a donc, jusque dans l'algèbre, des expressions qui ne signifient rien ; elles s'y trouvent nécessairement : et par conséquent il ne faut pas s'étonner si, dans toutes les langues, il y a un grand nombre d'expressions imaginaires, qu'on prend pour autant de quantités.

Quelquefois les conditions d'un problème donnent pour dernier résultat des expressions imaginaires, des expressions qui impliquent contradiction ; et alors on peut être assuré qu'elles sont absurdes, et que la solution est impossible.

D'autres fois le calcul fait passer par des expressions imaginaires, qui s'évanouissent aussitôt, et il conduit, par ce moyen, à des résultats réels : c'est ce que nous expliquerons plus particulièrement. Pour le présent, il suffit de remarquer que le calcul des expressions imaginaires se fait par analogie, de la même manière que celui des expressions réelles, comme, dans nos langues vulgaires, les mots qui ne signifient rien se construisent d'après les mêmes règles que ceux qui signifient quelque chose. Par exemple, $\sqrt{a}\,\sqrt{a} = a$, de même $\sqrt{-a}\,\sqrt{-a} = -a$. Ou encore $+\sqrt{a} - \sqrt{a} = -a$, de même $+\sqrt{-a} \times -\sqrt{-a} = -(-a) = +a$: car $-(-a)$ est une soustraction à soustraire.

Ce que j'ai exposé dans ce chapitre, comme dans les autres, est de la plus grande simplicité : mais,

parce que vous entendez ce que je vous dis, ne
croyez pas le savoir. Vous n'avez pas appris votre
langue en un jour, vous n'apprendrez pas l'algèbre
en une lecture. Ce dialecte demande une précision
qui vous est peut-être bien étrangère, et c'est là ce
qui en fait pour vous toute la difficulté.

CHAPITRE XIV.

DE LA FORMATION DES PUISSANCES ET DE L'EXTRACTION DES RACINES, LORSQUE LES QUANTITÉS ALGÉBRIQUES SONT DE PLUSIEURS TERMES.

$(a+b)^2$ est un carré indiqué dont le développement, $(a+b)(a+b) = aa + 2\,ab + bb$, renferme le carré aa du premier terme, le double de ce terme multiplié par le second, $2ab$, et le carré du second bb. Ce carré développé est une expression ou formule générale qui nous réglera jusque dans les opérations les plus compliquées.

Puisque nous savons multiplier, il n'y a point de puissance à laquelle nous ne sachions élever une quantité de plusieurs termes; nous n'avons donc besoin d'observer la formation des puissances, que pour apprendre à retrouver les racines. Pour les défaire, il faut avoir remarqué comment elles se font, et nous pouvons commencer par défaire le carré $a^2 + 2\,a\,b + b^2$:

$$
\begin{array}{ccc|ll}
aa & + 2ab & + bb & a + b & \\
- aa & - 2ab & - bb & 2a & \text{Diviseur.} \\
\hline
0 & 0 & 0 & &
\end{array}
$$

a est la racine de aa, et, ayant soustrait aa de aa, il reste $2\,ab + bb = (2\,a + b)\,b$. Donc, en divisant par l'un des deux, j'aurai l'autre pour quotient. Il est vrai que je ne connais que le premier terme du facteur $2\,a + b$, mais il est vrai aussi que je n'ai pas besoin d'en connaître davantage. En effet, en divisant par $2\,a$, je trouve le second terme de la racine. Je soustrais donc le produit de $2\,a$ par b, celui de b par b, et le carré est défait. Passons à un exemple un peu moins simple, dont la racine ne nous soit pas entièrement connue.

$$
\begin{array}{ll}
\begin{aligned}
& a^2 + 2\,ab + 2\,ac + b^2 + 2\,bc + c^2 \\
-\; & a^2
\end{aligned} &
\begin{aligned}
& \underline{a + b + c} \\
& 2\,a \qquad \text{1}^{\text{re}} \text{ divis.}
\end{aligned}
\end{array}
$$

$$
\begin{aligned}
0 \; & + 2\,ab + 2\,ac + b^2 + 2\,bc + c^2 \qquad 2\,a + 2\,b \;\; \text{2}^{\text{e}} \text{ divis.} \\
& - 2\,ab \qquad\quad - b^2
\end{aligned}
$$

$$
\begin{aligned}
0 \; & + 2\,ac \quad\; 0 + 2\,bc + c^2 \\
& - 2\,ac \qquad - 2\,bc - c^2
\end{aligned}
$$

$$
0 \qquad\qquad 0 \qquad\quad 0
$$

En opérant comme nous venons de faire, nous retrouverons, pour les deux premiers termes de la racine, les deux que nous avons déjà trouvés. Or, si nous remarquons que, dans le premier exemple, b a été multiplié par $2\,a$, nous jugerons que, dans le second, le troisième terme, quel qu'il soit, doit l'avoir été par $2\,a + 2\,b$. Je divise donc par $2\,a + 2\,b$, et cette division m'ayant donné c au quotient, je soustrais $2\,ac + 2\,bc + c^2$, et ce second carré est encore défait.

Pour s'assurer qu'il devait l'être, il n'y a qu'à observer comment il s'est formé. Multiplions donc $a + b + c$ par $a + b + c$.

$$a + b + c$$
$$a + b + c$$

$$aa + ab + ac$$
$$+ ab + bb + bc$$
$$+ ac + bc + c^2$$

$$aa + 2ab + bb + 2ac + 2bc + c^2$$

Vous remarquez, dans ce développement, que, comme le carré d'une quantité de trois termes renferme le double du premier multiplié par le second, il renferme également le double du premier, plus le double du second multiplié par le troisième ; et que par conséquent, lorsque vous avez trouvé les deux premiers, la division par le double de l'un et de l'autre doit vous donner le troisième.

L'analogie nous fera donc juger que, si une racine a quatre termes, cinq, six, ou davantage, vous trouverez le quatrième en divisant par le double des trois premiers, le cinquième en divisant par le double des quatre précédents, ainsi de suite. En quelque nombre que soient les termes, pour aller de la découverte de l'un à la découverte de l'autre, vous ne referez jamais que ce que vous avez fait. Vous devez donc les savoir retrouver tous.

Si la quantité n'était pas un carré, et que vous ne voulussiez pas vous contenter d'en indiquer la racine en écrivant, par exemple, $\sqrt{aa + bb}$, ou $(aa + bb)^{\frac{1}{2}}$, vous la chercheriez par approximation. L'opération pourra vous paraître plus difficile, cependant il faut remarquer qu'elle est absolument la même.

$$\left.\begin{array}{r} a^2 + b^2 \\ -\,a^2 \end{array}\right| \quad a + \frac{b^2}{2a} - \frac{b^2}{8a^3} + \frac{b^5}{16a^9}, \text{ etc.}$$

1$^\text{er}$ Reste. $+\, b^2$

$$-\,b^2 - \frac{b^4}{4a^2}$$

2$^\text{e}$ Reste. $\qquad\quad -\,\dfrac{b^4}{4a^2}$

$$+\,\frac{b^4}{4a^2} \quad +\,\frac{b^6}{8a^4} - \frac{b^8}{63a^6}$$

3$^\text{e}$ Reste. $\qquad\qquad +\,\dfrac{b^6}{8a^4} - \dfrac{b^8}{64a^6}.$

La racine de aa étant a, je soustrais a^2 de a^2, et j'ai, pour premier reste, $+\, b^2$. Quant au second terme de la racine, la formule $2ab$ me rappelle que je le trouverai en divisant ce reste par $2a$: ce second terme est donc $+\, \frac{b^2}{2a}$.

Je reviens à la formule générale, qui est faite pour suppléer au défaut de mémoire ; et $2ab + bb$ me fait voir que je dois retrancher le produit de $2\,a$ par $\frac{b^2}{2a}$, c'est-à-dire b^2, et le carré de $\frac{b^2}{2a}$, c'est-à-dire $\frac{b^4}{4a^2}$; le second reste est donc $-\, \frac{b^4}{4a^2}$.

Je prends pour diviseur de ce reste le double des deux termes trouvés, $2a + \frac{2b^2}{2a}$, ou plutôt, en réduisant, $2a + \frac{b^2}{a}$; et la division me donne, pour troisième terme de la racine, $-\, \frac{b^4}{8a^3}$. J'ai toujours sous les yeux la formule $2ab + b^2$, et je vois que j'ai à soustraire le produit de $-\, \frac{b^4}{8a^3}$ par $2a + \frac{b^2}{a}$, et le carré de $-\, \frac{b^4}{8a^3}$. Or, $-\, \frac{b^4}{8a^3}\left(2a + \frac{b^2}{a}\right) = \frac{2ab^4}{8a^3} + \frac{b^6}{8a^4} = \frac{b^4}{4a^2} + \frac{b^6}{8a^4}$; et $-\, \frac{b^4}{8a^3} \times -\, \frac{b^4}{8a^3} = +\, \frac{b^8}{64a^6}$. Le troisième reste est donc $+\, \frac{b^6}{8a^4} - \frac{b^8}{64a^6}$. En continuant, la formule nous ferait trouver une longue suite de termes; nous n'avons de la peine à nous rendre raison des opérations de cette espèce que parce que nous voudrions les expliquer avec les phrases de nos langues. Les quatre premiers termes de cette suite sont : $\sqrt{aa + bb} = a + \frac{b^2}{2a} - \frac{b^4}{8a^3} + \frac{b^6}{16a^5}$.

Nous avons appris à extraire des racines carrées, en observant le développement d'une quantité qui s'élève à la seconde puissance; en observant le développement d'une quantité qui s'élève à la troisième, nous apprendrons à extraire des racines cubes. $(a + b)^3 = a^3 + 3a^2 b + 3 a b^2 + b^3$: dans cette formule, a s'offre de lui-même comme premier terme de la racine, et le second se trouve facilement, si on remarque qu'il est multiplié par trois fois le carré du premier : on divisera donc par $3aa$; et pour s'assurer que la racine est exactement $a + b$, on n'aura plus qu'à soustraire $3aab + 3acc + {}^3b$.

Lorsque nous chercherons les deux termes de la racine de tout autre cube, nous répéterons ce que nous avons fait sur cette formule, parce que, de quelque manière que ce cube soit exprimé, si nous le comparons terme à terme avec la formule, nous y trouverons toujours $a^3 + 3aab + 3abb + a^3$; et, si cette racine avait plus de trois termes, cette même formule nous les fera trouver encore, comme $a^2 + 2ab + b^2$ nous fait trouver les racines carrées qui en ont plus de deux. Il suffira d'observer les cubes, comme nous avons observé les carrés, et de raisonner de la même manière.

Lorsque vous aurez trouvé cette méthode vous-même, vous la saurez mieux que si je vous l'expliquais, et vous en comprendrez mieux tout ce que j'ai dit dans ce chapitre. Surtout elle vous deviendra bien plus familière, et alors vous pourrez chercher la racine cube approchée d'une quantité, telle que a^3

16

$+ b^3$. Mais, si vous voulez trouver moins de difficulté dans cette recherche, ayez toujours la formule sous les yeux, et ne vous embarrassez pas dans de longs discours. Nous voulons toujours parler notre langue, et il faudrait ne parler qu'algèbre.

Quand on aura extrait des racines carrées et cubes, on saura bientôt extraire des racines quatrièmes, cinquièmes, etc. Il ne faudra qu'une formule pour chaque espèce. Voilà donc de quoi exercer les commençants : mais je préviens que nous découvrirons des méthodes beaucoup plus simples pour extraire des racines de tous les degrés.

CHAPITRE XV.

DE L'EXTRACTION DES RACINES AVEC LES CHIFFRES

Traiter de l'extraction des racines avec les chiffres, c'est nous répéter dans un nouveau dialecte. Mais il n'en est pas de ces répétitions comme de tant d'autres : puisque nous n'allons de connaissance en connaissance que parce que nous allons d'identité en identité, c'est une nécessité pour nous de redire, d'une nouvelle manière, ce que nous avons déjà dit; et l'art de raisonner ne consiste qu'à savoir changer de langage, à traduire ce qu'on sait dans ce qu'on ne sait pas, ou ce qu'on ne sait pas dans ce qu'on sait.

En algèbre, où les termes, séparés par les signes $+$ ou $-$, se distinguent sensiblement, il ne faut souvent qu'un peu d'habitude pour découvrir, au premier coup d'œil, quelles sont les parties d'une racine carrée. Il ne paraît pas d'abord qu'il en soit de même en arithmétique, où elles semblent se confondre dans un seul terme. Cependant, parce que chaque chiffre a un rang différent suivant sa valeur, chaque partie d'une racine a aussi une place marquée; et la différence de ces rangs fait en arithmétique, quoique d'une manière moins sensible, le même effet qu'en algèbre la différence des termes. Par exemple, 144, décomposé en $100 + 40 + 4$, est la formule même $a^2 + 2ab + b^2$. Et vous voyez aussitôt que la racine a deux termes $10 + 2 = 12$.

Cependant il ne faudrait pas, d'après cet exemple, se hâter de juger que, lorsqu'en arithmétique la racine a deux chiffres, le carré n'en a jamais que trois : car il peut en avoir quatre. Par exemple, $36 \times 36 = 1296$. D'ailleurs il faut remarquer que 1296 ne peut pas, comme 144, se décomposer en trois parties qui correspondent, terme pour terme, à la formule $a^2 + 2ab + b^2$: mais vous pouvez le décomposer en deux, chacune de deux chiffres; et cette décomposition vous fera trouver, dans chaque partie de ce carré, une des deux de sa racine. En effet le plus grand carré contenu dans 12 est 9 : le plus haut chiffre de la racine est donc 3, et il reste $396 = 2ab + bb$. Il ne faut donc plus que diviser 39 par $6 = 2a = 2 \times 3$, et vous trouverez 6 pour le second chiffre de la racine.

L'analogie doit vous faire juger que, si la racine avait trois chiffres, le carré en aurait plus de quatre, c'est-à-dire, cinq ou peut-être six. Par exemple, $256 = 200 + 50 + 6$. Ainsi,

$$
\begin{array}{llrclr}
aa & \text{ou} & 200 & \times & 200 & = & 40000 \\
bb & \text{ou} & 50 & \times & 50 & = & 2500 \\
cc & \text{ou} & 6 & \times & 6 & = & 36 \\
2ab & \text{ou} & 400 & \times & 50 & = & 20000 \\
2ac & \text{ou} & 400 & \times & 6 & = & 2400 \\
2bc & \text{ou} & 100 & \times & 6 & = & 600 \\
\hline
256 & \times & 256 & & & & 65536
\end{array}
$$

Si vous aviez donc à chercher la racine $a + b + c$

d'un pareil carré, vous le décomposeriez en 60000 + 5500 + 36, et il ne vous serait pas difficile de juger dans quels chiffres doivent se trouver les produits $aa + 2ab + bb + 2ac + 2bc + cc$. Mais vous pouvez faire cette décomposition d'une manière plus simple : il vous suffira d'écrire 6 + 55 + 36 ; et, ce nombre étant partagé en trois tranches, vous voyez non-seulement que la racine doit avoir trois chiffres, vous voyez encore où doivent se trouver les différents produits qui forment le carré. Soit à extraire la racine de 9604.

$$
\begin{array}{c|c|c}
96 & 04 & 98 \\
81 & & \\
\hline
15 & 04 & \\
15 & 04 & \\
\hline
& 0 &
\end{array}
$$

Aux deux tranches de ce nombre, je juge que le carré a deux chiffres à sa racine ; je vois encore que, dans la formation de ce carré, le chiffre des unités a dû produire des dizaines, et celui des dizaines, des mille. Je sais donc où prendre tous les produits que j'ai à défaire. Je n'ai besoin pour me guider que de la formule $(a + b)^2 = aa + 2ab + bb$, et elle supprimera bien des discours.

En effet aa ne peut être que dans la tranche supérieure, dans 96. Or 81 est le plus grand carré contenu dans ce nombre : donc 9, qui en est la racine, est le premier terme de la racine que je cherche. Je l'écris, je soustrais son carré 81, et j'abaisse à côté du reste 15 la tranche suivante, 04.

Donc $1504 = 2ab + bb$; et je trouverai b en divisant par 2 a, c'est-à-dire par 2×9, ou plutôt par

16.

2×90, car 9 doit exprimer des dizaines dans la racine ; divisant donc 1504 par 180 ou 150 par 18, je trouve 8 pour le quotient de la division de $2\,ab$ par $2\,a$, ou pour b ; je l'écris donc à la racine, et je trouve $2\,ab = 18 \times 8, bb = 8 \times 8$, et $2\,ab + bb = 180 \times 8 + 8 \times 8 = 188 \times 8 = 1504$. Or, cette somme étant soustraite du nombre 1504 qui nous restait, il ne reste rien. 9604 est donc un carré parfait dont la racine est 98.

Si le carré avait un troisième terme, un quatrième, un cinquième, vous les trouveriez tous de la même manière, c'est-à-dire avec la même formule. Car, si vous en cherchiez, par exemple, un quatrième, vous auriez alors $2\,a = 2 \times 98$. Vous diviseriez donc par 196, et cette division vous ayant donné b, vous n'auriez plus qu'à soustraire les produits $2\,ab + bb$. Ainsi de suite, parce que vous ne pouvez faire à chaque fois que la même chose.

Vous ne pouvez encore que vous répéter d'après la même formule, si vous vous proposez d'extraire par approximation la racine d'un nombre qui n'est pas un carré exact, comme 57. Vous écrirez, par exemple, 57,00 ou 57,00,00 ou 57,00,00,00, avec plus ou moins de tranches, chacune de deux zéros, suivant que vous voudrez avoir une racine plus ou moins approchée. Chaque tranche vous donnera un chiffre décimal. Vous trouverez à moins d'un dixième, 7, 5 ; à moins d'un centième, 7,54 ; à moins d'un millième, 7,549, etc.

Pour apprendre tous ces calculs, il n'y a donc pas autant de choses à étudier qu'on l'imagine. Il n'y en a qu'une proprement ; et, si vous la savez bien faire une fois, vous la saurez bien faire toujours. Avec cette chose unique, quand vous la saurez, vous ex-

trairez des racines troisièmes, quatrièmes, cinquièmes, etc., comme des racines carrées. Il est vrai
que vous vous réglerez dans vos opérations d'après
d'autres formules : mais vos procédés, quoique plus
compliqués, seront au fond les mêmes. Au reste, il
est inutile de nous fatiguer de tous ces calculs, et
c'est assez de savoir comment ils se peuvent faire.

CHAPITRE XVI.

DES PROPORTIONS ET DES PROGRESSIONS ARITHMÉTIQUES AVEC LES LETTRES ET AVEC LES CHIFFRES.

Nous avons déjà parlé des proportions et des progressions dans le dialecte des noms : nous allons en parler dans deux dialectes plus simples, et nous saurons dire beaucoup de choses que nous ne savions pas dire auparavant.

2. 5: 6. 9 est une expression qu'on ne peut généraliser, parce qu'en arithmétique chaque chiffre est un nom propre : au contraire, en algèbre, où les lettres sont des termes généraux, $a. b : c. d$ est une expression générale, qui comprend toutes les proportions arithmétiques, avec quelques chiffres qu'on les écrive ; et ce qu'on démontrera de cette proportion, se trouvera démontré de toutes, quelles qu'elles puissent être.

Dans une proportion arithmétique, la raison se nomme proprement *différence*. Or, la différence se connaît par la soustraction. On l'exprime en plus, si on soustrait le plus petit nombre du plus grand,

5 — 2 = 3; on l'exprime en moins, si on soustrait le plus grand du plus petit, 2 — 5 = — 3.

Lorsqu'on dit que la différence entre 5 et 2 est 5 — 2, on ne fait que l'indiquer ; et on la prononce, lorsqu'on dit qu'elle est 3. Il est à notre choix de l'exprimer en arithmétique de l'une ou de l'autre manière : mais, en algèbre, on ne la saurait prononcer ; on ne peut que l'indiquer. C'est que, les lettres n'ayant pas de valeur déterminée, la différence entre deux quantités algébriques est conséquemment indéterminée elle-même. On se borne donc forcément à l'indiquer, et on écrit $a — b$ ou $b — a$. Afin de nous familiariser avec ce langage, employons-le d'abord avec des chiffres, et reprenons la proportion 2.5:6.9.

2 — 5, différence entre le premier et le second terme, = 6 — 9, différence entre le troisième et le quatrième : 2 — 5 = — 3, et 6 — 9 = — 3. De même 5 — 2 = 9 — 6, parce que 5 — 2 = 3, et 9 — 6 = 3.

Qu'on retranche donc chaque antécédent de son conséquent, ou chaque conséquent de son antécédent, il y a toujours égalité ou identité entre ce qui reste de part et d'autre : ou, pour dire la chose autrement, la différence est toujours la même; seulement elle est en moins dans un cas, et en plus dans l'autre. Mais, en général, il importe peu qu'on l'exprime en plus ou en moins, et les circonstances du calcul demandent qu'on ait le choix.

Puisque 2 — 5 = 6 — 9 : donc 2 = 6 — 9 + 5, donc 2 + 9 = 6 + 5. Mais 2 + 9 est la somme des extrêmes, et 6 + 5 est la somme des moyens : donc, dans cette proportion, la somme des extrêmes est égale à la somme des moyens.

Si, au lieu d'exprimer la différence par 2 — 5, nous l'exprimions par 5 — 2, nous aurions le même résultat : car, de ce que $5 - 2 = 9 - 6$, il s'ensuit que $5 = 9 - 6 + 2$, et $5 + 6 = 9 + 2$.

Quoique les mathématiciens défendent de conclure du particulier au général, on ne douterait pas que ce que nous venons de démontrer ne fût vrai de toutes les proportions arithmétiques, si l'on savait se rendre compte de ce qu'on entend par démontrer. Quoi qu'il en soit, il nous suffit qu'avec l'expression $a.b:c.d$ la démonstration devienne générale. Or, cette expression donne $a - b = c - d$ et $b - a = d - c$, deux équations qui démontrent l'une et l'autre que la somme des extrêmes est toujours égale à la somme des moyens. Car, de la première, nous tirons $a = c - d + b$ et $a + d = c + b$: de la seconde, nous tirons également $b = d - c + a$ et $b + c = d + a$.

Puisque la somme des extrêmes est égale à la somme des moyens, toutes les fois que quatre quantités sont en proportion arithmétique, donc, réciproquement, quatre quantités sont en proportion arithmétique, toutes les fois que la somme des extrêmes est égale à la somme des moyens. Il est évident qu'en prononçant ces deux propositions on ne fait que répéter la même chose de deux manières : car si de $a.b:c.d$ je puis conclure $a + d = b + c$; donc de $a + d = b + c$ je dois conclure $a.b:c.d$.

De l'égalité de ces deux sommes, il s'ensuit que, dans une proportion continue, la somme des extrêmes est égale au double du terme moyen : car l'expression qui s'écrit $\div a.b.c$ est la même que l'expression qui s'énonce $a.b : b.c$, dont elle est une abréviation ; et par conséquent $a + c = b + b = 2b$.

Maintenant, il sera facile de trouver le quatrième terme d'une proportion, lorsque les trois premiers seront connus. On dira $a.b : c.x$; donc $a+x=b+c$, donc $x=b+c-a$.

On trouvera avec la même facilité le terme moyen entre a et b; parce qu'ayant $\div a.x.b$, on a $a+b = 2x$ et $x = \frac{a+b}{2}$.

En nommant d la différence, une proportion arithmétique s'écrira $a.a \pm d : b.b \pm d$; et cette expression plus générale comprendra, par le moyen du double signe $\pm$, les proportions où le conséquent est plus petit que l'antécédent, comme celles où il est plus grand. En décomposant les deux conséquents, elle démontre, d'une manière on ne peut plus simple, que la somme des extrêmes est la même que celle des moyens, puisqu'elle donne pour l'une $a+b \pm d$ et pour l'autre $a \pm d + b$, c'est-à-dire, les mêmes lettres. Mais ce n'est pas là son unique avantage : comme elle est la plus générale, elle est aussi plus utile qu'aucune autre ; nous dirons avec elle ce que nous n'aurions pas su dire sans elle, et nous nous élèverons à de nouvelles connaissances.

Quoiqu'une proportion continue ne s'écrive qu'avec trois termes, elle s'énonce comme nous venons de le remarquer, avec quatre; $\div a.a + d.a + 2d$ s'énonce, a est à $a+d$, comme $a+d$ est à $a+2d$. Ainsi, dire que la somme des extrêmes d'une proportion continue est égale au double du moyen écrit, c'est dire qu'elle est égale à la somme des deux moyens énoncés. Par où l'on voit que tout ce qu'on démontre d'une proportion de quatre termes, est démontré d'une proportion continue.

Mais une proportion continue est une progression de trois termes. Donc, une progression qui en a plus de trois est, dans l'énonciation, une suite de proportions qui en ont chacune quatre. En effet, la progression de sept $\div a \cdot a + d \cdot a + 2d \cdot a + 3d \cdot a + 4d$. $a + 5d \cdot a + 6d$, s'énonce a est à $a + d$, comme $a + d$ est à $a + 2d$, comme $a + 2d$ est à $a + 3d$, etc. Donc, ce qui est vrai des proportions est vrai des progressions. C'est-à-dire, que la somme des extrêmes, si le nombre des termes est impair, comme dans une proportion continue, est égal au double du terme moyen ; et qu'elle est égale à la somme des deux moyens, si le nombre des termes est pair, comme dans une proportion de quatre.

Ces démonstrations, tirées de l'énonciation, demanderaient de longs discours, et par cette raison seraient plus difficiles à suivre. Cependant j'ai cru devoir commencer par les donner, parce qu'après avoir entendu, avec quelque peine, un langage qui parle plus aux oreilles qu'aux yeux, nous en sentirons mieux les avantages d'un langage qui parle plus aux yeux qu'aux oreilles.

$$\overset{1}{} \quad \overset{2}{} \quad \overset{3}{} \quad \overset{4}{} \quad \overset{5}{} \quad \overset{6}{} \quad \overset{7}{}$$
$$\div a \cdot a + d \cdot a + 2d \cdot a + 3d \cdot a + 4d \cdot a + 5d \cdot a + 6d.$$

Les deux extrêmes de cette progression, 1 et 7, font, avec le terme moyen 4, la proportion continue $\div a \cdot a + 3d \cdot a + 6d$. Donc, la somme des extrêmes d'une progression est égale au double du terme moyen.

Le troisième et le cinquième termes, également éloignés des extrêmes, font avec eux la proportion $a \cdot a + 2d : a + 4d \cdot a + 6d$. Donc, la somme de deux termes également éloignés des extrêmes est la même que la somme des extrêmes. Mais nous démontrerons toutes ces propositions d'une manière plus simple et plus sensible, si, après avoir écrit dans un ordre direct l'expression générale de toute progression, nous la réécrivons au-dessous dans un ordre rétrograde.

$$\begin{array}{ccccccc} 1 & 2 & 3 & 4 & 5 & 6 & 7 \\ a.a & +d.a & +2d.a & +3d.a & +4d.a & +5d.a & +6d. \end{array}$$

$$\begin{array}{ccccccc} 7 & 6 & 5 & 4 & 3 & 2 & 1 \\ a+6d & .a+5d & .a+4d & .a+3d & .a+2d & .a+d & .a \end{array}$$

$$2a+6d, 2a+6d, 2a+6d, 2a+6d, 2a+6d, 2a+6d, 2a+6d.$$

Vous voyez que la somme des deux extrêmes, 1 et 7, est $2a+6d$, et que celle de deux termes qui en sont également éloignés, tels que 2 et 6, 3 et 5, est aussi $2a+6d$.

Cette formule générale nous apprendra comment on peut insérer, entre deux termes donnés, un nombre quelconque de moyens proportionnels. Qu'on nous propose, par exemple, d'insérer quatre termes entre 3 et 9, ce sera nous demander une progression de six termes dont 3 et 9 soient les extrêmes. Faisons donc $a = 3$; et, d'après la formule, écrivons,

$$\div 3 . 3+d . 3+2d : 3+3d : 3+4d . 3+5d.$$

Le sixième terme $3+5d$ nous fera connaître la différence : car, puisqu'il doit être égal à 9, nous avons $5d = 9-3 = 6$, et $d = \frac{6}{5} = 1\frac{1}{5}$. La progression sera donc :

$$\div 3 . 4\tfrac{1}{5} . 5\tfrac{2}{5} . 6\tfrac{3}{5} . 7\tfrac{4}{5} . 8\tfrac{5}{5} \text{ ou } 9.$$

En effet la progression ayant six termes, elle a cinq différences, qui, étant égales, sont chacune un $\frac{1}{5}$ de celle qui est entre 3 et 9, c'est-à-dire $\frac{1}{5}$ de 6 ou $\frac{6}{5}$.

$\div a . a \pm d . a \pm 2d . a \pm 3d$, etc. est l'expression de toute progression croissante ou décroissante, suivant qu'on prend le signe supérieur ou le signe inférieur. Or remarquez que, dans cette formule, le coefficient qui multiplie la différence d est nécessairement, dans chaque terme, un nombre égal au nombre des termes moins un. Donc le second est égal au premier $\pm\, d \times 2 - 1$; le troisième, égal au premier $\pm\, d \times 3 - 1$; le quatrième, égal au premier $\pm\, d \times 4 - 1$, etc. Donc, dans toute progression arithmétique, le dernier est égal au premier plus ou moins la différence, multipliée par le nombre des termes moins un. Par conséquent, si nous nommons n le nombre des termes, a le premier et u le dernier, nous aurons, pour l'expression de celui-ci, $u = a \pm d\, (n - 1)$. Qu'on vous demande donc le dernier terme d'une progression dont le nombre des termes est 11, le premier 2 et la différence 3; vous ferez $a = 2$, $d = 3$, $n = 11$, et vous trouverez $u = 2 + 3 \times 10 = 32$. Il ne sera pas plus difficile de nous faire une formule pour trouver la somme de toute progression.

Dans toute proportion continue, le terme moyen est égal à la moitié de la somme des extrêmes. Il est donc le tiers de la somme de la proportion; et par conséquent la somme d'une proportion continue est trois fois la moitié de celle des extrêmes : elle est la somme des extrêmes multipliée par la moitié du nombre des termes. Si nous nommons s la somme de $\div\, a.\ a + d.\ a + 2\, d$, nous aurons $s = (2a + 2d)\frac{3}{2} = \frac{6a + 6d}{2} = 3a + 3d$; et c'est en effet la somme que donne l'addition. Soit donc en général le premier terme a, le dernier u; nous aurons $s = (a + u)\frac{n}{2}$.

Or ce qui est démontré d'une proportion continue, l'est d'une progression de trois termes; et ce qui l'est d'une de trois, l'est de toutes les progressions possibles. Il est évident que la loi générale qui fait toutes les progressions doit donner un résultat commun à toutes : par conséquent, si c'est une suite de cette loi que nous ayons dans une $s = (a+u)\frac{n}{2}$, il est impossible que nous n'ayons pas dans toutes $s = a+u)\frac{n}{2}$.

Cette vérité se démontrera plus simplement encore, si nous reprenons la double progression où les mêmes termes s'offrent tout à la fois dans un ordre direct et dans un ordre rétrograde.

$$a.\,a+d.\,a+2\,d.\,a+3\,d.\,a+4\,d.\,a+5\,d.\,a+6\,d.$$
$$a+6\,d.\,a+5\,d.\,a+4\,d.\,a+3\,d.\,a+2\,d.\,a+d.\,a$$
$$\overline{2a+6d+2a+6d+2a+6d+2a+6d+2a+6d+2a+6d+2a+6d.}$$

Dans cette somme de la progression rétrograde ajoutée à la progression directe, le même terme, $2a + 6d$, est répété sept fois : cette somme est donc la même que $(2a + 6d)\,7$; elle est la même que la somme des deux extrêmes multipliée par le nombre des termes. Mais, puisqu'elle est la somme de la progression double, elle est le double de chaque progression simple : la somme de chaque progression simple est donc la même que la somme des deux extrêmes multipliée par la moitié du nombre des termes. Donc dans toute progression $s = (a + u)$ $\frac{n}{2}$. Quelle que soit une progression arithmétique, il vous suffira, pour en trouver la somme, de connaître le nombre des termes, le premier et le dernier. Si elle en avait 10, par exemple, que le premier fût 2 et le dernier 60, vous auriez $10 = n$, $2 = a$, $60 = u$, et vous trouveriez $s = (2 + 60)\,5 = 62 \times 5 = 310$.

CHAPITRE XVII.

DES RAISONS ET DES PROPORTIONS GÉOMÉTRIQUES.

Il faut se souvenir que nous exprimons la raison géométrique par une fraction qui a pour numérateur l'antécédent d'une proportion, et pour dénominateur le conséquent. $2 : 4 :: 3 : 6$ a pour raison $\frac{2}{4}$ ou $\frac{3}{6}$, deux fractions qui se réduisent l'une et l'autre à $\frac{1}{2}$. Ainsi $2 : 4 :: 3 : 6$, et $\frac{2}{4} = \frac{3}{6}$, sont moins deux expressions que deux formes qu'on fait prendre à la même : mais ce que nous appelons *raison*, quand nous écrivons $2 : 4$, nous le nommons *quotient*, quand nous écrivons $\frac{2}{4}$.

L'antécédent est donc toujours supposé contenir le conséquent, et il le contient en effet en tout ou en partie. S'il le contient exactement une fois, $a : a$, $2 : 2$, la raison est 1 : c'est le rapport d'égalité.

La raison est au contraire plus ou moins que l'unité, toutes les fois que le rapport d'inégalité a lieu. Si l'antécédent contient deux fois le conséquent, $4 : 2$, la raison se nomme *double : triple*, s'il le contient trois fois, $12 : 4$; *quadruple*, s'il le contient quatre, $8 : 2$, etc. Mais ces dénominations sont assez inutiles.

Dans tout autre cas, la raison est exprimée par une fraction plus grande ou plus petite que l'unité, plus grande, $4 : 3 = 1\frac{1}{3}$; plus petite, $4 : 6 = \frac{2}{3}$. Enfin, lorsque la raison échappe à toute expression, elle est sourde, $5 : \sqrt{2}, \sqrt{6} : 4$.

Mais on distingue encore des raisons qu'on nomme *composées*, quand on les compare aux raisons simples qui en sont les racines ou les raisons composantes. Par exemple, $a\ c\ e : b\ d\ f$ est une raison composée de raisons simples $a : b$, $c : d$, $e : f$. Elle se forme en multipliant les antécédents des raisons simples par les antécédents, et les conséquents par les conséquents. Les espaces, par exemple, renfermés dans deux salles ne sont pas en raison d'une seule dimension; ils sont en raison des trois ensemble. Ils sont donc en raison composée de la longueur, de la largeur et de la hauteur; et cette raison composée a pour racine *longueur : longueur, largeur : largeur, hauteur : hauteur.* Les antécédents sont, par conséquent, *longueur, largeur, hauteur* d'une des deux salles, et les conséquents, *longueur, largeur, hauteur* de l'autre. Supposons que l'une ait 36 pieds en longueur, 16 en largeur, 14 en hauteur; et l'autre 42 en longueur, 24 en largeur et 10 en hauteur. Nous écrirons :

Longueur 36 : 42 :: 6 : 7
Largeur 16 : 24 :: 4 : 6
Hauteur 14 : 10 :: 7 : 5

Mais comment trouverons-nous cette raison composée ? En faisant plusieurs fois ce qu'on ne fait qu'une lorsqu'on cherche une raison simple. Nous pourrons prendre les produits des trois antécédents pour le numérateur d'une fraction, pour dénominateur les produits des trois conséquents; et il est évident que cette fraction, réduite aux termes les plus simples, serait l'expression de la raison composée : mais l'opération serait longue. Faisons mieux : prenons séparément chaque raison composante ; ou, pour parler plus exactement, réduisons-les chacune à l'expression la plus simple : nous devons présumer qu'alors la raison composée s'offrira d'elle-même. Je dis donc 36 : 42 :: 6 : 7, 16 : 24 :: 4 : 6, 14 : 10 :: 7 : 5 ; et je n'ai plus de multiplication à faire, car certainement il serait inutile de multiplier d'un côté les antécédents 6, 7, et de l'autre les conséquents 7, 6. La raison composée des deux espaces, est donc 4 : 5.

Quelquefois on ne voit pas d'abord comment on pourrait réduire chaque raison composante, par exemple :

$$12 : 25$$
$$28 : 33$$
$$55 : 56$$

Mais vous pouvez transposer les antécédents ou les conséquents, sans rien changer à la raison composée, et aussitôt les raisons composantes se réduiront facilement. Écrivons donc :

$$55 : 25 :: 11 : 5$$
$$12 : 33 :: 4 : 11$$
$$28 : 56 :: 1 : 2.$$

Vous voyez que 11 est d'une part un des antécédents, et de l'autre un des conséquents : vous le pouvez donc supprimer, et il vous reste pour la raison composée 4 : 10, ou 2 : 5.

Lorsque les raisons composantes sont égales, les raisons composées qui en résultent sont des raisons multiples. $aa : bb$ est une raison multiple de $a : b$ et $a : b$; la raison $a^3 : b^3$ est multiple de $a : b, a : b,$ $a : b.$ La première, $a^2 : b^2$ se nomme *raison doublée*; la seconde, $a^3 : b^3$, se nomme *raison triplée*, etc. Les géomètres font un grand usage de ces dénominations : ils disent que les carrés sont en raison doublée de leurs racines, les cubes en raison triplée, etc. Cependant on pourrait dire également raison *carrée*, raison *cube*, raison *quatrième*, etc. Quand on a déjà une dénomination, est-il bien nécessaire d'en faire une nouvelle ? Par exemple, on démontre en géométrie que les cercles sont entre eux en raison doublée de leurs diamètres. On veut dire qu'ils sont en même raison que les carrés de leurs diamètres. On serait entendu si l'on s'en tenait à cette dernière expression : mais tout autre a besoin d'être expliquée.

Supposons deux cercles, dont l'un ait 45 pour diamètre et l'autre 30 : ils seront l'un à l'autre, comme $45 \times 45 : 30 \times 30$; et la raison, qui est ici 9 : 4, se trouvera promptement, si on écrit,

$$45 : 30 :: 9 : 6 :: 3 : 2$$
$$45 : 30 :: 9 : 6 :: 3 : 2;$$

car alors la raison 45 . 45 : 30 . 30 se réduit à 3 . 3 : 2 . 2 ., 9 : 4.

La proportion $a : b :: c : d$, ayant pris la forme $\frac{a}{b} = \frac{c}{d}$, devient $\frac{ad}{bd} = \frac{bc}{bd}$, lorsqu'on a réduit les deux fractions au même dénominateur; et, puisque la suppression du dénominateur ne change rien au rapport qui est entre les deux membres de cette équation, elle devient enfin $ad = bc$. C'est-à-dire que le produit des extrêmes est égal au produit des moyens; et que, par conséquent, dans une proportion continue, le produit des extrêmes est égal au carré du terme moyen. $\div$ $a : b : c$, donc $ac = bb$.

Cette propriété de toute proportion géométrique se démontrera d'une manière plus sensible encore, si, à l'expression $a : b :: c : d$, nous substituons $a : aq :: b : bq$, expression qui décompose les deux conséquents. Ici $\frac{1}{q}$ est la raison ; et l'équation $abq = aqb$ fait voir, jusque dans l'identité des lettres, l'identité des produits.

Puisque le produit des extrêmes est égal au produit des moyens toutes les fois qu'il y a proportion ; donc, réciproquement, il y a proportion toutes les fois que le produit des extrêmes est égal au produit des moyens. En effet, dès que $abq = aqb$, on n'a qu'à diviser chaque membre par $abqq$, et on aura $\frac{abq}{abqq} = \frac{abq}{abqq}$, ou $\frac{a}{aq} = \frac{b}{qq}$, et par conséquent, $a : aq :: b : bq$; et, pour dire la même chose avec des expressions plus simples, $ad = bc$, donc $\frac{ad}{bd} = \frac{bc}{bd}$, donc $\frac{a}{b} = \frac{c}{d}$, donc $a : b :: c : d$.

Dans une proportion on en trouve beaucoup d'autres par la seule transposition des termes, parce qu'il suffit qu'après cette transposition l'identité subsiste entre le produit des extrêmes et celui des moyens. Si $a : b :: c : d$, donc $b : a :: d : c$, $a : c :: b : d$; $d : b :: c : a$, $d : c :: b : a$; donc encore $a + b : a :: c + d : c$, $a - b : a :: c - d : c$, etc. Car, dans tous les cas semblables, il est aisé de s'assurer que le produit des moyens est le même que celui des extrêmes.

Qu'on multiplie ou qu'on divise l'antécédent et le conséquent d'une raison par un même nombre, on ne la change point ; et cela n'est pas étonnant, puisque l'antécédent et le conséquent sont le numérateur et le dénominateur d'une fraction dont on ne change point la valeur quand on en multiplie ou qu'on en divise les deux termes par un même nombre. Ainsi a : aq, am : amq, $\frac{a}{m} : \frac{aq}{m}$, ont également pour raison et pour quotient $\frac{1}{q}$.

Mais m est une indéterminée, qui peut être employée pour toutes sortes de nombres entiers ou rompus. La raison qui est entre deux quantités est donc la même entre leur double, leur triple, leur quadruple, etc., leur moitié, leur tiers, leur quart, etc.

Elle continue d'être la même entre les mêmes puissances de ces quantités, et entre les mêmes racines. Il suffit, pour le démontrer, de l'expression $\overset{m}{a} : \overset{m}{b} :: \overset{m}{c} : \overset{m}{d}$, qui donne $\overset{m}{a}\overset{m}{d} = \overset{m}{b}\overset{m}{c}$. Les quantités proportionnelles, élevées chacune aux mêmes puissances, sont donc proportionnelles encore ; et leurs racines, si elles sont du même ordre, le sont également.

De deux proportions qu'on multiplie, terme par terme, il en résulte une proportion dans les produits. Les termes de a : aq :: b : bq, multipliés par les termes correspondants de c : cp :: d : dp, produisent ac : $acpq$ :: bd : $bdpq$. La division des termes correspondants de l'une par les termes correspondants de l'autre donne également une proportion $\frac{a}{c} : \frac{aq}{cp} :: \frac{b}{d} : \frac{bq}{dp}$.

Dans une suite quelconque de quantités proportionnelles, qu'on peut exprimer en général par a : aq :: b : bq :: c : cq :: d : dq, la somme des antécédents $a + b + c + d$ est à la somme des conséquents $aq + bq + cq + dq$, comme un antécédent à son conséquent. On le voit sensiblement, si l'on écrit $a + b + c + d$: $(a + b + c + d)$ q :: a : aq.

La progression $\div a^0$: a^1 : a^2 : a^3 : a^4 : a^5 : a^6 représente une suite de quantités proportionnelles ; et cette expression peut s'écrire $\frac{1}{a} = \frac{a}{a^2} = \frac{a^2}{a^3} = \frac{a^3}{a^4} =$

17.

$\frac{a^4}{a^5} = \frac{a^5}{a^6}$. C'est même ainsi qu'on énonce cette progression, puisqu'on dit 1 est à a comme a à a^2,
comme a^2 à a^3, comme a^3 à a^4, etc. Mais toutes ces
fractions sont identiques : chacune, réduite à l'expression la plus simple, est $\frac{1}{a}$; et, après cette réduction, nous avons 6 pour la somme des numérateurs,
et $6a$ pour celle des dénominateurs ; nous avons
donc $\frac{6}{6a} = \frac{1}{a}$, ou $6 : 6a :: 1 : a$: donc la somme des
numérateurs est à celle des dénominateurs comme
un numérateur est à son dénominateur. Or, les numérateurs sont les antécédents d'une progression,
et les dénominateurs en sont les conséquents.

Il serait inutile d'entrer dans de plus grands détails à ce sujet. Nous serons toujours à temps de
tirer de pareilles conséquences, lorsque nous en aurons besoin. Bornons-nous à faire voir combien il est
facile de trouver un quatrième terme proportionnel
à trois termes donnés. $a : b :: c : x$, donc $ax = bc$,
et $x = \frac{bc}{a}$. Voilà ce qu'en arithmétique on entend
par la règle de trois, et c'est tout ce que j'en dirai.
Je ne parlerai pas même des autres règles des arithméticiens pour résoudre des problèmes que l'algèbre
résout beaucoup mieux. Nous savons assez d'arithmétique.

CHAPITRE XVIII.

DES PROGRESSIONS GÉOMÉTRIQUES.

$\div\; aq^0\;:\; aq^1\;:\; aq^2\;:\; aq^3\;:\; aq^4\;:\; aq^5$, etc., est une expression générale qui comprend toutes les progressions possibles; toutes les progressions croissantes, si $q > 1$; toutes les progressions décroissantes, si $q < 1$; et si $q = 1$, tous les termes sont égaux.

Quand nous déterminons la raison par la fraction $\frac{a}{aq}$, elle est $\frac{1}{q}$. Alors le second terme est le quotient de la division du premier par la raison : $\frac{a}{\frac{1}{q}} = aq$. Mais, parce que cette opération n'est une division que de nom, et qu'à parler proprement elle est une vraie multiplication, il me paraît plus simple de regarder tous les termes de cette progression comme les produits successifs de a par q^0, q^1, q^2, q^3, etc.

La loi, qui détermine tous les termes de cette progression est donnée dans les premiers, et on n'a pas besoin de passer par les intermédiaires pour arriver à l'expression d'un terme quelconque. Comme le troisième est aq^{3-1} ou aq^2, le dixième est aq^{10-1} ou aq^9; et, si on nomme n le nombre des termes, le dernier sera aq^{n-1}. Supposons, par exemple, qu'on demande le 11ᵉ terme de la progression 1, 2, 4, 8, etc., nous aurons $a = 1$, $q = 2$, $n - 1 = 10$; et, par conséquent, le dernier terme, le 11ᵉ, est $2^{10} = 1024$. Si l'on voulait avoir le dixième, on trouverait $2^9 = 512$, etc. Soit l'équation

$$s = 1 + 2 + 4 + 8 + 16 + 32 + 64 + 128 + 256 + 512.$$

Le second membre est une progression de deux termes, et il s'agit d'évaluer le premier s, ou de trouver la somme du second $1 + 2 +$, etc.

Considérez d'abord que, si vous multipliez l'un et l'autre par la raison 2, vous aurez une équation qui sera le double de la première. Considérez ensuite que, si vous retranchez l'équation simple de l'équation double, le reste doit être la somme que vous cherchez : ainsi

$$2s = 2 + 4 + 8 + 16 + 32 + 64 + 128 + 256 + 512 + 1024$$
$$2s - s = 2 - 1 - 2 + 4 - 4 + 8 - 8 + 16 \ldots \ldots + 1024$$

il reste donc $s = 1024 - 1$; et la somme est 1023. La soustraction détruit par les signes contraires tous les termes de la valeur de s, excepté le premier qui reste en moins, et tous les termes de la valeur de $2 s$, excepté le dernier qui reste en plus. La somme se trouve donc en multipliant le dernier terme par la raison, et en retranchant 1 du produit. Donc en général en nommant n le nombre des termes, le dernier 2^{n-1} multiplié par la raison 2 deviendra 2^n, et la somme de la progression sera $= 2^n - 1$; par exemple, $1 + 2 + 4 = 4. 2 - 1 = 7$, $1 + 2 + 4 + 8 = 8. 2 - 1 = 15$, etc.

Soit $s = 1 + 3 + 3^2 + 3^3 \ldots + 3^{n-1}$: en multipliant par la raison, qui est ici 3, le dernier terme devient 3^n; et, si de l'équation $3s = 3 + 3^2 \ldots \ldots +$

3^n, on retranche l'équation simple, il restera $2s = 3^n - 1$; donc $s = \frac{3^n - 1}{2}$. Si les termes de la progression étaient $1 + 3 + 9 + 27 + 81 + 243 + 729$, la somme s serait $= \frac{729.3 - 1}{2} = 1093$.

Dans les deux exemples précédents, l'expression générale de la somme se présente sous deux formes différentes, $s = 2^n - 1$ et $s = \frac{3^n - 1}{2}$; et cependant, pour être générale, elle devrait être sous la même forme dans l'un et l'autre cas : mais remarquez que dans $s = \frac{3^n - 1}{2}$, le dénominateur est la raison moins un, ou $3 - 1$, et que dans $s = 2^n - 1$, où la raison est 2, il pourrait être $2 - 1$. Vous pourriez donc écrire $s = \frac{2^n - 1}{2 - 1}$ et $s = \frac{3^n - 1}{3 - 1}$, et ces deux expressions seraient uniformes.

En substituant les lettres aux chiffres, cette uniformité se conservera dans tous les cas, et nous aurons l'expression la plus générale. L'équation simple sera $s = a + aq + aq^2 + aq^3 . . + aq^{n-1}$. L'équation multipliée par la raison sera $qs = aq + aq^2 + aq^3 . . + aq^n$: en retranchant la première de la seconde, nous aurons $qs - s$ ou $s(q - 1) = aq^n - a$; donc $s = \frac{aq^n - a}{q - 1}$. Cette expression signifie que, pour avoir la somme d'une progression quelconque, il faut multiplier le dernier terme aq^{n-1} par la raison q, soustraire du produit le 1er terme a, et diviser le reste par la raison diminuée d'une unité, par $q - 1$. Quand nous serons accoutumés à voir dans ces expressions tout ce qui y est, nous les entendrons bien mieux que nos longues phrases; car la plus grande précision fait la plus grande clarté : mais nous aurons de la peine à prendre l'habitude de parler algèbre, si nous voulons toujours dire en français ce que l'algèbre dit beaucoup mieux. Pour bien apprendre une langue, il faut se mettre dans la nécessité de n'en pas parler d'autres.

Supposons une progression de sept termes, dont le premier soit 3 et le second 6. La raison, en la déterminant par la fraction $\frac{6}{3}$ sera 2, et nous aurons $a=3$, $q=2$, $n=7$. Donc le dernier terme $=3.2^6$ $=3.64=192$; et la progression entière sera :

$$3, \ 6, \ 12, \ 24, \ 48, \ 96, \ 192.$$

D'après la formule générale, $s = \frac{aq^n-a}{q-1}$, la somme sera $\frac{3.2^7-3}{2-1}$, ou $\frac{3.2^{6+1}-3}{2-1}$: c'est-à-dire que la somme se trouve en multipliant le dernier terme $3.2^6=192$ par la raison 2, en retranchant du produit le premier terme 3, et en divisant le reste par $2-1$; elle est donc 381.

Soit une progression de six termes, dont le premier est 4 et la raison $\frac{3}{2}$, le dernier sera $(\frac{3}{2})^5 \ 4 =$ $\frac{243}{32} \ 4 = \frac{972}{32} = \frac{243}{8}$, et nous aurons pour la suite,

$$4, \ 6, \ 9, \ \tfrac{27}{2}, \ \tfrac{81}{4}, \ \tfrac{243}{8}.$$

Or, $\frac{243}{8} \cdot \frac{3}{2} = \frac{729}{16}$. Retranchons de cette fraction 4, c'est-à-dire $\frac{4.16}{16} = \frac{64}{16}$, il restera $\frac{665}{16}$, qui, divisé par $\frac{2}{3}$ $-1=\frac{1}{2}$, donnera $\frac{665}{8} = 83\frac{1}{8}$.

On trouvera de la même manière la somme d'une progression qui décroîtrait sans fin. Soit $s = 1 + \frac{1}{2}$ $-\frac{1}{4}+\frac{1}{8}$, etc. La raison sera 2, parce qu'afin d'avoir toujours une multiplication proprement dite, je la détermine par une fraction qui a pour numérateur un antécédent, et un conséquent pour dénominateur. Alors la multiplication des deux membres par la raison donnera $2\,s = 2 + 1 + \frac{1}{2} + \frac{1}{4}$, etc.; et en retranchant la première équation de la seconde, il restera $s = 2$, soit qu'on suppose un dernier terme à la progression, soit qu'on ne lui en suppose point.

Si l'on avait $s = 1 + \frac{1}{3}, + \frac{1}{9} + \frac{1}{27}$, etc., on multiplierait par 3; et, après avoir soustrait la valeur de s, il resterait $2\,s = 3$ et $s = 1\frac{1}{2}$.

Soit en général $s = a + \frac{aq}{c} + \frac{aq^2}{cc} + \frac{aq^3}{c^3}$, etc., expression où tous les termes décroissent, parce que c est supposé plus grand que q : en multipliant par $\frac{q}{c}$, nous aurons $\frac{q}{c}\,s = \frac{aq}{c} + \frac{aq^2}{c^2} + \frac{aq^3}{c^3}$, etc. Donc, en soustrayant la seconde équation de la première, il restera $\left(1 = \frac{q}{c}\right)\,s = a$ et $s = \frac{a}{1 - \frac{q}{c}}$, ou, en multipliant par c

les deux termes de la fraction, $s = \frac{ac}{c - q}$. La somme d'une progression sans fin se trouve donc en multipliant le premier terme par le dénominateur de la raison, et en divisant le produit par le dénominateur moins le numérateur.

Si l'équation était

$$s = a - \frac{aq}{c} + \frac{aq^2}{cc} - \frac{aq^3}{c^3} + \frac{aq^4}{c^4}, \text{ etc.,}$$

après que la multiplication par $\frac{q}{c}$ aurait donné :

$$\frac{q}{c}\,s = \frac{aq}{c} - \frac{aq^2}{cc} + \frac{aq^3}{c^3} -, \text{ etc.,}$$

on ajouterait l'une à l'autre, et on trouverait $\left(1 + \frac{q}{c}\right)$ $s = a$, d'où $s = \frac{a}{1 + \frac{q}{c}}$ et $s = \frac{ac}{c + q}$.

Si la progression était $\frac{3}{5} - \frac{6}{25} + \frac{12}{125} - \frac{24}{625}$, etc., la raison serait $\frac{3}{5}$; nous aurions donc $q = 2$, $c = 5$, et $a = \frac{3}{5}$. Par conséquent $\frac{a}{1 + \frac{q}{c}} = \frac{\frac{3}{5}}{\frac{7}{5}} = \frac{3}{7}$, et ce serait la somme de cette progression.

Si, conservant la même valeur aux lettres, la progression était $\frac{3}{5} + \frac{6}{25} + \frac{12}{125} + \frac{21}{625} +$, etc., la somme serait $\frac{a}{1 - \frac{q}{c}} = \frac{\frac{3}{5}}{\frac{3}{5}} = 1$.

L'expression du dernier terme aq^{n-1} pourrait être encore $q^{\overline{n-1}}{}^{a}$; et chacun emploie l'une ou l'autre à son choix. On est conduit à la première quand on détermine la raison par la fraction $\frac{aq}{a}$; car alors chaque terme est le produit de a par q, élevé successivement à différentes puissances, et, par conséquent, le dernier est aq^{n-1} : mais, au contraire, lorsqu'on détermine la raison par la fraction $\frac{aq}{a}$, alors chaque terme est regardé comme le quotient de la division du premier par la raison, et, par conséquent, le dernier doit être $q^{\overline{n-1}}{}^{a}$.

On juge sans doute que différents procédés donneront aussi, pour la somme, des expressions différentes. Par exemple, si on nomme le dernier terme u, la somme des antécédents sera $s-u$, puisque cette expression comprend tous les termes, excepté le dernier; et, parce que tous sont conséquents, excepté le premier, $s-a$ sera la somme de tous les conséquents. Or, si nous nous rappelons que, dans toute progression, la somme des antécédents est à la somme des conséquents comme un antécédent est à son conséquent, nous aurons $s-u : s-a :: a : aq$; d'où nous tirons successivement $saq - uaq = sa - au$, $sq - uq = s - a$, $sq - s = uq - a$, $s(q-1) = uq - a$, enfin $s = \frac{uq - a}{q - 1}$. Cherchons, d'après cette expression, la somme de la progression

$$3, 6, 12, 24, 48, 96, 192 :$$

nous aurons $s = \frac{192 \times 2 - 3}{2 - 1} = \frac{384 - 3}{1} = 381$, résultat que nous avons trouvé : et le calcul en est aussi simple qu'avec la première expression, parce que la raison est considérée comme un facteur qui multiplie le premier terme.

Nous pouvons encore arriver à une expression générale de toute progression par le moyen de la proportion, *le premier terme moins le second est au premier, comme tous les antécédents moins tous les conséquents sont à tous les antécédents*, qui devient, à cause des termes qui se détruisent, *le premier terme moins le second est au premier, comme le premier moins le dernier est à la somme des antécédents*; et, si on détermine la raison par $\frac{a}{aq}$, cette proportion se traduira en algèbre, $a - \frac{a}{q} : a :: a - u : s - u$; d'où l'on tire $s = \frac{aq - u}{q - 1}$.

Nous trouvons également 381 pour la somme de la progression précédente : mais le calcul en arithmétique sera plus long. On s'en convaincra en substituant aux lettres leur valeur en chiffres :

$$s = \frac{aq - u}{q - 1} = \frac{3 \cdot \frac{1}{2} - 192}{-\frac{1}{2}}.$$

Nous avons déjà observé plusieurs fois qu'il faut préférer les formules qui laissent le moins de calcul à faire. Au reste, si je ne me suis pas borné à une seule expression, c'est qu'une seule ne ferait pas assez connaître la langue que nous étudions, et qu'on n'entendrait pas les écrivains qui en employeraient d'autres. On trouvera sans doute que la première manière dont nous avons procédé pour trouver une expression générale de la somme de toute progression est fort simple et fort lumineuse ; je l'ai tirée des éléments de M. Euler, où l'on trouve toujours, comme dans tous ses ouvrages, la plus grande lumière et la plus grande simplicité.

Dans une progression dont le nombre des termes est impair, le produit des extrêmes est égal au carré du terme moyen; et vous n'en pouvez pas douter, puisque vous savez que cela est démontré d'une progression de trois termes $\div a : a^2 : a^3$, $a \times a^3 = a^2 \times a^2$. Si les termes sont en nombre pair, le produit des deux extrêmes est égal au produit des deux termes également éloignés de l'un et de l'autre. C'est ce qui est démontré d'une progression de quatre termes $\div a : a^2 : a^3 : a^4$, donc $a \times a^4 = a^2 \times a^3$. Voyons comment on peut insérer un nombre quelconque de moyens proportionnels entre deux termes donnés. Soit $\div a^0 : a^1 : a^2 : a^3 : a^4$, etc.

Il est évident qu'insérer un moyen proportionnel entre les termes consécutifs de cette progression, c'est diviser par 2 l'exposant de la raison d'un terme à l'autre, ou écrire $\div a^0 : a^{\frac{1}{2}} : a^1 : a^{1\frac{1}{2}} : a^2$, etc...

En insérer deux, ce sera donc le diviser par 3, ou écrire $\div a^0 : a^{\frac{1}{3}} : a^{\frac{2}{3}} : a^{\frac{3}{3}}$, etc. Donc on le divisera par 4, pour en insérer 3; par 5, pour en insérer 4; et en général par $m + 1$, pour en insérer le nombre m.

Par conséquent nous écrirons $a^0 : a^{\frac{1}{m+1}} : a^{\frac{2}{m+1}} : a^{\frac{3}{m+1}} :$ et nous continuerons cette suite intermédiaire jusqu'à ce que le numérateur de l'exposant devienne égal à $m + 1$. Mais $m + 1$ peut être 10, 100, 1,000, etc. Nous pouvons donc insérer un nombre quelconque de moyens proportionnels entre les termes consécutifs d'une pareille progression.

Il est également facile d'insérer un moyen proportionnel entre deux termes, tels que a et b; puisqu'ayant écrit $a : x :: x : b$, nous avons $x = \sqrt{ab}$.

Pour en insérer deux, on écrirait $\div a : x : y : b$, et on chercherait d'abord le second terme x. Pour le trouver, remarquons que, dans toute progression, $\div a : a^2 : a^3 : a^4$, le premier terme est au troisième, comme le carré du premier est au carré du second, $a : a^3 :: a^2 : a^4$; que le premier terme est au quatrième, comme le cube du premier est au cube du second, $a : a^4 :: a^3 : a^6$; et ainsi de suite.

Donc le premier terme étant a, le second x et le quatrième b, nous avons $a : b :: a^3 : x^3$; d'où nous tirons $ax^3 = a^3 b$, $x^3 = aab$, et $x = \sqrt[3]{aab}$.

Maintenant $a : \sqrt[3]{aab} :: y : b$, qui, en élevant tout au cube, devient $a^3 : aab : y^3 : b^3$, nous donnera pour troisième terme $y^3 = \frac{a^3 b^3}{aab} = abb$ et $y = \sqrt[3]{abb}$.

Si nous voulions insérer trois moyens, nous dirions $a^4 : x^4 :: a : b$; si nous voulions insérer quatre, nous dirions $a^5 : x^5 :: a : b$; et par conséquent, si nous voulions en insérer le nombre m, nous dirions $a^{m+1} : x^{m+1} :: a : b$, ce qui nous donnerait $ax^{m+1} = a^{m+1} b$, d'où $x^{m+1} = \frac{a^{m+1} b}{a}$, $x^{m+1} = a^m b$, et $x = \sqrt[m+1]{a^m b}$. Ce sera là le premier moyen : on trouvera donc facilement les autres.

CHAPITRE XIX.

DES LOGARITHMES.

Dans le calcul des grands nombres, la multiplication est bien longue, la division l'est plus encore ; et il serait commode de n'avoir à faire que des additions et des soustractions. Cette recherche est l'objet de ce chapitre. Quand nous avons trouvé la multiplication et la division comme une manière abrégée d'additionner et de soustraire, nous n'imaginions pas que l'addition et la soustraction deviendraient une manière abrégée de multiplier et de diviser.

$$100000. \ldots 10^5$$
$$10000. \ldots 10^4$$
$$1000. \ldots 10^3$$
$$100. \ldots 10^2$$
$$10. \ldots 10^1$$
$$1. \ldots 10^0$$
$$\frac{1}{10} \qquad 10-1$$
$$\frac{1}{100} \qquad 10-2$$
$$\frac{1}{1000} \qquad 10-3$$
$$\frac{1}{10000} \qquad 10-4$$
$$\frac{1}{100000} \qquad 10-5$$

Voilà deux colonnes qui se correspondent. Dans celle qui est à gauche, les puissances de 10 sont prononcées ; dans celle qui est à droite, elles ne sont qu'indiquées. Or les chiffres que nous nommons exposants quand nous les considérons par rapport aux puissances indiquées, se nomment *logarithmes* quand nous les considérons par rapport aux puissances prononcées. 2, exposant de 10^2, est le logarithme de 100 ; 4, exposant de 10^4, est le logarithme de 10,000 : en un mot, chaque exposant d'une puissance indiquée est le logarithme d'une puissance prononcée correspondante.

Vous remarquerez que les exposants de la progression décuple se répètent dans la progression sous-décuple ; avec cette différence qu'ils sont en plus dans la première et en moins dans la seconde : 10^1, 10^2, 10^3, etc. 10^{-1}, 10^{-2}, 10^{-3}, etc. Ainsi les mêmes chiffres, suivant qu'ils sont en plus ou en moins, sont les logarithmes des puissances au-dessus de l'unité, ou les logarithmes des puissances au-dessous.

Vous remarquerez encore, comme une conséquence, que si nous avions les logarithmes de tous les nombres intermédiaires d'une progression décuple, nous aurions aussitôt les logarithmes de tous les nombres intermédiaires de la progression sous-décuple qui en serait l'inverse. Car, puisque $\frac{1}{2} : 1 :: 1 : 2$, que $\frac{1}{3} : 1 :: 1 : 3$, etc., donc le logarithme de $\frac{1}{2}$ — sera en moins le même que celui de 2 en plus ; donc le logarithme de $\frac{1}{3}$ sera en moins le même que celui de 3 en plus, etc., comme le logarithme de $\frac{1}{10}$ est — 1, parce que celui de 10 est $+$ 1.

Maintenant si vous ajoutez 2, logarithme de 100,

à 3, logarithme de 1000, vous aurez pour somme 5, logarithme de 100000; et, sans avoir besoin de faire une multiplication, vous trouverez, vis-à-vis de 5, le produit de 100 par 1000. Si au contraire vous retranchez 3, logarithme de 1000, de 5, logarithme de 100000, il restera 2, logarithme de 100; et une simple soustraction vous montre, vis-à-vis de 2, le quotient de 100000 divisés par 1000.

On voit donc qu'une table de logarithme, qui comprendrait tous les nombres depuis 1 jusqu'à 100000, nous épargnerait bien des multiplications et bien des divisions. Elle aurait encore l'avantage de nous faire trouver les puissances et les racines par un procédé bien simple, et elle rendrait inutiles les longues méthodes que nous avons apprises. Par exemple, en multipliant par 2 le logarithme d'un nombre, nous trouverions celui du carré; et, en divisant ce même logarithme par 2, nous trouverions celui de la racine carrée. Il en serait de même des autres puissances et des autres racines : il suffirait de prendre leurs exposants pour multiplicateurs et pour diviseurs des logarithmes donnés.

Il faudrait faire bien des calculs avant d'avoir achevé cette table, qui serait si propre à les abréger. Heureusement, elle a été faite; mais ce ne serait pas assez de s'en servir par routine, il s'en faut servir avec discernement. Cherchons donc par quelle méthode elle a été calculée.

La progression décuple par où nous avons commencé, nous ayant donné 0 pour logarithme de l'unité, et 1 pour celui de 10; il est évident qu'en divisant l'unité nous pouvons insérer entre 0 et 1 tel nombre de moyens arithmétiques que nous jugerons à propos.

Il n'est pas moins évident qu'entre 1 et 10 les deux premiers termes de la progression décuple, on ne puisse également insérer un nombre quelconque de moyens géométriques : il suffit pour cela d'élever 10 à tout autant de puissances fractionnaires.

Enfin il est évident que la progression des moyens arithmétiques peut correspondre, terme pour terme, à la progression des moyens géométriques; et que, par conséquent, dans la première, chaque terme sera l'exposant ou le logarithme de la puissance qui lui correspondra dans la seconde.

Or, si nous divisons l'intervalle de 0 à 1 en dix millions de parties; ou, ce qui est la même chose, si nous insérons dans cet intervalle 9999999 moyens arithmétiques; ces deux termes, 0 et 1, deviendront les extrêmes d'une progression qui aura pour différence commune $\frac{1}{10000000}$; et les termes de cette progression arithmétique seront les logarithmes d'un égal nombre de termes qui seront en progression géométrique depuis 1 jusqu'à 10.

Dans un si grand nombre de moyens géométriques, insérés entre 1 et 10, il y en aura sans doute auxquels on pourra, sans crainte d'erreur, substituer les nombres 2, 3, 4, 5, 6, 7, 8, 9; et, par conséquent, les logarithmes de ces moyens deviendront les logarithmes de ces nombres mêmes. Nous aurons donc une table formée d'une progression arithmétique depuis 0 jusqu'à 1, et d'une progression géométrique correspondante depuis 1 jusqu'à 10.

Nous trouverons un moyen géométrique entre 1 et 10, en faisant la proportion $1 : x :: x : 10$, proportion qui donne $xx = 10$, et $x = \sqrt{10}$. Or, on sait que la racine de 10 approchera d'autant plus de la valeur cherchée qu'elle sera exprimée par un plus grand nombre de parties décimales ; elle deviendra, par exemple, $x = 3,5622776$, si nous poussons l'extraction jusqu'au septième chiffre décimal.

Le logarithme de ce nombre est le moyen qui lui correspond dans la suite arithmétique depuis 0 jusqu'à 1. Mais, puisque le moyen géométrique renferme sept chiffres décimaux, le moyen arithmétique correspondant doit en renfermer un égal nombre; et, par conséquent, nous devons nous représenter les deux termes de la suite, 0 et 1, par 0,0000000, et 1,0000000. Alors la proportion $0,0000000 . x : x$, 1,0000000 donne $2x = 1,0000000$ et $x = \frac{1,0000000}{2} = 0,5000000$; et c'est le logarithme de 3,1622776.

Le nombre 3,1622776 est trop grand pour être substitué à 3, et il est trop petit pour être substitué à 4. La fraction décimale 0,5000000 n'est donc le logarithme ni de l'un ni de l'autre. Mais, entre 1 et 3,162276776, nous trouverons un moyen qui vaudra 3, à moins de $\frac{1}{10000000}$, et qui aura son logarithme entre 1 et 0,5000000. De même les nombres supérieurs 4, 5, 6, 7, 8, 9, doivent se trouver entre 3,1622776 et 10, et leurs logarithmes entre 0,5000000 et 1. Puisque 3 doit être entre 1 et 3,1622776, je fais les deux proportions correspondantes, l'une géométrique, l'autre arithmétique,

$$1 : x :: x : 3,1622776,$$
$$0,0000000 . x : x . 0,5000000.$$

La première donne $x = \sqrt{3,1622776} = 1,7782794$, et la seconde $x2 = 0,5000000$ ou $x = 0,2500000$.

Nous avions trouvé un moyen géométrique trop grand, actuellement nous en trouvons un trop petit : c'est donc entre 3,1622776 et 1,7782794 qu'il faut chercher un moyen plus rapproché; et c'est entre

0,5000000 et 0,250000 qu'il faut chercher un moyen arithmétique correspondant. Je fais les deux propor-tions :

$$3,1622776 : x :: x : 1,7782794,$$
$$0,5000000 . x : x . 0,2500000.$$

Je trouve, pour troisième moyen géométrique, 2,3713737, et, pour son logarithme, 03750000. Mais ce nombre, trop petit encore, me force à répéter les mêmes raisonnements et les mêmes opérations. Je considère donc 2,3713737 et 3,1622776 comme les extrêmes d'une proportion géométrique, et leurs lo-garithmes comme les extrêmes d'une proportion arithmétique correspondante. En conséquence, je dis :

$$2,3713737 : x :: x : 3,1622776,$$
$$2,500000 . x : x . 0,3750000.$$

En continuant de prendre un moyen géométrique entre deux, dont l'un est plus grand que 3 et l'autre plus petit, il arrivera qu'à la vingt-sixième opération on aura un nombre qui n'en différera pas d'une unité décimale du septième ordre ; c'est-à-dire que ce nombre sera 3, à moins de $\frac{1}{10000000}$. On pourra donc prendre, pour logarithme de 3, le logarithme de ce nombre.

Pour déterminer le logarithme de 5, nous cherche-rons un moyen géométrique entre 3,1622776 et 10, et un moyen arithmétique entre 0,5000000 et 1,0000000. Nous trouverons, pour le premier, $x = \sqrt{10 \times 3,1622776}$ $= \sqrt{31,622776} = 5,6234132$; et, pour le second, $x = \frac{1,5000000}{2} = 0,7500000$.

Mais, parce que le moyen géométrique est trop grand, il en faudra chercher un nouveau entre

18

3,1622776 et 5,6234132; et nous répéterons encore, jusqu'à vingt-six fois, les mêmes opérations.

5,6234132, moyen géométrique trop grand pour 5, serait trop petit pour 7. C'est donc entre 5,6234132 et 10 qu'il faudrait chercher celui qui approchera le plus de ce dernier nombre; et on le trouvera, ainsi que son logarithme, si on a la patience de refaire jusqu'à vingt-six fois la même chose.

Quand nous aurons les logarithmes de 3, de 5 et de 7, tous les autres, depuis 1 jusqu'à 10, s'offriront d'eux-mêmes. Nous trouverons celui de 2 en retranchant celui de 5 de celui de 10 : car $2 = \frac{10}{5}$, donc log. $2 = $ log. 10 — log. 5. En doublant celui de 2, nous aurons celui de son carré 4; en le triplant, celui de son cube 8. Nous ajouterons celui de 2 à celui de 3, pour avoir celui de 6, produit de 2 par 3; et, pour avoir celui de 9, nous multiplierons 3 par 3, puisque 9 est le carré de 3.

Ces logarithmes étant déterminés, on en déterminera une infinité d'autres : ceux des produits, en additionnant les logarithmes des facteurs; ceux des quotients, en soustrayant le logarithme du diviseur de celui du dividende; ceux des puissances secondes, troisièmes, quatrièmes, etc., en multipliant par les exposants 2, 3, 4, etc.; ceux des racines secondes, troisièmes, quatrièmes, en divisant par les mêmes exposants 2, 3, 4, etc. Il n'y a que les nombres premiers, 11, 13, 17, 19, etc., dont il faudra chercher les logarithmes, en procédant comme on a fait pour 3, 5, 7.

La table dont nous venons d'expliquer la formation a pour base le nombre 10. Tous les nombres qu'elle contient ont été produits en élevant 10 successivement à différentes puissances; et, comme nous avons rempli l'intervalle de 1 à 10 par une suite de puissances fractionnaires de 10, on le remplit de 10 à 100 par une suite de puissances fractionnaires de dix fois 10, on le remplit de 100 à 1000 par une suite de puissances fractionnaires de dix fois 100, et ainsi de suite. Tous les nombres de cette table, quelque étendue qu'on lui donne, ne sont donc que différentes puissances de celui qui en est la base.

Depuis 1 jusqu'à 10 exclusivement, les logarithmes sont des fractions proprement dites, où le numérateur est plus petit que le dénominateur.

A 10, 100, 1,000, etc., chaque logarithme est un entier qui n'a d'une fraction que la forme sous laquelle il est représenté : mais tous les logarithmes intermédiaires sont composés d'un entier et d'une fraction décimale ; et ces deux parties réunies sont l'exposant d'une puissance de 10, égale au nombre écrit vis-à-vis. Comme 2,0000000 = 2 est l'exposant de la puissance 100 ; de même 1,0791812, logarithme de 12, est l'exposant de la puissance égale à 12.

La première partie du logarithme, c'est-à-dire celle où se trouve l'entier, quand il y en a un, ou un zéro, quand le logarithme est une fraction proprement dite, se nomme la *caractéristique* du logarithme. De 1 à 10, cette caractéristique est 0 : de 10 à 100, elle est 1 ; de 100 à 1,000, elle est 2, etc. Par où vous voyez qu'elle n'est autre chose que les différentes puissances de 10 multiplié par lui-même, 10^0 10^1, 10^2, 10^3, etc. Mais on a compris tous ces exposants sous la dénomination générale de caractéristique, parce qu'en la voyant on juge de quel ordre est un nombre, comme, en voyant un nombre, on juge quelle doit être la caractéristique de son logarithme. On aurait donc pu supprimer les caractéristiques ; aussi les supprimet-on souvent : cependant elles servent au moins à diriger les yeux. Remarquons, au reste, que, pour avoir le logarithme d'un nombre dix fois plus grand, il ne faut qu'ajouter une unité à la caractéristique, comme il ne faut qu'en retrancher une unité pour avoir le logarithme d'un nombre dix fois plus petit. Par exemple, le logarithme de 19 est 1,278754, celui de 190 est 2,278754.

Tous les nombres ne peuvent pas être dans les tables. D'ailleurs on n'y a mis ni ceux qui sont composés d'entiers et de fractions, ni ceux qui sont purement fractionnaires. Comment y suppléer ?

Si nous supposons que les tables dont on fait usage ne contiennent pas les nombres au delà de 20000, et que, cependant, on veuille avoir celui de 788873, on remarquera que ce nombre peut s'écrire 7888,73. A la vérité on le rend par là cent fois plus petit : mais, quand on aura trouvé le logarithme 7888,73, on le rendra cent fois plus grand, en ajoutant deux unités à la caractéristique.

En second lieu, on remarquera que la différence des deux nombres qui se suivent, 7888 et 7889, est l'unité ; que celle de leurs logarithmes est 0,0000551 ; et que celle de 7888,73 et 7888 est 0,73. Alors, supposant que les différences de deux nombres qui diffèrent peu, sont entre elles comme celles de leurs logarithmes, on fera la proportion,

$$1 : 0000551 :: 0,73 : x;$$

et on trouvera, dans la valeur de x, la différence du logarithme de 7888 à celui de 7888,73.

La proportion donne $x = 0,000040223$, que nous réduisons à $x = 0,0000402$, parce que nous n'avons besoin que de sept chiffres décimaux.

Maintenant nous voyons dans les tables que le logarithme de 7888 est 3,8969669. Ajoutons à ce logarithme la différence de celui de 7888 à celui de 7888,73, c'est-à-dire, 0,0000402, et nous aurons 3,8970071 pour logarithme de 7888,73. Il ne faut plus qu'ajouter deux unités à la caractéristique, et le logarithme de 788873 sera 5,8970071. Quoique les différences entre les nombres ne soient pas à la rigueur comme les différences entre les logarithmes, on le suppose; parce que, dans le calcul des grands nombres, l'erreur est si petite, qu'on peut n'y avoir aucun égard. Si je cherchais dans les tables 3,8999777, je n'y trouverais pas ce logarithme : mais je verrais qu'il devrait être entre celui de 7942 et celui de 7943. Je jugerais donc qu'il est le logarithme d'un nombre composé de deux parties dont l'une est l'entier 7942, et l'autre une fraction décimale. Pour trouver cette fraction, je dis, la différence des logarithmes des deux nombres 7942 et 7943 est à la différence du logarithme de 7942 et 3,8999777, comme l'unité est à un quatrième terme; j'écris donc,

$$0,0000547 : 0,0000478 :: 1 : x,$$
$$547 : 478 :: 1 : x.$$

$x = \frac{478}{547}$, fraction qui, réduite en parties décimales, est à peu près 0,874. Le nombre cherché est donc 79421874.

Soit la fraction $\frac{3}{8}$ dont on demande le logarithme. Elle est l'inverse de $\frac{8}{3}$, dont le log. 8 — log. 3 se trouve dans les tables = 0,4259687 ; et on peut faire la proportion géométrique $\frac{8}{3} : 1 :: 1 : \frac{3}{8}$. Or à cette proportion correspond une proportion arithmétique dont la somme des extrêmes est 0, puisque celle des moyens est 0 elle-même ; et la somme des extrêmes

18.

ne peut être 0, que parce que le logarithme, le même pour les deux, est en moins pour l'un et en plus pour l'autre. Celui de $\frac{3}{8}$ est donc — 0,4259687.

On peut éviter les logarithmes en moins, en ajoutant à la caractéristique du plus petit logarithme assez d'unités pour en pouvoir soustraire le plus grand. Si, par exemple, vous en ajoutez 3 à 0,4771212, logarithme du numérateur 3, vous aurez 3,4771212, d'où vous pouvez soustraire 0,9030900, et il vous restera 2,5740312 pour log. de la fraction $\frac{3}{8}$ multipliée par 1000. Quoique ce log. soit trop grand, il pourra vous servir pour faire sur $\frac{3}{8}$ différentes opérations : vous vous souviendrez seulement, lorsque vous serez arrivé aux résultats, de les diviser par 1000.

On a choisi pour base des tables de logarithmes le nombre 10, parce qu'il les rend plus analogues à la numération, et que, par conséquent, elles sont d'un usage plus commode. Mais il n'est pas inutile de considérer d'une vue générale toutes les tables qu'on peut faire sur quelque autre base que ce soit. Cette manière de considérer les connaissances acquises nous prépare à de nouvelles connaissances, parce qu'elle rapproche, sous un même point de vue, les choses que nous ne savons pas de celles que nous savons. Généraliser, il est vrai, est un écueil dans les langues vulgaires : mais c'est un grand art dans l'algèbre, et c'est là proprement tout l'artifice de l'analyse.

A 10 substituons a, et aussitôt nous nous représentons généralement tous les nombres comme les bases d'autant de tables de logarithmes.

Quelque variées que puissent être les tables construites sur cette base générale, les nombres qu'elles comprennent ne seront jamais que a même élevé successivement à différentes puissances.

Or, toutes les puissances de a peuvent en général être exprimées par m. Donc a^m est une expression générale qui embrasse tous les nombres possibles de toutes les tables possibles.

Dans toutes ces tables, 0 est le log. de l'unité, parce que $a^0 = 1$; et 1 est le logarithme de la base a, parce que $a = a^1$.

Mais les puissances au-dessus de l'unité sont a^1, a^2, a^3, etc., et les puissances au-dessous sont a^{-1}, a^{-2}, a^{-3}, etc. Donc, les logarithmes sont les mêmes pour les puissances qu'on peut considérer comme les extrêmes d'une proportion dont l'unité est le terme moyen, et il n'y a d'autre différence, sinon qu'ils sont en plus pour les puissances au-dessus de l'unité, et qu'ils sont en moins pour les puissances au-dessous.

Donc on aura les logarithmes de tous les moyens intermédiaires, depuis a^0 jusqu'à a^{-1}, a^{-2}, etc., quand on aura tous ceux des moyens intermédiaires, depuis a^0 jusqu'à a^1, a^2, a^3, etc.

En ajoutant les exposants, on trouve le produit des puissances. Mais les exposants des puissances indiquées sont les logarithmes des puissances prononcées : on aura donc le logarithme du produit de plusieurs nombres, lorsqu'on prendra la somme de leurs logarithmes. Log. $a^3 =$ log. $a +$ log. $a +$ log. $a =$ 3 log. a; et, en général, log. $a^m = m$ log. a.

Dès que la multiplication se réduit à une addition, c'est une conséquence que la division se réduise à une soustraction. Ainsi log. $\frac{a}{b}$ ou log. $ab^{-1} =$ log. a — log. b.

Enfin, pour élever un nombre à une puissance entière ou fractionnaire, il ne faudra que multiplier le logarithme de ce nombre par l'exposant de la puissance proposée : 2 log. $a =$ log. a^2, $\frac{1}{2}$ log. $a = a^{\frac{1}{2}}$.

Voilà une récapitulation des propriétés générales des logarithmes, et c'est d'après ces propriétés qu'on apprend à construire les tables et à s'en servir.

Afin de nous familiariser davantage avec ces vues générales, considérons deux tables, l'une construite sur la base a, et l'autre sur la base b; et soit n l'exposant général des puissances de b, comme m est celui des puissances de a. Dans la première, les logarithmes seront trouvés d'après la proportion $1 : x :: x : a$; dans la seconde, ils le seront d'après la proportion $1 : x :: x : b$; et, puisque a et b sont deux nombres différents, on conçoit que les logarithmes ne peuvent pas être les mêmes dans les deux tables. Un nombre quelconque p aura par conséquent dans l'une n pour logar., parce qu'il a m dans l'autre. Donc $p = a^m$ et $p = b^n$, d'où $a^m = b^n$, $b^{\frac{n}{n}} = a^{\frac{m}{n}}$, $b = a^{\frac{m}{n}}$; et par conséquent le logarithme d'un nombre étant connu sur la base a, on connaîtra son logarithme sur la base b : tout se réduit à déterminer les deux termes de l'exposant fractionnaire $\frac{m}{n}$; et nous les déterminerons si nous déterminons les deux bases a et b.

En effet, soient, par exemple, $a = 10$ et $b = 7$; nous aurons, pour logarithme de 7 sur la base $b = 7$, $n = 1$; et, sur la base $a = 10$, nous trouvons, dans les tables, logarithme 7 ou $m = 0{,}845098$. Donc $\frac{m}{n} = \frac{0{,}845098}{1}$. Or, nous tirons de cette équation une expression générale de la valeur de n comparée à m. Car $n = m : \frac{845098}{1000000} = m \times \frac{1000000}{855098} = m \times 1{,}18329$.

Maintenant, qu'on vous demande le logarithme

d'un nombre quelconque sur la base 7, vous chercherez dans les tables celui qu'il a sur la base 10 : vous
substituerez à m, dans la dernière équation $n = m \times 1,18329$, le logarithme que vous aurez trouvé, et
il ne faudra plus qu'une multiplication pour con-
naître celui qui lui correspond sur la base 7.

Je n'entrerai pas dans de plus grands détails sur
les tables des logarithmes. Nous serons toujours à
temps de faire de nouvelles observations sur ce sujet, et le moment de les faire sera celui où nous en
aurons besoin. On apprend d'ordinaire assez mal,
lorsqu'on étudie avant d'avoir senti le besoin d'apprendre. . . . .

Ici finit le manuscrit

NOTE DES ÉDITEURS

DE L'AN 1798.

Jusqu'où l'auteur, s'il avait joui encore de quelques années de vie, aurait-il poussé ses recherches.

Après avoir fait, d'après les inventeurs, et souvent d'après lui-même, tous les dialectes et tous les éléments de la Langue des Calculs; après avoir montré, dans de simples analogies avec les dialectes déjà connus, ce cinquième dialecte qu'on parle depuis Newton et Leibnitz, et dont on serait presque tenté de croire que l'origine s'est dérobée à ses propres inventeurs; après avoir refait, dans l'espace de quelques années, et par la seule puissance de sa méthode, les principales découvertes dont le génie mathématique n'avait pu se rendre maître que par les efforts combinés et successifs des plus grands hommes de tous les pays et de tous les siècles, il aurait cru (nous osons l'assurer), ne s'être placé encore qu'à l'entrée de la carrière qu'il voyait s'ouvrir devant lui.

Ce premier travail sur la partie de nos connaissances où l'évidence frappe tous les esprits de la plus éclatante lumière n'était qu'un prélude à des travaux plus importants et plus difficiles : c'était un modèle qu'il plaçait sous ses yeux, et qu'il devait imiter en appliquant sa méthode à des objets jusqu'ici presque entièrement méconnus, quoique d'une nécessité plus immédiate pour le bonheur des hommes.

Ce qu'il avait principalement en vue, ce qui avait été le but constant des recherches d'une vie employée tout entière à perfectionner la raison, c'était de débrouiller le chaos où les abus et les vices du langage ont plongé les sciences morales et métaphysiques. Les jargons inintelligibles qu'elles parlent trop souvent auraient été convertis en autant de belles langues que tout le monde aurait apprises facilement, parce que tout le monde les aurait entendues ; et dans ces langues on eût vu les idées qui paraissent les plus inaccessibles à l'esprit humain sortir d'elles-mêmes et sans efforts des notions les plus communes.

Qu'on ne croie pas que c'est une conjecture que nous hasardons ; ce que Condillac avait communiqué de son projet à quelques amis, ce qu'il a fait dans sa logique, le degré étonnant de simplicité auquel, sur la fin de ses jours, il avait porté son esprit, enfin ce qu'il annonce dans l'introduction de l'ouvrage qu'on vient de lire, *Les mathématiques, dont je traiterai, sont dans cet ouvrage un objet subordonné à un objet bien plus grand*; tout nous donne la conviction la plus entière qu'il ne se serait pas borné à perfectionner une langue qui, tout admirable qu'elle est, ne sera jamais parlée que par un petit nombre d'hommes.

Ce n'est donc pas seulement la science des mathématiciens qui a fait une grande perte, ce sont toutes les sciences qui ont fait une perte irréparable ; et tous les savants, quel que soit l'objet de leurs études, ont à gémir que ce beau monument de la gloire de notre nation et de l'esprit humain n'ait pas pu être achevé par celui qui en posa les fondements.

Si quelques-uns des derniers chapitres laissent quelque chose à désirer, il faut qu'on sache que ce n'est ici qu'un premier jet. L'auteur, en les retouchant, les eût aisément amenés à ce degré de simplicité qu'il aimait tant et qu'il atteignait toujours.

Nous ne parlerons pas des soins qu'a pu exiger la révision d'un ouvrage de calcul dont il n'existe qu'une première copie, nécessairement chargée de ratures, et dont quelques légères inexactitudes demandaient à être rectifiées.

Nous nous sentirions plutôt pressés du besoin de dire repasser devant notre esprit et devant celui

ces lecteurs, cette foule de vues nouvelles, de pré-
ceptes importants, de réflexions tour à tour piquan-
es, naïves, pleines de finesse, mais toujours simples, toujours instructives, qui sortaient avec une
incroyable facilité de la plume de l'auteur.

Nous voudrions faire remarquer cette unité rigou-
reuse de système dont toutes les parties, tous les
chapitres, toutes les phrases, toutes les lignes et
toutes les idées vont se confondre et se perdre en
quelque sorte dans une seule idée sensible, celle
d'une main dont les doigts s'ouvrent et se ferment
successivement l'un après l'autre.

Nous aimerions surtout à nous reposer sur le sen-
timent délicieux que nous a fait éprouver cette perfection désespérante de style qui a si bien su prendre tous ses charmes et toute son élégance dans
leurs véritables sources, la précision et l'analogie.

Mais il ne nous appartient pas de prévenir le jugement du public, seul juge suprême de tout ce qui
est fait pour lui.

C'est particulièrement au petit nombre d'hommes
supérieurs, qui peuvent se trouver en France et dans
toute l'Europe, qu'il appartient de prononcer sur le
mérite d'un ouvrage où l'on dévoile et où l'on met,
pour ainsi dire, à nu ce qu'il y a de plus caché dans
les procédés du génie. C'est à eux de nous dire si
Condillac a deviné leur secret, s'il a tracé fidèlement
la route qui mène aux découvertes, et si lui-même a
su y marcher d'un pas ferme et sûr.

Pour nous, nous allons reprendre la lecture de la
Langue des Calculs, que nous avons déjà lue bien des
fois, certains d'y trouver toujours un nouveau plai-
sir, d'y puiser une instruction nouvelle.

TABLE DES MATIÈRES

LIVRE PREMIER

La Langue des Calculs considérée dans ses commencements.

LIVRE SECOND

Des opérations du calcul avec les chiffres et avec les lettres.

FIN DE LA TABLE DES MATIÈRES.

Saint-Denis. — Imprimerie J. Bouin, rue de Paris, 94.

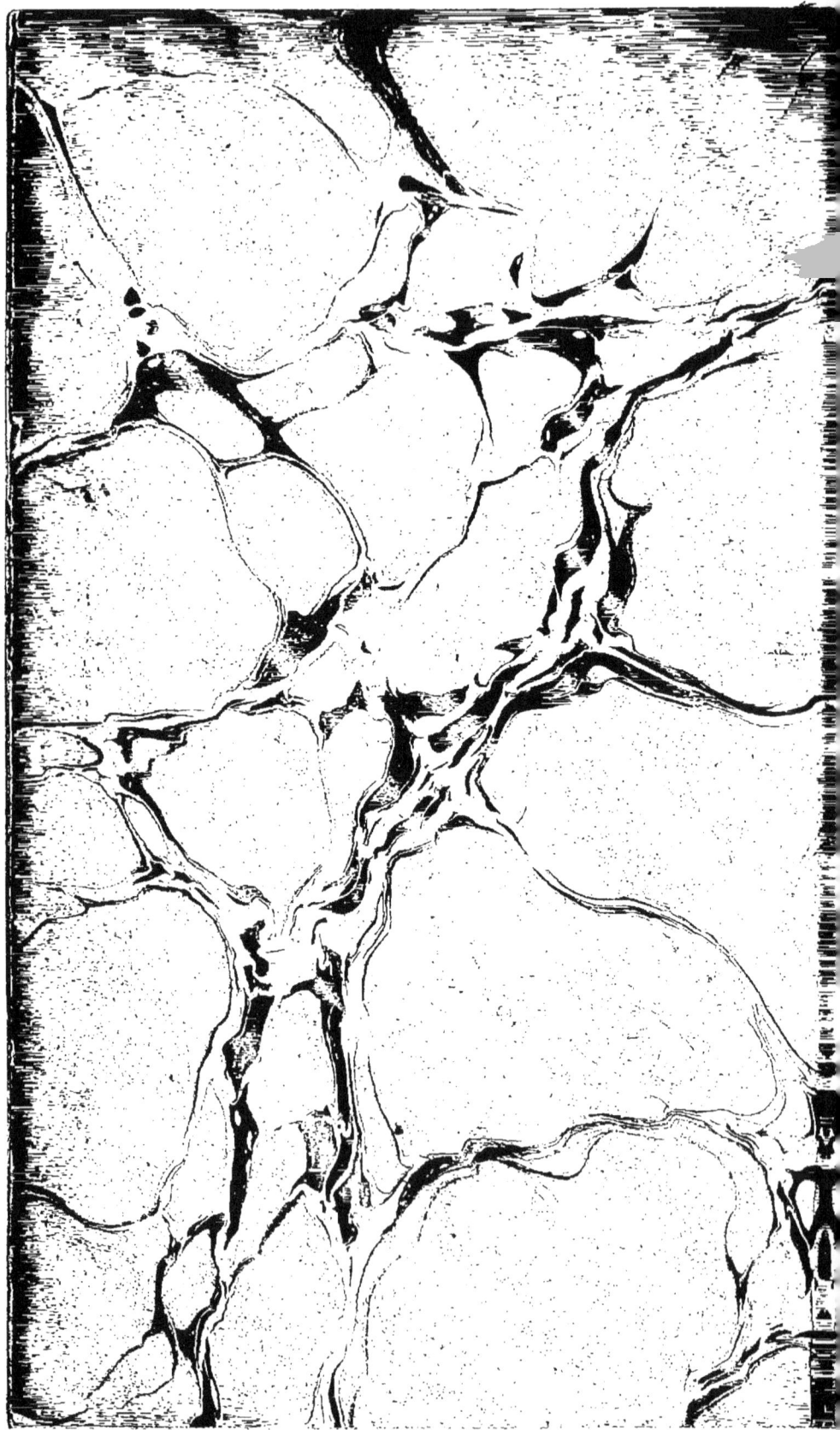

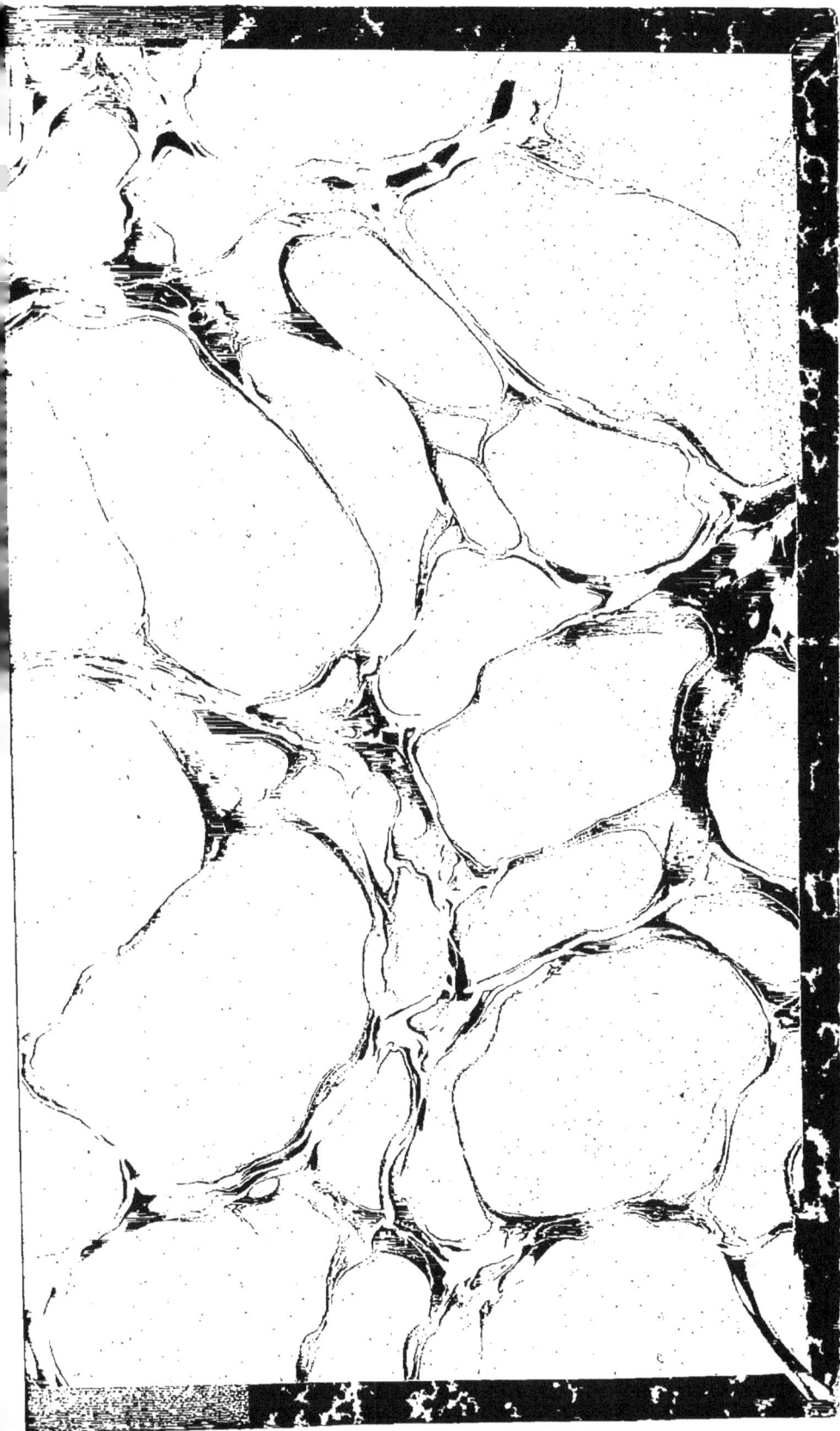

www.ingramcontent.com/pod-product-compliance
Lightning Source LLC
Chambersburg PA
CBHW060136200326
41518CB00008B/1049